Thiago Bomjardim Porto
Danielle Stefane Gualberto Fernandes

curso básico de
CONCRETO ARMADO

conforme NBR 6118/2014

Copyright © 2015 Oficina de Textos

1ª reimpressão 2017 | 2ª reimpressão 2021

Grafia atualizada conforme o Acordo Ortográfico da Língua Portuguesa de 1990, em vigor no Brasil desde 2009.

Conselho editorial   Arthur Pinto Chaves; Cylon Gonçalves da Silva; Doris C. C. K. Kowaltowski; José Galizia Tundisi; Luis Enrique Sánchez; Paulo Helene; Rozely Ferreira dos Santos; Teresa Gallotti Florenzano

Capa e projeto gráfico   Malu Vallim
Diagramação   Casa Editorial Maluhy Co.
Foto capa   Auditório Ibirapuera – parque do Ibirapuera
Preparação de figuras   Letícia Schneiater
Preparação de textos   Pâmela de Moura Falarara
Revisão de textos   Carolina A. Messias
Impressão e acabamento   BMF gráfica e editora

Dados internacionais de Catalogação na Publicação (CIP)
(Câmara Brasileira do Livro, SP, Brasil)

Porto, Thiago Bomjardim
Curso básico de concreto armado : conforme NBR 6118/2014 / Thiago Bomjardim Porto, Danielle Stefane Gualberto Fernandes. -- São Paulo : Oficina de Textos, 2015.

Bibliografia.
ISBN 978-85-7975-187-5

1. Concreto - Armaduras 2. Concreto armado 3. Estrutura de concreto armado I. Fernandes, Danielle Stefane Gualberto. II. Título.

15-04933   CDD-624.1834

Índices para catálogo sistemático:
1. Estrutura de concreto armado : Engenharia 624.1834

Todos os direitos reservados à **Editora Oficina de Textos**
Rua Cubatão, 798
CEP 04013-003   São Paulo   SP
tel. (11) 3085 7933
www.ofitexto.com.br   atend@ofitexto.com.br

Destinamos esta obra a todos os colegas que se iniciam nesta desafiadora e cativante especialidade e que têm o forte desejo de vencer.

Também oferecemos este livro, em forma de homenagem, às notáveis figuras dos professores Antônio Carlos Nogueira Rabelo, Elvio Mosci Piancastelli, Estevão Bicalho Pinto Rodrigues, José de Miranda Tepedino, José Márcio Fonseca Calixto, Ney Amorim Silva e Ronaldo Azevedo Chaves, cujo trabalho e dedicação à especialidade firmaram as bases do ensino contemporâneo, da pesquisa e das atividades associadas à Engenharia de Estruturas nacional, universalizando seu saber e cultura. Que seus exemplos sirvam de inspiração às futuras gerações, com vistas ao engrandecimento cada vez maior de nossa profissão.

Gostaríamos de agradecer também o apoio da família Tepedino para publicação deste livro didático, em especial os engenheiros Márcio Tepedino, Márcia Tepedino e Caetano Tepedino.

Os autores

"Precisamos ter livros para a realidade brasileira, simples, diretos e práticos."
(Botelho; Marchetti, 2013)

Apresentação

O ensino do Concreto Armado é um conjunto de tópicos do curso de Engenharia Civil imprescindível para a formação do aluno. Isso porque, no projeto estrutural de obras de pequeno, médio ou grande porte, seu uso – como material estrutural – é o mais empregado em termos de volume, tanto no âmbito brasileiro quanto mundial. Isso se deve às suas características intrínsecas que potencializam seu uso, entre elas: flexibilidade na moldagem de formas diversas, boa resistência mecânica, boa durabilidade, baixo custo, tecnologia mundialmente disseminada etc.

É sabido que há centenas de faculdades de Engenharia Civil no Brasil, de modo que deve haver milhares de professores que ensinam disciplinas de Concreto Armado, quer no ensino dos conceitos elementares, como a definição dos materiais, o dimensionamento e detalhamento de vigas, pilares, lajes etc.; quer no de tópicos mais avançados aplicados a obras especiais, como na construção de barragens, estádios, hangares, metrô etc.

Entretanto, é infinitamente pequena a quantidade de material documentado em forma de livro sobre os preceitos para a boa aprendizagem do tema. Basta verificar a escassa quantidade de livros sobre esse assunto presente nas estantes das livrarias técnicas. Vê-se que esse fenômeno também se propaga para as demais áreas das ciências exatas e aplicadas no Brasil, o que representa um dado negativo para a difusão desses conhecimentos e para o incentivo aos alunos para adentrarem ou continuarem nessas áreas tão profícuas para a criação de núcleos tecnológicos nacionais.

Nesse sentido, aprender a projetar estruturas usando o Concreto Armado requer que o aluno tenha boa aderência em algumas áreas das ciências, como a química dos materiais, conceitos da mecânica dos sólidos deformáveis e teoria das estruturas. Ou, de forma mais superficial – mas necessária – ele tem que estar familiarizado com assuntos da dinâmica das estruturas, mecânica dos solos, teoria da plasticidade, da mecânica da fratura etc.; tudo isso para que compreenda com mais facilidade as inter-relações que esses fenômenos têm com seus projetos, quer em forma da interação com ações envolvidas, quer para compreender aspectos ligados à corrosão, à fissuração, a concentrações de tensões etc.

Assim, ensinar e principalmente escrever sobre o tema Concreto Armado para alunos de graduação não é uma tarefa fácil, pois pode tornar o livro pouco atraente, com um aprofundamento teórico sobre os assuntos direta ou indiretamente envolvidos, ou se tornar um livro impreciso: pouco formativo, com a apresentação de procedimentos normativos de caráter prático, sem se ater aos fenômenos relevantes para o bom entendimento do material Concreto Armado que, apesar de ser aparentemente tão simples, envolve fenômenos tão complexos. O equilíbrio — o ideal — muitas vezes se torna um caminho difícil de ser alcançado nos poucos livros correntes.

Entretanto, este livro consegue discorrer sobre o assunto de forma equilibrada. O livro é baseado nos quatro pilares principais da construção de um projeto: lançamento estrutural, análise estrutural, dimensionamento e detalhamento.

São apresentados os conceitos de forma clara e didática, com o aprofundamento necessário para seu entendimento global, sem superficialidade, mas não se exaurindo em certos aspectos, o que perderia seu objetivo para o ensino de Concreto Armado na maioria das universidades do Brasil.

O livro apresenta, num segundo momento, o projeto completo de um edifício, descrevendo todas as etapas para a sua concepção, análise, dimensionamento e detalhamento, expondo de forma explícita todos os procedimentos de cálculo necessários e facilitando o bom entendimento ao aluno.

Por fim, congratulo os autores por esse excelente trabalho, destacando que eles são exemplos de profissionais e principalmente de professores que estão contribuindo de forma rica à propagação de seus conhecimentos e experiências ao ensino e ao projeto de estruturas aos nossos futuros engenheiros civis.

Parafraseando Fernando Pessoa: "ensinar é preciso, mas escrever também é preciso".

Eng.º Valério S. Almeida
Professor do Departamento de Engenharia de Estruturas e Geotécnica
da Escola Politécnica da Universidade de São Paulo

PREFÁCIO

Este livro procura fornecer explicações claras, com profundidade adequada, dos princípios fundamentais do Concreto Armado. O entendimento desses princípios é considerado uma base sobre a qual se deve construir a experiência prática futura na Engenharia de Estruturas.

Admite-se que o leitor não possui conhecimento prévio sobre o assunto, mas possui bom entendimento de Resistência dos Materiais.

Não se pretendeu elaborar um manual, nem um trabalho puramente científico, mas um livro-texto, um guia de aula, rico em exemplos brasileiros. Outra preocupação foi que aspectos polêmicos não fossem considerados, mas que, ao contrário, fossem abordadas as técnicas e os métodos reconhecidos e aceitos em nosso meio técnico.

O livro tornará o "temido" Concreto Armado mais acessível a todos, permitindo que o leitor envolva-se com a fantástica e singular capacidade da Engenharia de Estruturas de transferir conhecimentos e informações sobre materiais, concepção estrutural, dimensionamento e detalhamento de peças, antecipando comportamentos e proporcionando economia e segurança às estruturas civis.

Este livro não tem a pretensão de esgotar o vasto e complexo campo do Concreto Armado, nem de constituir um estado da arte sobre assunto tão amplo. Ao escrevê-lo, fomos movidos por duas metas básicas: propiciar uma objetiva literatura técnica brasileira sobre o Concreto Armado aos alunos e colegas de trabalho (engenheiros e arquitetos) e orientar os profissionais de cálculo estrutural sobre a melhor forma de aplicar os conhecimentos de Engenharia de Estruturas em prol de projetos de engenharia mais seguros e econômicos.

Dessa forma, o livro representa uma modesta contribuição brasileira no sentido de aprimorar cada vez mais os conceitos relacionados ao Concreto Armado e suas aplicações em análise e concepção estrutural.

Desejamos um bom proveito a todos os leitores, professores, estudantes e profissionais, pois são vocês, em última análise, que farão, com certeza, a melhor avaliação do resultado alcançado.

Por se tratar de uma livro-texto introdutório de Concreto Armado, utilizamos a seguinte sistemática: a primeira parte do livro apresenta um resumo dos conceitos teóricos básicos fundamentais para o entendimento do assunto e, na sequência, um conjunto de exercícios resolvidos com a aplicação da teoria apresentada.

Enfim, a melhor satisfação para quem traça planos é ver seus projetos realizados. Este livro é a realização de um antigo projeto que se concretiza.

Os autores se colocam à disposição para a solução de problemas particulares de concreto armado, disponibilizando suas experiências como engenheiros calculistas adquiridas em mais de uma centena de projetos de engenharia em todo o Brasil e América Latina.

Sumário

Parte 1. Teoria 11

1 **Materiais** 13
   1.1 Histórico do concreto armado no mundo 13
   1.2 Concreto armado no Brasil 15
   1.3 Termos e definições 17
   1.4 Concreto armado 18
   1.5 Durabilidade das estruturas de concreto 23
   1.6 Ações 25
   1.7 Resistências 27

2 **Flexão normal simples** 33
   2.1 Solicitações normais 33
   2.2 Seção retangular 38
   2.3 Seção T ou L 40
   2.4 Prescrições da NBR 6118 quanto às armaduras das vigas 41

3 **Cisalhamento e fissuração** 45
   3.1 Cisalhamento 45
   3.2 Controle de fissuração em vigas 49

4 **Verificação da aderência e ancoragem** 55
   4.1 Cálculo da resistência de aderência 55
   4.2 Ancoragem das armaduras 57
   4.3 Ancoragem por aderência 59
   4.4 Ancoragem por dispositivos mecânicos 61
   4.5 Ancoragem nos apoios 61
   4.6 Emendas 64

5 **Lajes** 67
   5.1 Lajes maciças 67
   5.2 Lajes nervuradas 89

6 **Pilares** 93
   6.1 Armaduras para pilares de concreto armado ... 94
   6.2 Armaduras longitudinais 94
   6.3 Armaduras transversais (estribos) 95
   6.4 Índice de esbeltez 96
   6.5 Flambagem 97
   6.6 Imperfeições geométricas 97
   6.7 Efeitos de 2ª ordem 99
   6.8 Cálculo dos pilares 101

7 **Fundações** 105
   7.1 Fundações superficiais 105
   7.2 Fundações profundas 106
   7.3 Dimensionamento das sapatas 107
   7.4 Dimensionamento dos tubulões 109
   7.5 Dimensionamento das estacas 111

Parte 2. Caso prático: projeto de um edifício em concreto armado .. 115

8 **Apresentação do edifício** 117
   8.1 Plantas e cortes do pavimento-tipo 117

9 **Lajes** 121
   9.1 Laje 1 (L1) 121
   9.2 Laje 2 (L2) 124
   9.3 Laje 3 (L3) 127
   9.4 Laje 4 (L4) 129
   9.5 Laje 5 (L5) 132
   9.6 Reações de apoio do apartamento-tipo 135
   9.7 Momentos fletores do apartamento-tipo 135
   9.8 Cálculo das armaduras negativas das lajes 137
   9.9 Cálculo das armaduras positivas das lajes 141

10 **Vigas** 147
   10.1 Estimativas das seções dos pilares por áreas de influência ... 147
   10.2 Viga 1 – 20/50 148
   10.3 Cálculo das vigas 165

11 **Pilares** 173
   11.1 Seções estimadas dos pilares 174
   11.2 Cálculo dos pilares 175

12 **Fundações** 181

Anexo. Tabelas 185

Anexo. Formulários 199

Referências bibliográficas 207

Parte 1
Teoria

capítulo 1
MATERIAIS

1.1 Histórico do concreto armado no mundo

O concreto armado é o material construtivo de maior utilização em todo o mundo, destacando-se pelo seu ótimo desempenho, facilidade de execução e economia. Seu emprego é relativamente recente e sua primeira aplicação foi em um ramo fora da construção civil.

O concreto possui, em seu interior, barras de aço para melhorar o seu comportamento. Isso acontece porque ele apresenta uma certa deficiência quanto à resistência aos esforços de tração — característica presente nos diversos elementos estruturais feitos desse material.

O homem, com o passar do tempo, começou a abandonar suas moradias em árvores e cavernas e a buscar materiais como madeira e pedra para construção de novas moradias. Por meio da associação com argila, cal e outros ligantes, egípcios e romanos, entre outros povos, começaram a construir suas pirâmides e templos.

Na Fig. 1.1, tem-se uma linha do tempo com datas importantes relacionadas ao concreto.

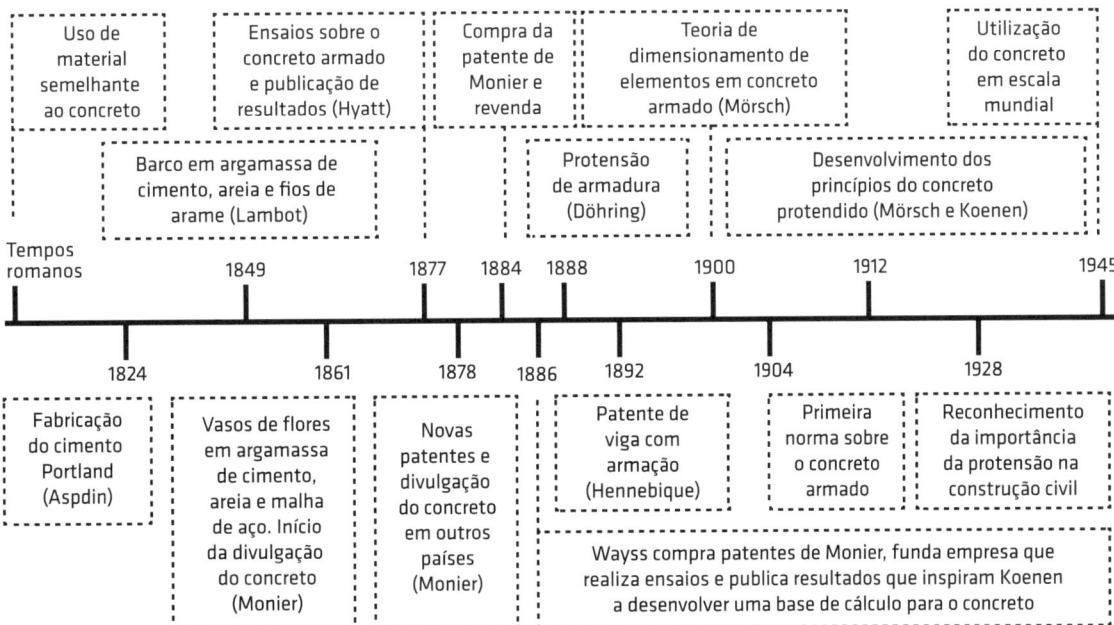

Fig. 1.1 Evolução do concreto

Fig. 1.2 Fornos com aparência de garrafa para produção de cimento Portland
Fonte: Toraya (2002).
Disponível em: <http://www.vitruvius.com.br/revistas/read/arquitextos/03.028/748/pt>.

- **Tempos romanos**: Uso de material semelhante ao concreto nas construções. Na recuperação das ruínas das termas de Caracala, em Roma, foram utilizadas barras de bronze introduzidas na argamassa de *pozzolana* para construção de vãos muito extensos.
- **1824**: O empreiteiro escocês Josef Aspdin desenvolve um processo para produção do cimento Portland, nome dado devido à semelhança da cor do cimento com as pedras calcárias da ilha de Portland, Inglaterra. Na Fig. 1.2, veem-se fornos utilizados para a produção do cimento Portland.
- **1849**: O engenheiro francês Joseph-Louis Lambot desenvolve, no sul da França, um barco, utilizando argamassa de cimento, areia e fios de arame introduzidos nessa massa, como mostra a Fig. 1.3. Em 1855, Lambot apresenta seu barco na Exposição Universal de Paris, solicitando patente de seu produto. Nessa feira, Lambot não obteve êxito, pois não havia conseguido convencer ninguém a utilizar seu novo material, que fora julgado impróprio para construção de navios.
- **1861**: O paisagista e horticultor francês Joseph Monier, presente na Exposição Universal de Paris, ao conhecer o novo produto de Lambot, depara-se com a solução para os problemas de umidade e durabilidade que enfrentava com seus vasos cerâmicos e de madeira, culminando na ideia de fabricação de vasos e caixas de concreto armado nas mais diversas formas. Monier pensava na utilização do material com algo que estivesse em contato com a água, ampliando cada vez mais seu campo de ação e patenteando tudo o que fazia. Entre seus artefatos e estruturas de concreto armado, estão: vasos de cimento para horticultura e jardinagem (1867), tubos e tanques (1868), painéis decorativos para fachadas de edifícios (1869), reservatórios de água (1872), pontes e passarelas (1873 e 1875) e vigas de concreto armado (1878). Joseph Monier passou a divulgar o concreto na França e, posteriormente, por toda a Europa, sendo considerado, por muitos, como o pai do concreto armado. A Fig. 1.4 mostra uma ponte de Monier com detalhes do guarda-corpo que imitam galhos de árvores.

Fig. 1.3 Barco de Lambot
Fonte: <https://escales.files.wordpress.com/2008/11/epsn0002.jpg>.

- **1877**: O advogado americano Thaddeus Hyatt realiza uma série de ensaios com construções de concreto armado e publica os resultados. Hyatt foi o grande precursor do concreto armado e mostrava compreender profundamente o funcionamento do aço com o concreto e o posicionamento desejável das barras para que colaborassem na resistência do material.
- **1878**: Monier consegue novas patentes, expandindo a divulgação do concreto armado por outros países.
- **1884**: As firmas alemãs Freytag & Heisdchuch e Marstenstein & Josseaux compram os direitos de patente de Monier, obtendo direito de revenda para o resto da Alemanha.

- **1886**: O engenheiro alemão Gustav Adolf Wayss compra as patentes de Monier para desenvolvê-las e funda uma empresa para construções de concreto que seguia o "sistema Monier". Sua empresa desenvolve diversos ensaios para provar as vantagens da associação do aço ao concreto, sendo os resultados publicados em 1887. Nesta mesma publicação, o construtor Mathias Koenen apresenta um método de dimensionamento empírico, surgindo, nesse momento, uma base para o cálculo do concreto armado.

Fig. 1.4 Ponte de Monier
Fonte: Bernard Marrey (2010). Disponível em: <http://commons.wikimedia.org/wiki/File:Monier_bridge_Chazelet.jpg>

- **1888**: O alemão Döhring registra a primeira patente sobre a utilização de protensão da armadura em placas e pequenas vigas, aumentando a resistência desses elementos estruturais.
- **1892**: Hennebique registra patente da primeira viga com armação semelhante às usadas nos dias atuais, com barras longitudinais e estribos para absorverem esforços de tração.
- **1900**: O engenheiro alemão da firma Wayss & Freitag, Emil Mörsch, prossegue com o desenvolvimento da teoria de Koenen e realiza diversos ensaios, publicando os resultados em 1902. Seus conceitos revelaram-se como fundamentos da teoria de dimensionamento de elementos em concreto armado e Mörsch foi considerado um dos maiores contribuintes para o progresso desse material.
- **1904**: Surge na Alemanha a primeira norma sobre projeto e construção de estruturas de concreto armado.
- **1912**: Mörsch e Koenen desenvolvem os princípios do concreto protendido, utilizando tensão prévia nas armaduras para eliminar esforços de tração, sendo reconhecida uma perda de parte da protensão devido à deformação lenta e à retração do concreto.
- **1928**: O francês Freyssinet, considerado o pai do concreto protendido, estuda as perdas de protensão devido à deformação lenta e retração do concreto e registra várias patentes, reconhecendo a importância da protensão na construção civil.
- **1945**: A partir desse ano, após a Segunda Guerra Mundial, o concreto protendido começa a ser utilizado em escala mundial.

1.2 Concreto armado no Brasil

Segundo Vasconcelos (1985), pouco se sabe do início da utilização do concreto armado no Brasil. A mais antiga notícia sobre seu emprego data de 1904, no Rio de Janeiro. Em uma publicação do professor Antônio de Paula Freitas (1904), da Escola Polytechnica do Rio de Janeiro, intitulada "Construcções em cimento armado", diz-se que o cimento armado (como o material era denominado na época) foi utilizado pela primeira vez no Brasil em construções habitacionais de Copacabana pela chamada "Empreza de Construcções Civis", sob responsabilidade do engenheiro Carlos Poma. Essa empresa obteve em 1892 uma patente para utilização do cimento armado, uma variante do sistema Monier.

Devido ao sucesso com o uso desse material, Carlos Poma executou diversas outras obras, como prédios, muros, fundações, reservatórios d'água e escadas.

Acredita-se que os primeiros cálculos de estruturas em concreto armado no país foram realizados por Carlos Euler e seu auxiliar Mario de Andrade Martins Costa em um projeto de uma ponte sobre o rio Maracanã, por volta de 1908.

Em 1924, houve uma associação entre a empresa Wayss & Freytag e a Companhia Construtora em Cimento Armado, possibilitando um grande desenvolvimento do concreto armado no país e a formação de engenheiros brasileiros. As estruturas em concreto armado foram muito bem aceitas, sendo, até hoje, o tipo de estrutura mais utilizado no Brasil.

Para projeto e dimensionamento das estruturas em concreto armado, foi desenvolvida, pela Associação Brasileira de Normas Técnicas (ABNT), em 1940, a NB-1: *cálculo e execução de obras de concreto armado*. Essa norma previa o dimensionamento em serviço baseado nas tensões admissíveis e no estado-limite último. Devido à constante evolução dos materiais e das técnicas referentes ao concreto armado, foi preciso revisar a norma com uma certa periodicidade. A Fig. 1.5 mostra a evolução da norma relativa ao concreto no Brasil.

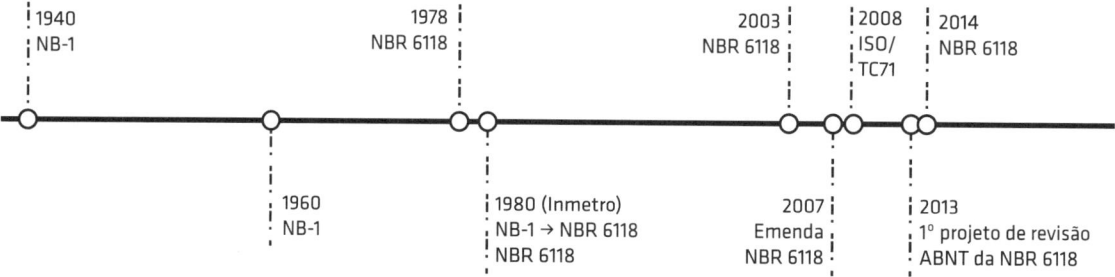

Fig. 1.5 Evolução da norma brasileira do concreto

A NB-1 (ABNT, 1940) possuía 24 páginas em formato A5, considerava o estádio III para aço e concreto e foi decretada pelo presidente Getúlio Vargas para uso obrigatório em obras públicas. Entre as seções abordadas na norma, estavam: generalidades (capítulo I), esforços solicitantes (capítulo II), esforços resistentes (capítulo III), disposições construtivas (capítulo IV), execução de obras (capítulo V), materiais (capítulo VI) e tensões admissíveis (capítulo VII).

Passados 20 anos, foi elaborada a nova versão NB-1 (ABNT, 1960), com 19 páginas em formato A4 e com os mesmos capítulos. Essa norma considerava o estádio III para todas as solicitações, discutia sobre a resistência característica (f_{ck}) e utilizava como referência as normas europeias do Comité Euro-International du Béton (CEB).

A próxima alteração ocorreu em 1978. Com 76 páginas em formato A4 e as mesmas seções, essa norma fazia considerações a respeito dos efeitos locais de segunda ordem. Em 1980, foi registrada no Inmetro sob a identificação de NBR 6118 (ABNT, 1980a), com 53 páginas.

Em 2003, foi realizada uma modificação expressiva por meio da NBR 6118 (ABNT, 2003). Após mais de 10 anos de trabalho, chegou-se a uma estrutura totalmente remodelada em 221 páginas em formato A4. Nessa norma, a sequência dos capítulos passou por uma drástica mudança, dando-se prioridade à parte de projetos e fazendo-se referência às outras normas apenas no que se refere à execução. Foi feita uma unificação de toda a parte de concreto (simples, armado e protendido), além de uma introdução de quatro classes de agressividade ambiental (CAA), observações a respeito dos efeitos globais de segunda ordem, requisitos de durabilidade, qualidade e análise estrutural.

Em 2007, a NBR 6118 passou por uma emenda, sendo, em 2008, aprovada pela ISO/TC 71 e reconhecida como uma norma de padrão internacional.

Em julho de 2013, foi publicado o primeiro projeto de revisão ABNT da NBR 6118 (ABNT; CB-02, 2013), passando por um prazo de consulta pública para que a nova alteração pudesse ser aprovada. Esse projeto de revisão, com 257 páginas em formato A4, mantinha a estrutura da versão de 2003, apresentando as mesmas seções. Entre as mudanças propostas, estavam: abrangência de classes de concreto com resistência de até 90 MPa, exigência de avaliação da conformidade do projeto por um profissional habilitado, introdução de critérios que focavam a durabilidade, aumento na dimensão mínima dos pilares de 12 cm para 14 cm e melhoria quanto à segurança na produção de pilares muito esbeltos.

Após período de análise e discussão do primeiro projeto de revisão ABNT da NBR 6118, foi publicada a NBR 6118 em abril de 2014. Esta, no entanto, foi cancelada e substituída pela versão corrigida da NBR 6118 (ABNT, 2014), que incorpora a Errata 1, de 7 de agosto de 2014.

Essa última versão da norma passou a estabelecer requisitos e procedimentos de projeto para estruturas de concreto que apresentam alto desempenho, com resistência de compressão de até 90 MPa, abrangendo, dessa forma, os concretos do grupo II de resistência (C55 a C90). Para tal mudança, foram ajustados os domínios de cálculo, o diagrama tensão-deformação do concreto e a formulação para obtenção do módulo de elasticidade E_c, que agora leva em consideração o tipo de agregado.

A revisão da norma a cada cinco anos é de extrema importância para que, dessa forma, os novos conceitos sejam introduzidos de maneira gradativa e para que ela se adéque às novas tecnologias empregadas nos materiais e nas técnicas construtivas.

1.3 Termos e definições

A seguir, são apresentados alguns termos a respeito do concreto armado que são definidos no item 3 da NBR 6118 (ABNT, 2014):

- *Armadura ativa*: define-se como uma armadura previamente alongada que realiza a protensão de um elemento estrutural, podendo, essa, ser em forma de barra, cordoalha ou fio isolado.
- *Armadura passiva*: armadura utilizada sem prévio alongamento, não provocando, dessa forma, protensão no elemento.
- *Concreto estrutural*: refere-se à utilização do concreto como material estrutural.
- *Elementos de concreto armado*: são elementos estruturais feitos de concreto que possuem armadura, sendo a aderência concreto/armadura a responsável pelo comportamento estrutural.
- *Elementos de concreto protendido*: são elementos estruturais feitos de concreto que possuem armadura previamente alongada por equipamentos destinados a esse fim. Entre as funções dessa protensão, estão: evitar ou minimizar a fissuração da estrutura e possibilitar o maior aproveitamento possível dos aços de alta resistência.
- *Elementos de concreto simples estrutural*: são elementos estruturais feitos de concreto que não apresentam armadura ou a possuem em quantidade menor do que a mínima estipulada em norma.

- *Estado-limite último (ELU)*: estado-limite que se relaciona ao colapso ou qualquer forma de ruína da estrutura, levando à necessidade de paralisação do seu uso devido à falta de segurança.
- *Estado-limite de serviço (ELS)*: estado-limite relacionado à durabilidade, aparência, bom desempenho da estrutura e conforto do usuário. Pode ocorrer devido a deformações e deslocamentos excessivos no uso normal, vibrações ou fissurações excessivas. Entre os estados-limite de serviço, têm-se: ELS-F (estado-limite de formação de fissuras), ELS-W (estado-limite de abertura das fissuras), ELS-D (estado-limite de descompressão), ELS-DP (estado-limite de descompressão parcial), ELS-DEF (estado-limite de deformações excessivas), ELS-CE (estado-limite de compressão excessiva), ELS-VE (estado-limite de vibrações excessivas).

1.4 Concreto armado

O concreto é um material utilizado na construção civil composto por agregados graúdos (pedras britadas, seixos rolados), agregados miúdos (areia natural ou artificial), aglomerantes (cimento), água, adições minerais e aditivos (aceleradores, retardadores, fibras, corantes).

Devido ao fato de o concreto apresentar boa resistência à compressão, mas não à tração, a utilização do concreto simples se mostra muito limitada. Quando se faz necessária a resistência aos esforços de compressão e tração, associa-se o concreto a materiais que apresentem alta resistência à tração, resultando no concreto armado (concreto e armadura passiva) ou protendido (concreto e armadura ativa).

Entre as vantagens do concreto armado, estão: economia, facilidade de execução e adaptação a qualquer tipo de forma (o que proporciona liberdade arquitetônica), excelente solução para se obter uma estrutura monolítica e hiperestática (maiores reservas de segurança), resistência a efeitos atmosféricos, térmicos e ainda a desgastes mecânicos, manutenção e conservação praticamente nulas e grande durabilidade.

Como desvantagens, tem-se: peso próprio elevado (da ordem de 2,5 t/m^3), baixo grau de proteção térmica e isolamento acústico e fissuração da região tracionada, podendo esta, no entanto, ser controlada por meio da utilização de armadura de tração.

1.4.1 Concreto

A seguir, podem-se conferir as classificações e os dados sobre o concreto armado apresentados no item 8.2 da NBR 6118 (ABNT, 2014).

Massa específica (ρ_c)

A norma se aplica aos concretos de massa específica normal, ou seja, quando secos em estufa apresentam massa específica entre 2.000 kg/m^3 e 2.800 kg/m^3. Quando a massa específica não for conhecida, adota-se, para cálculo, 2.400 kg/m^3 para o concreto simples e 2.500 kg/m^3 para o concreto armado.

Módulo de elasticidade (E_{ci}) e módulo de deformação secante (E_{cs})

O módulo de elasticidade (E_{ci}) deve ser obtido por ensaio estipulado na NBR 8522 (ABNT, 2008c), sendo considerado um módulo de deformação tangente inicial obtido aos 28 dias de idade. O valor desse módulo também pode ser estimado pelas Eqs. 1.1 e 1.2:

- concretos de classes até C50:

$$E_{ci} = \alpha_E \times 5.600\sqrt{f_{ck}} \tag{1.1}$$

- concretos de classes C55 até C90:

$$E_{ci} = 21{,}5 \times 10^3 \alpha_E \left(\frac{f_{ck}}{10} + 1{,}25\right)^{1/3} \tag{1.2}$$

sendo que:

$\alpha_E = 1{,}2$ para basalto e diabásio;

$\alpha_E = 1{,}0$ para granito e gnaisse;

$\alpha_E = 0{,}9$ para calcário;

$\alpha_E = 0{,}7$ para arenito;

E_{ci} e f_{ck} são expressos em megapascal (MPa).

Já o módulo de deformação secante (E_{cs}) é dado pela Eq. 1.3:

$$E_{cs} = \alpha_i \cdot E_{ci} \tag{1.3}$$

em que α_i é obtido por meio da Eq. 1.4:

$$\alpha_i = 0{,}8 + 0{,}2\frac{f_{ck}}{80} \leq 1{,}0 \tag{1.4}$$

sendo f_{ck} expresso em MPa.

A Tab. 1.1 apresenta valores arredondados que podem ser encontrados por meio das equações anteriormente citadas.

Tab. 1.1 Valores estimados do módulo de elasticidade em função da resistência característica à compressão do concreto (considerando o uso do granito como agregado graúdo)

Classes	C20	C25	C30	C35	C40	C45	C50	C60	C70	C80	C90
E_{ci} (GPa)	25	28	31	33	35	38	40	42	43	45	47
E_{cs} (GPa)	21	24	27	29	32	34	37	40	42	45	47
α_i	0,85	0,86	0,88	0,89	0,90	0,91	0,93	0,95	0,98	1,00	1,00

Fonte: adaptado de ABNT (2014).

Diagrama tensão-deformação

Para compressão, analisando-se o estado-limite último, pode-se utilizar o diagrama tensão-deformação (Fig. 1.6) proposto no item 8.2.10.1 da NBR 6118 (ABNT, 2014):

Para esse diagrama, a tensão à compressão no concreto é obtida pela Eq. 1.5:

$$\sigma_c = 0{,}85 f_{cd}\left[1 - \left(1 - \frac{\varepsilon_c}{\varepsilon_{c2}}\right)^n\right] \tag{1.5}$$

em que:

ε_c = deformação específica de encurtamento do concreto;

$$n \begin{cases} \text{para } f_{ck} \leq 50\,\text{MPa}: n = 2 \\ \text{para } f_{ck} > 50\,\text{MPa}: n = 1{,}4 + 23{,}4\left[\frac{(90 - f_{ck})}{100}\right]^4 \end{cases} \tag{1.6}$$

e f_{ck} é expresso em megapascal (MPa).

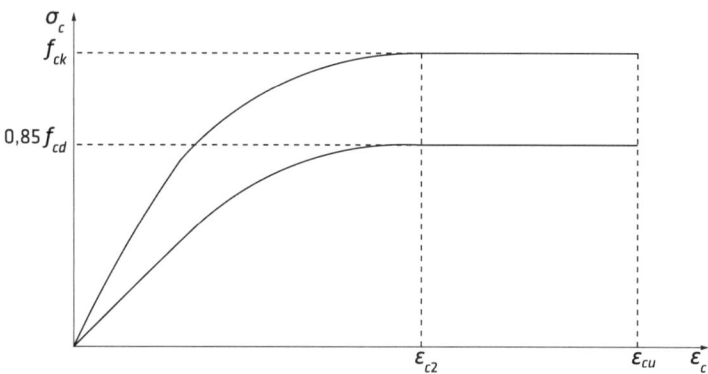

Fig. 1.6 Diagrama tensão-deformação idealizado
Fonte: adaptado de ABNT (2014).

Para os valores de ε_{c2} (deformação específica de encurtamento do concreto no início do patamar plástico) e ε_{cu} (deformação específica de encurtamento do concreto na ruptura), têm-se, de acordo com a norma:

- os seguintes valores para concretos de classes até C50:

  $\varepsilon_{c2} = 2,0$‰

  $\varepsilon_{cu} = 3,5$‰

- os valores obtidos das Eqs. 1.7 e 1.8 para concretos de classes C55 até C90:

$$\varepsilon_{c2} = 2,0‰ + 0,085‰ (f_{ck} - 50)^{0,53} \quad (1.7)$$

$$\varepsilon_{cu} = 2,6‰ + 35‰ \left[\left(\frac{90 - f_{ck}}{100}\right)\right]^4 \quad (1.8)$$

sendo f_{ck} expresso em MPa.

Utilizando as equações citadas, chega-se aos valores expressos na Tab. 1.2 para ε_{c2} e ε_{cu}:

Tab. 1.2 Deformações-limite do concreto

Valores para deformações-limite do concreto									
Classes	≤ C50	C55	C60	C65	C70	C75	C80	C85	C90
ε_{c2} (‰)	2,000	2,199	2,288	2,357	2,416	2,468	2,516	2,559	2,600
ε_{cu} (‰)	3,500	3,125	2,884	2,737	2,656	2,618	2,604	2,600	2,600

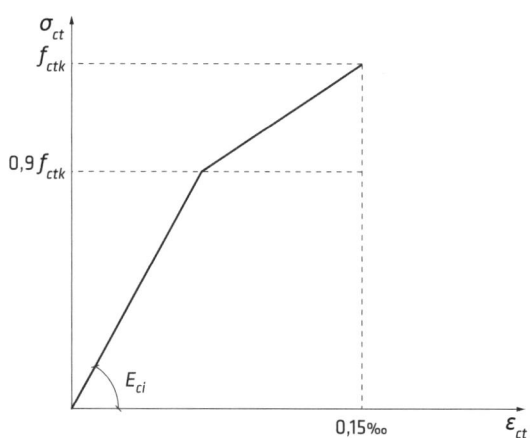

Fig. 1.7 Diagrama tensão-deformação bilinear de tração
Fonte: adaptado de ABNT (2014).

Para tração, analisando-se o concreto não fissurado, pode-se adotar o diagrama tensão-deformação (Fig. 1.7) proposto no item 8.2.10.2 da NBR 6118 (ABNT, 2014).

Resistência do concreto à tração direta (f_{ct})

De acordo com a NBR 6118 (ABNT, 2014), a resistência à tração direta do concreto (f_{ct}) pode ser obtida pelas Eqs. 1.9 e 1.10:

$$f_{ct} = 0,9 f_{ct,sp} \quad (1.9)$$

$$f_{ct} = 0,7 f_{ct,f} \quad (1.10)$$

sendo:

$f_{ct,sp}$ = resistência do concreto à tração indireta;

$f_{ct,f}$ = resistência do concreto à tração na flexão.

Na falta de ensaios para obtenção dos valores de $f_{ct,sp}$ e $f_{ct,f}$, calcula-se a resistência média à tração $f_{ct,m}$ por meio das Eqs. 1.11 e 1.12:

- para concretos de classes até C50:

$$f_{ct,m} = 0{,}3 f_{ck}^{2/3} \tag{1.11}$$

- para concretos de classes C55 até C90:

$$f_{ct,m} = 2{,}12 \ln(1 + 0{,}11 f_{ck}) \tag{1.12}$$

sendo $f_{ct,m}$ e f_{ck} expressos em megapascal (MPa).

Quanto aos valores inferior e superior para a resistência característica à tração, utilizam-se as Eqs. 1.13 e 1.14:

$$f_{ctk,inf} = 0{,}7 f_{ct,m} \tag{1.13}$$

$$f_{ctk,sup} = 1{,}3 f_{ct,m} \tag{1.14}$$

Coeficiente de Poisson (v) e módulo de elasticidade transversal do concreto (G_c)

De acordo com a norma 6118 (ABNT, 2014), em casos de tensões de compressão menores que $0{,}5 f_c$ e de tração menores que f_{ct}, adota-se, para coeficiente de Poisson (v), o valor de 0,2, já para o módulo de elasticidade transversal (G_c) tem-se a Eq. 1.15:

$$G_c = \frac{E_{cs}}{2{,}4} \tag{1.15}$$

1.4.2 Aço

O aço utilizado no concreto armado segue parâmetros estipulados pelas normas da ABNT. A seguir, são apresentadas as classificações e os dados sobre o aço.

Categoria

Para elaboração de projetos estruturais em concreto armado, são utilizados aços classificados como CA-25 e CA-50, para barras, ou CA-60, para fios, em que: CA = Concreto Armado + número que se segue = valor característico da resistência de escoamento do aço em kN/cm² ou kgf/mm².

Quanto às características das barras, as estipulações são feitas na NBR 7480 (ABNT, 2007), representadas na Tab. 1.3. Para os fios, têm-se, de acordo com NBR 7480 (ABNT, 2007), os dados expostos na Tab. 1.4.

Tipo de superfície aderente

Os fios e barras de aço utilizados no concreto armado podem ter superfícies lisas, entalhadas ou providas de saliências ou mossas. A capacidade aderente entre aço e concreto está relacionada ao coeficiente η_1, estabelecido no item 8.3.2 da NBR 6118 (ABNT, 2014) e demonstrado na Tab. 1.5.

Massa específica (ρ)

Adota-se, para aço de armadura passiva ou ativa, massa específica no valor de 7.850 kg/m³.

Tab. 1.3 Características das barras

Diâmetro nominal (mm) Barras	Massa e tolerância por unidade de comprimento		Valores nominais	
	Massa nominal (kg/m)	Máxima variação permitida para massa nominal	Área da seção (mm^2)	Perímetro (mm)
6,3	0,245	±7%	31,2	19,8
8,0	0,395	±7%	50,3	25,1
10,0	0,617	±6%	78,5	31,4
12,5	0,963	±6%	122,7	39,3
16,0	1,578	±5%	201,1	50,3
20,0	2,466	±5%	314,2	62,8
22,0	2,984	±4%	380,1	69,1
25,0	3,853	±4%	490,9	78,5
32,0	6,313	±4%	804,2	100,5
40,0	9,865	±4%	1.256,6	125,7

Fonte: adaptado de ABNT (2007).

Tab. 1.4 Características dos fios

Diâmetro nominal (mm) Fios	Massa e tolerância por unidade de comprimento		Valores nominais	
	Massa nominal (kg/m)	Máxima variação permitida para massa nominal	Área da seção (mm^2)	Perímetro (mm)
2,4	0,036	±6%	4,5	7,5
3,4	0,071	±6%	9,1	10,7
3,8	0,089	±6%	11,3	11,9
4,2	0,109	±6%	13,9	13,2
4,6	0,130	±6%	16,6	14,5
5,0	0,154	±6%	19,6	15,7
5,5	0,187	±6%	23,8	17,3
6,0	0,222	±6%	28,3	18,8
6,4	0,253	±6%	32,2	20,1
7,0	0,302	±6%	38,5	22,0
8,0	0,395	±6%	50,3	25,1
9,5	0,558	±6%	70,9	29,8
10,0	0,617	±6%	78,5	31,4

Fonte: adaptado de ABNT (2007).

Tab. 1.5 Valor do coeficiente de aderência η_1

Tipo de superfície	η_1
Lisa (CA-25)	1,0
Entalhada (CA-60)	1,4
Nervurada (CA-50)	2,25

Fonte: adaptado de ABNT (2014).

Módulo de elasticidade

Quando não for estabelecido por ensaio, o módulo de elasticidade do aço de armadura passiva (E_s) pode ser adotado como 210 GPa (2,1 × 10^6 kgf/cm^2). Para módulo de elasticidade do aço de armadura ativa (E_p), pode-se considerar o valor de 200 GPa (2,0 × 10^6 kgf/cm^2) para fios e cordoalhas.

Diagrama tensão-deformação

A NBR ISO 6892-1 (ABNT, 2013) estipula os ensaios de tração a serem realizados para obtenção do diagrama tensão-deformação para aços de armaduras passivas, valores característicos da resistência ao escoamento (f_{yk}), resistência à tração (f_{stk}) e deformação última de ruptura (ε_{uk}). Em casos nos quais o aço não apresenta patamar de escoamento, adota-se o valor de f_{yk} equivalente a uma deformação permanente de 0,2%.

Para compressão e tração, aços com ou sem patamar de escoamento e em intervalos de temperatura entre −20 °C e 150 °C, analisando-se os estados-limite de serviço e último, pode-se utilizar o diagrama tensão-deformação para aços de armaduras passivas proposto na NBR 6118 (ABNT, 2014) e representado na Fig. 1.8.

Quanto ao aço de armadura ativa, tratando-se das cordoalhas, deve-se obedecer ao estabelecido na NBR 7483 (ABNT, 2008b), que estipula os valores característicos da resistência ao escoamento convencional (f_{pyk}), resistência à tração (f_{ptk}) e alongamento após ruptura (ε_{uk}). Para os valores referentes aos fios, deve-se seguir a NBR 7482 (ABNT, 2008a).

Em intervalos de temperatura entre −20 °C e 150 °C, analisando-se os estados-limite de serviço e último, pode-se utilizar o diagrama tensão-deformação para aços de armaduras ativas proposto na NBR 6118 (ABNT, 2014) e mostrado na Fig. 1.9.

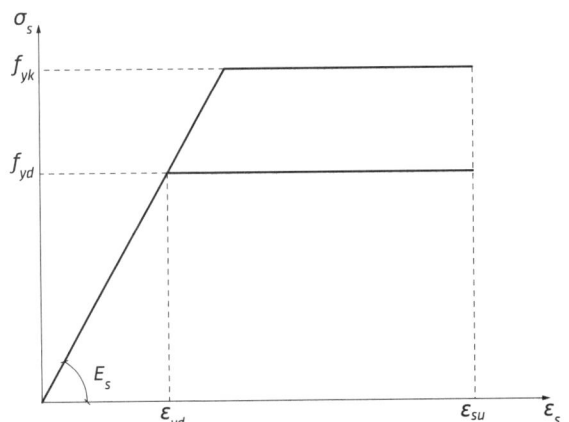

Fig. 1.8 Diagrama tensão-deformação para aços de armaduras passivas
Fonte: adaptado de ABNT (2014).

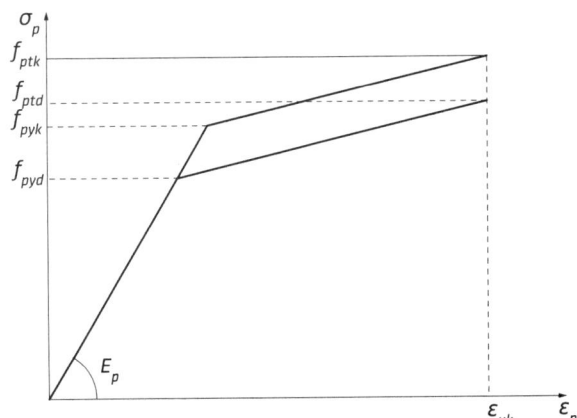

Fig. 1.9 Diagrama tensão-deformação para aços de armaduras ativas
Fonte: adaptado de ABNT (2014).

1.5 Durabilidade das estruturas de concreto

As estruturas em concreto armado devem ser projetadas visando proporcionar segurança e estabilidade durante a vida útil para a qual foram construídas, respeitando-se as condições estabelecidas no projeto e as oferecidas pelo ambiente.

1.5.1 Agressividade do ambiente

A durabilidade das estruturas de concreto mostra-se afetada significativamente pela agressividade do ambiente, estando esta relacionada às ações físicas (ex.: variações de temperatura e ação da água) e químicas (ex.: águas ácidas, sulfatos e cloretos) que atuam sobre as estruturas de concreto.

Para classificação em relação à agressividade ambiental, a NBR 6118 (ABNT, 2014) estabelece, em seu item 6.4.2 as especificações contidas no Quadro 1.1.

Quadro 1.1 Classes de agressividade ambiental (CAA)

Classe de Agressividade Ambiental (CAA)	Agressividade	Classificação geral do tipo de ambiente para efeito de projeto	Risco de deterioração da estrutura
I	Fraca	Rural / Submersa	Insignificante
II	Moderada	Urbana [a,b]	Pequeno
III	Forte	Marinha [a] / Industrial [a,b]	Grande
IV	Muito forte	Industrial [a,c] / Respingos de maré	Elevado

[a] Pode-se admitir uma classe de agressividade mais branda (uma acima) para ambientes internos secos, como salas, dormitórios, banheiros, cozinhas e áreas de serviço de apartamentos residenciais e conjuntos comerciais ou ambientes com concreto revestido com argamassa e pintura.
[b] Pode-se admitir uma classe de agressividade mais branda (uma acima) em obras em regiões de clima seco, com umidade média relativa do ar menor ou igual a 65%, partes da estrutura protegidas de chuva em ambientes predominantemente secos ou regiões onde raramente chove.
[c] Ambientes quimicamente agressivos, como tanques industriais, galvanoplastia, branqueamento em indústrias de celulose e papel, armazéns de fertilizantes e indústrias químicas.
Fonte: adaptado de ABNT (2014).

Entre os fatores que interferem na durabilidade das estruturas, estão as características do concreto e a espessura e qualidade do concreto utilizado no cobrimento da armadura.

Os cobrimentos nominais de uma barra (c_{nom}), que se referem ao cobrimento mínimo acrescido da tolerância de execução Δc (maior ou igual a 10 mm, salvo quando houver controle rígido de qualidade), devem seguir as condições estabelecidas na NBR 6118 (ABNT, 2014), item 7.4.7.5, conforme a Eq. 1.16:

$$c_{nom} \geq \begin{cases} \phi_{barra} \\ \phi_{feixe} \\ 0{,}5\phi_{bainha} \end{cases} \qquad (1.16)$$

sendo ϕ_{feixe} obtido pela Eq. 1.17:

$$\phi_{feixe} = \phi_n = \phi_f \sqrt{n} \qquad (1.17)$$

em que:

ϕ_n = diâmetro equivalente;
ϕ_f = diâmetro das barras do feixe;
n = número de barras do feixe.

A Fig. 1.10 mostra a relação entre ϕ_n e ϕ_f.

A Tab. 1.6, retirada do item 7.4.7.2 da NBR 6118 (ABNT, 2014), relaciona o cobrimento nominal à classe de agressividade ambiental.

Tab. 1.6 Correspondência entre a classe de agressividade ambiental (CAA) e o cobrimento nominal para $\Delta c = 10$ mm

Tipo de estrutura	Componente ou elemento	CAA (Quadro 1.1)			
		I	II	III	IV [c]
		Cobrimento nominal (mm)			
Concreto armado	Laje [b]	20	25	35	45
	Viga/pilar	25	30	40	50
	Elementos estruturais em contato com o solo [d]		30	40	50
Concreto protendido [a]	Laje	25	30	40	50
	Viga/pilar	30	35	45	55

[a] Cobrimento nominal da bainha ou dos fios, cabos e cordoalhas. O cobrimento da armadura passiva deve respeitar os cobrimentos para concreto armado.
[b] Para a face superior de lajes e vigas que serão revestidas com argamassa de contrapiso, com revestimentos finais secos, como carpete e madeira, com argamassa de revestimento e acabamento, como pisos de elevado desempenho, pisos cerâmicos, pisos asfálticos e outros, as exigências desta tabela podem ser substituídas pelas condições apresentadas para o cobrimento nominal, respeitando um cobrimento nominal ≥ 15 mm.
[c] Nas superfícies expostas a ambientes agressivos, como reservatórios, estações de tratamento de água e esgoto, canaletas de efluentes e outras obras em ambientes química e intensamente agressivos, devem ser atendidos os cobrimentos da classe de agressividade IV.
[d] No trecho dos pilares em contato com o solo junto aos elementos de fundação, a armadura deve ter cobrimento nominal ≥ 45 mm.
Fonte: adaptado de ABNT (2014).

Relacionada ao cobrimento nominal, está a dimensão máxima característica do agregado graúdo utilizado no concreto, estipulada pela NBR 6118 (ABNT, 2014), item 7.4.7.6, por meio da Eq. 1.18:

$$d_{máx} \leqslant 1,2 c_{nom} \tag{1.18}$$

sendo:

$d_{máx}$ = dimensão máxima característica do agregado graúdo;

c_{nom} = cobrimento nominal.

A classe de agressividade ambiental relaciona-se, ainda, à qualidade do concreto, estabelecendo parâmetros mínimos a serem atendidos (item 7.4.2 da NBR 6118 (ABNT, 2014)), conforme mostra a Tab. 1.7.

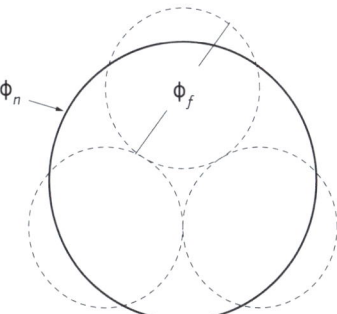

Fig. 1.10 Diâmetro equivalente

1.6 Ações

Para realização da análise estrutural, deve-se levar em consideração as ações que possam alterar a segurança da estrutura, as quais são classificadas de acordo com a NBR 8681 (ABNT, 2004) em: permanentes, variáveis e excepcionais.

As ações permanentes referem-se a valores constantes em praticamente toda a vida útil da estrutura, subclassificando-se em diretas, que se tratam do peso próprio da estrutura, seus

Tab. 1.7 Correspondência entre a classe de agressividade ambiental (CAA) e a qualidade do concreto

Concreto	Tipo	CAA (Quadro 1.1)			
		I	II	III	IV
Relação água/cimento em massa	Concreto armado	⩽ 0,65	⩽ 0,60	⩽ 0,55	⩽ 0,45
	Concreto protendido	⩽ 0,60	⩽ 0,55	⩽ 0,50	⩽ 0,45
Classe de concreto	Concreto armado	⩾ C20	⩾ C25	⩾ C30	⩾ C40
(NBR 8953 (ABNT, 2011))	Concreto protendido	⩾ C25	⩾ C30	⩾ C35	⩾ C40

Fonte: adaptado de ABNT (2014).

elementos fixos, instalações e empuxos permanentes, e indiretas, como as deformações devido à retração e fluência do concreto, imperfeições geométricas, protensões e deslocamentos de apoio.

As ações variáveis subclassificam-se em diretas, que se referem às cargas acidentais devido ao uso da estrutura, ação do vento e da água, e indiretas, como variações uniformes e não uniformes de temperatura e ações dinâmicas.

As ações excepcionais remetem às situações atípicas de carregamentos que provocam efeitos que não são possíveis de serem controlados por outros meios. Os valores atribuídos a essas ações são estipulados por normas.

1.6.1 Coeficientes de ponderação das ações (γ_f)

Para obtenção dos valores de cálculo (F_d) das ações, são aplicados coeficientes de ponderação, γ_f, que podem ser calculados pela Eq. 1.19:

$$\gamma_f = \gamma_{f1} \cdot \gamma_{f2} \cdot \gamma_{f3} \qquad (1.19)$$

sendo γ_{f1}, γ_{f2} e γ_{f3}, para ponderação das ações no ELU, estipulados pela NBR 6118 (ABNT, 2014) no item 11.7.1, cujos valores de coeficiente podem ser vistos nas Tabs. 1.8 e 1.9.

Tab. 1.8 Coeficiente $\gamma_f = \gamma_{f1} \cdot \gamma_{f3}$

Combinações de ações	Ações							
	Permanentes (g)		Variáveis (q)		Protensão (p)		Recalques de apoio e retração	
	D	F	G	T	D	F	D	F
Normais	1,4 [a]	1,0	1,4	1,2	1,2	0,9	1,2	0
Especiais ou de construção	1,3	1,0	1,2	1,0	1,2	0,9	1,2	0
Excepcionais	1,2	1,0	1,0	0	1,2	0,9	0	0

Em que:
D é desfavorável;
F é favorável;
G representa as cargas variáveis em geral;
T é a temperatura;
[a] Para as cargas permanentes de pequena variabilidade, como o peso próprio das estruturas, especialmente as pré-moldadas, esse coeficiente pode ser reduzido para 1,3.
Fonte: ABNT (2014).

Para a Tab. 1.9, tem-se:

ψ_0 = fator de redução de combinação para estado-limite último (ELU);

ψ_1 e ψ_2 = fatores de redução de combinação para estado-limite de serviço (ELS).

Tab. 1.9 Valores do coeficiente γ_{f2}

Ações			γ_{f2}	
		ψ_0	ψ_1^a	ψ_2
Cargas acidentais de edifícios	Locais em que não há predominância de pesos de equipamentos que permanecem fixos por longos períodos de tempo, nem de elevadas concentrações de pessoas [b]	0,5	0,4	0,3
	Locais em que há predominância de pesos de equipamentos que permanecem fixos por longos períodos de tempo, ou de elevada concentração de pessoas [c]	0,7	0,6	0,4
	Biblioteca, arquivos, oficinas e garagens	0,8	0,7	0,6
Vento	Pressão dinâmica do vento nas estruturas em geral	0,6	0,3	0
Temperatura	Variações uniformes de temperatura em relação à média anual local	0,6	0,5	0,3

[a] Para os valores de ψ_1 relativos às pontes e principalmente para os problemas de fadiga, ver seção 23 da NBR 6118 (ABNT, 2014).
[b] Edifícios residenciais.
[c] Edifícios comerciais, de escritórios, estações e edifícios públicos.
Fonte: adaptado de ABNT (2014).

Para ponderação das ações no estado-limite de serviço (ELS), utiliza-se, para cálculo do coeficiente de ponderação das ações, a Eq. 1.20:

$$\gamma_f = \gamma_{f2} \qquad (1.20)$$

sendo γ_{f2} de valor variável de acordo com a verificação necessária (ver Tab. 1.9):

$\gamma_{f2} = 1$ para combinações raras;

$\gamma_{f2} = \psi_1$ para combinações frequentes;

$\gamma_{f2} = \psi_2$ para combinações quase permanentes.

1.6.2 Cargas acidentais segundo a NBR 6120

As cargas acidentais que incidem nas lajes das estruturas referem-se a carregamentos devido à utilização, como mobiliário, trânsito de pessoas e veículos. Essas cargas são consideradas como distribuídas, sendo muitas delas estipuladas pela NBR 6120 (ABNT, 1980b), cujos dados podem ser conferidos nos Quadros. 1.2 e 1.3.

1.7 Resistências

A seguir, serão apresentadas fórmulas para cálculo das resistências mais utilizadas em elementos de concreto armado presentes no item 12 da NBR 6118 (ABNT, 2014).

1.7.1 Resistência de cálculo (f_d)

Os valores característicos das resistências (f_k) mostram-se como valores que apresentam uma determinada probabilidade de serem ultrapassados em um certo lote de material. A resistência de cálculo (f_d) é dada pela Eq. 1.21:

$$f_d = \frac{f_k}{\gamma_m} \qquad (1.21)$$

em que:

f_k = resistência característica;

γ_m = coeficiente de ponderação das resistências.

Quadro 1.2 Peso específico dos materiais de construção

Materiais		Peso específico aparente (kN/m³)
Rochas	Arenito	26
	Basalto	30
	Gnaise	30
	Granito	28
	Mármore e calcário	28
Blocos artificiais	Blocos de argamassa	22
	Cimento amianto	20
	Lajotas cerâmicas	18
	Tijolos furados	13
	Tijolos maciços	18
	Tijolos silicocalcários	20
Revestimentos e concretos	Argamassa de cal, cimento e areia	19
	Argamassa de cimento e areia	21
	Argamassa de gesso	12,5
	Concreto simples	24
	Concreto armado	25
Madeiras	Pinho, cedro	5
	Louro, imbuia, pau-óleo	6,5
	Guajuvirá, guatambu, grápia	8
	Angico, cabriúva, ipê-rosa	10
Metais	Aço	78,5
	Alumínio e ligas	28
	Bronze	85
	Chumbo	114
	Cobre	89
	Ferro fundido	72,5
	Estanho	74
	Latão	85
	Zinco	72
Materiais diversos	Alcatrão	12
	Asfalto	13
	Borracha	17
	Papel	15
	Plástico em folhas	21
	Vidro plano	26

Fonte: adaptado de ABNT (1980b).

1.7.2 Resistência de cálculo do concreto (f_{cd})

A resistência de cálculo do concreto (f_{cd}), quando obtida por verificação realizada em data igual ou superior a 28 dias, resulta, segundo NBR 6118 (ABNT, 2014), da Eq. 1.22:

$$f_{cd} = \frac{f_{ck}}{\gamma_c} \qquad (1.22)$$

em que:

f_{ck} = resistência característica à compressão do concreto;

γ_c = coeficiente de ponderação da resistência do concreto.

Quando a verificação ocorrer em data inferior a 28 dias, utiliza-se a Eq. 1.23:

$$f_{cd} = \frac{f_{ckj}}{\gamma_c} \approx \beta_1 \cdot \frac{f_{ck}}{\gamma_c} \qquad (1.23)$$

em que:

f_{ckj} = resistência à compressão do concreto aos j dias;

β_1 obtido pela Eq. 1.24.

Quadro 1.3 Valores mínimos de carga vertical

Local		Carga (kN/m²)
Arquibancadas		4
Balcões	Mesma carga da peça com a qual se comunicam e as previstas para parapeitos e balcões	-
Bancos	Escritórios e banheiros	2
	Salas de diretoria e de gerência	1,5
Bibliotecas	Sala de leitura	2,5
	Sala para depósito de livros	4
	Salas com estantes de livros a serem determinadas em cada caso ou 2,5 kN/m² por metro de altura observado, porém, com o valor mínimo de	6
Casas de máquinas	(Incluindo o peso das máquinas) a serem determinadas em cada caso, porém com o valor mínimo de	7,5
Cinemas	Plateia com assentos fixos	3
	Estúdio e plateia com assentos móveis	4
	Banheiro	2
Clubes	Sala de refeições e de assembleia com assentos fixos	3
	Sala de assembleia com assentos móveis	4
	Salão de danças e salão de esportes	5
	Sala de bilhar e banheiro	2
Corredores	Com acesso ao público	3
	Sem acesso ao público	2
Cozinhas não residenciais	A serem determinadas em cada caso, porém com o mínimo de	3
Depósitos	A serem determinados em cada caso e na falta de valores experimentais conforme o indicado na tabela 3 da NBR 6120 (ABNT, 1980)	-
Edifícios residenciais	Dormitórios, sala, copa, cozinha e banheiro	1,5
	Despensa, área de serviço e lavanderia	2
Escadas	Com acesso ao público	3
	Sem acesso ao público	2,5
Escolas	Anfiteatro com assentos fixos, corredor e sala de aula	3
	Outras salas	2
Escritórios	Salas de uso geral e banheiro	2
Forros	Sem acesso a pessoas	0,5
Galerias de arte	A serem determinadas em cada caso, porém com o mínimo de	3
Galerias de lojas	A serem determinadas em cada caso, porém com o mínimo de	3
Garagens e estacionamentos	Para veículos de passageiros ou semelhantes com carga máxima de 25 kN por veículo. Valores de ϕ: $\begin{cases} \phi = 1,00 \text{ quando } \ell \geq \ell_0 \\ \phi = \frac{\ell_0}{\ell} \leq 1,43 \text{ quando } \ell \leq \ell_0 \end{cases}$	3
Ginásios de esportes		5
Hospitais	Dormitórios, enfermarias, sala de recuperação, sala de cirurgia, sala de raio-X e banheiro	2
	Corredor	3
Laboratórios	Incluindo equipamentos, a serem determinados em cada caso, porém, com o mínimo de	3
Lavanderias	Incluindo equipamentos	3
Lojas		4
Restaurantes		3
Teatros	Palco	5
	Demais dependências: cargas iguais às especificadas para cinemas	-
Terraços	Sem acesso ao público	2
	Com acesso ao público	3
	Inacessível a pessoas	0,5
	Destinados a heliportos elevados: as cargas deverão ser fornecidas pelo órgão competente do Ministério da Aeronáutica	-
Vestíbulos	Sem acesso ao público	1,5
	Com acesso ao público	3

Fonte: adaptado de ABNT (1980b).

$$\beta_1 = \exp\left\{s\left[1-\left(\frac{28}{t}\right)^{\frac{1}{2}}\right]\right\} \tag{1.24}$$

em que:

$s = 0{,}38$ para concreto de cimento CP III e IV;

$s = 0{,}25$ para concreto de cimento CP I e II;

$s = 0{,}20$ para concreto de cimento CP V-ARI;

$t =$ idade efetiva do concreto, expressa em dias.

As resistências devem ser minoradas pelo coeficiente obtido na Eq. 1.25:

$$\gamma_m = \gamma_{m1} \cdot \gamma_{m2} \cdot \gamma_{m3} \tag{1.25}$$

em que:

$\gamma_{m1} =$ parte do coeficiente γ_m que se refere à variabilidade da resistência dos materiais em análise;

$\gamma_{m2} =$ parte do coeficiente γ_m que se refere à diferença entre a resistência do material no corpo de prova e na estrutura;

$\gamma_{m3} =$ parte do coeficiente γ_m que se refere aos desvios provocados na construção e às aproximações feitas em projeto quanto às resistências.

Esse coeficiente de ponderação das resistências (γ_m) é denominado γ_c para o concreto e γ_s para o aço. Para verificação das estruturas no estado-limite último (ELU), o item 12.4.1 da NBR 6118 (ABNT, 2014), estabelece, para os coeficientes de ponderação das resistências, a Tab. 1.10.

Tab. 1.10 Valores dos coeficientes γ_c e γ_s

Combinações	Concreto γ_c	Aço γ_s
Normais	1,4	1,15
Especiais ou de construção	1,2	1,15
Excepcionais	1,2	1,0

Fonte: ABNT (2014).

Para os limites estipulados para os casos de estados-limite de serviço, não há a necessidade de minoração das resistências, sendo, dessa forma, utilizado $\gamma_m = 1{,}0$.

Para cálculo da tensão de pico pelo diagrama tensão-deformação, para qualquer tipo de seção e classe de concreto, deve-se considerar o coeficiente de Rüsch, chegando-se à Eq. 1.26:

$$\sigma_c = f_c = 0{,}85 f_{cd} = 0{,}85 \frac{f_{ck}}{\gamma_c} \tag{1.26}$$

Para simplificação, a NBR 6118 (ABNT, 2014), em seu item 17.2.2, permite utilizar o diagrama retangular para cálculo das tensões no concreto, resultando, nos casos em que a largura da seção transversal não diminuir da linha neutra para a borda mais comprimida, em uma tensão constante obtida pela Eq. 1.27:

$$\sigma_c = f_c = \alpha_c \cdot f_{cd} = \alpha_c \cdot \frac{f_{ck}}{\gamma_c} \tag{1.27}$$

Para caso contrário, como seção circular, utiliza-se, para cálculo da tensão constante, a Eq. 1.28:

$$\sigma_c = f_c = 0{,}9\alpha_c \cdot f_{cd} = 0{,}9\alpha_c \cdot \frac{f_{ck}}{\gamma_c} \qquad (1.28)$$

Nas Eqs. 1.27 e 1.28, observa-se o seguinte quanto ao valor de α_c:
- para concretos de classes até C50: $\alpha_c = 0{,}85$
- para concretos de classes C55 até C90, utiliza-se a Eq. 1.29:

$$\alpha_c = 0{,}85\left[1 - \frac{(f_{ck} - 50)}{200}\right] \qquad (1.29)$$

sendo f_{ck} expresso em MPa.

Utilizando-se a Eq. 1.27, têm-se, para os casos em que a largura da seção transversal não diminuir da linha neutra para a borda mais comprimida, os valores especificados nas Tabs. 1.11 e 1.12:

Tab. 1.11 Resistência final de cálculo dos concretos (f_c) com $f_{ck} \leq 50$ MPa (kgf/cm²)

C20	C25	C30	C35	C40	C45	C50
121,43	151,79	182,14	212,50	242,86	273,21	303,57

Tab. 1.12 Resistência final de cálculo dos concretos (f_c) com $f_{ck} > 50$ MPa (kgf/cm²)

C55	C60	C65	C70	C75	C80	C85	C90
325,58	346,07	365,04	382,50	398,44	412,86	425,76	437,14

1.7.3 Resistência de escoamento de cálculo (f_{yd})

A resistência de escoamento de cálculo (f_{yd}) é obtida pela Eq. 1.30:

$$f_{yd} = \frac{f_{yk}}{\gamma_s} \qquad (1.30)$$

em que:

f_{yd} = tensão de escoamento de cálculo;

f_{yk} = resistência característica de escoamento;

γ_s = coeficiente de ponderação das resistências do aço.

Utilizando-se a equação anteriormente demonstrada, têm-se, para os aços utilizados no concreto armado, os valores estabelecidos na Tab. 1.13:

Tab. 1.13 Resistência final de cálculo para aço (f_{yd}) (kgf/cm²)

CA-25	CA-50	CA-60
2.174	4.348	5.217

capítulo 2
Flexão normal simples

Um edifício compõe-se de elementos estruturais dimensionados, de modo a suportar as solicitações às quais são submetidos, e também de elementos não estruturais, que não apresentam capacidade resistente considerável.

Entre os elementos estruturais, têm-se: as lajes, as vigas e os pilares. As lajes são definidas como elementos estruturais bidimensionais, que apresentam espessura bem menor que as outras duas dimensões. Elas são responsáveis por transmitir a carga normal da edificação às vigas, que a transmitem aos pilares, e estes às fundações. As vigas e os pilares são elementos lineares ou de barras, sendo as vigas dimensionadas para suportar esforços como momentos fletores, cortantes e momentos devido à torção, e os pilares calculados para suportar esforços de flexocompressão ou compressão centrada.

2.1 Solicitações normais

Em condições normais, o esforço solicitante preponderante para dimensionamento de lajes e vigas é o momento fletor M. Quando este atua em um plano que contém um dos eixos principais da seção transversal, ocorre a flexão normal. Se, além da atuação do momento, houver uma força normal N, ocorre a flexão normal composta, e, se essa força não existir, diz-se que há flexão normal simples.

O objetivo do dimensonamento, da verificação e do detalhamento, de acordo com a NBR 6118 (ABNT, 2014), é garantir a segurança em relação aos estados-limite último (ELU) e de serviço (ELS) da estrutura como um todo e em cada uma de suas partes. Os esforços resistentes desenvolvidos pela seção devem equilibrar os esforços solicitantes de cálculo, satisfazendo a condição expressa na Eq. 2.1:

$$S_d \leqslant R_d \quad (2.1)$$

em que:
S_d = solicitação externa de cálculo;
R_d = resistência interna de cálculo.

A Fig. 2.1 ilustra esforços em uma seção transversal.

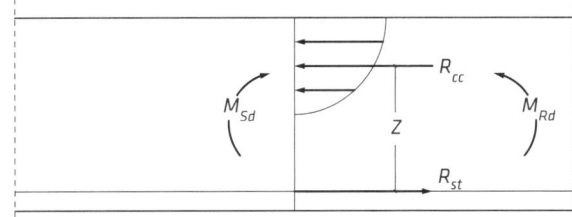

Fig. 2.1 Esforços na seção transversal

Em que:

R_{cc} = resultante de compressão no concreto;
R_{st} = resultante de tração na armadura (aço);
M_{Sd} = momento externo solicitante de cálculo;
M_{Rd} = momento interno resistente de cálculo;
z = distância entre resultantes.

Tem-se, para cálculo do momento interno resistente, a Eq. 2.2:

$$M_{Sd} \leqslant M_{Rd} = R_{cc} \cdot z = R_{st} \cdot z \qquad (2.2)$$

A ruína de um elemento estrutural à flexão é de difícil caracterização, sendo, dessa forma, convencionado que ela ocorre em uma seção quando há a ruptura do concreto à compressão, da armadura à tração, ou, ainda, a ruptura simultânea de ambos os materiais.

De acordo com a NBR 6118 (ABNT, 2014), para seções parcialmente comprimidas, ocorre ruptura do concreto quando, em sua fibra mais comprimida, chega-se ao encurtamento-limite último (ε_{cu}) (ver "Diagrama tensão-deformação" do Cap. 1, na p. 19). Já quanto ao aço, considera-se que houve ruptura à tração quando chega-se ao alongamento-limite último ε_{su} = 10‰. Com base nesses valores, atinge-se o estado-limite último (ELU).

O momento fletor M_d é o momento de ruptura, sendo o momento de serviço encontrado por meio da Eq. 2.3:

$$M_{serv} = \frac{M_d}{\gamma_f} \qquad (2.3)$$

em que:

M_{serv} = momento de serviço;
M_d = momento fletor de ruptura;
γ_f = coeficiente de ponderação das ações.

2.1.1 Hipóteses básicas da NBR

De acordo com o item 17.2.2 da NBR 6118 (ABNT, 2014), para as peças de concreto armado, sob efeito das solicitações normais, devem ser consideradas algumas hipóteses básicas como:

i] as seções transversais planas antes da aplicação do carregamento continuarão planas após a deformação;

ii] devido à eficaz aderência aço/concreto, a deformação das barras é a mesma do concreto adjacente;

iii] as tensões de tração normais à seção transversal de um elemento em concreto devem ser desconsideradas no estado-limite último (ELU);

iv] as tensões na seção transversal de um elemento em concreto resultam em um diagrama parábola-retângulo com tensão de pico de 0,85 f_{cd}. Para simplificação, a NBR 6118 (ABNT, 2014) permite trabalhar com um diagrama retangular de profundidade obtida pela Eq. 2.4:

$$y = \lambda x \qquad (2.4)$$

sendo que:
- para concretos de classes até C50:

$$\lambda = 0{,}8 \qquad (2.5)$$

- para concretos de classes C55 até C90:

$$\lambda = 0{,}8 - \frac{(f_{ck} - 50)}{400} \qquad (2.6)$$

em que f_{ck} é expresso em MPa e a tensão constante atuante (σ_c) até a profundidade y pode ser calculada pelas Eqs. 1.27 e 1.28.

v] a tensão nas armaduras deve ser obtida com base nas suas deformações, sendo observados os diagramas tensão-deformação estipulados na NBR 6118 (ABNT, 2014).

2.1.2 Diagramas de deformação

Com relação aos diagramas de deformação, podem ser observados quatro casos:

i] *Ruína devido à ruptura do concreto*

Nesse caso, há a ruptura do concreto por compressão resultando em uma seção parcialmente comprimida. Chega-se à deformação específica de encurtamento do concreto na ruptura (ε_{cu}), não sendo atingida a deformação plástica excessiva da armadura tracionada (ε_{su}), conforme representa a Fig. 2.2.

ii] *Ruína devido à ruptura do concreto por compressão excêntrica ou centrada*

Nesse caso, também se observa a ruptura do concreto por compressão, resultando, agora, em uma seção totalmente comprimida. De acordo com a NBR 6118 (ABNT, 2014), deve-se chegar à deformação específica de encurtamento do concreto no início do patamar plástico (ε_{c2}) a uma altura [($\varepsilon_{cu} - \varepsilon_{c2}$) h] / ε_{cu}, como mostra a Fig. 2.3.

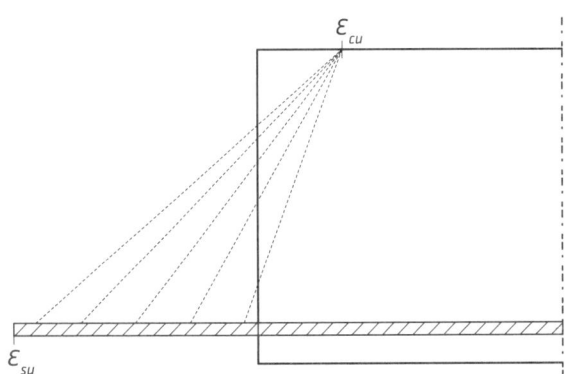

Fig. 2.2 Primeiro caso para diagrama de deformação

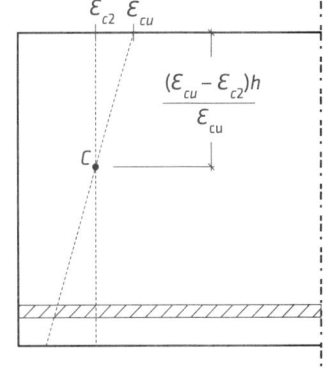

Fig. 2.3 Segundo caso para diagrama de deformação

iii] *Ruína devido à ruptura do aço*

Nessa situação, há um alongamento excessivo da armadura, resultando em uma seção parcialmente comprimida ou totalmente tracionada. Chega-se à deformação plástica excessiva da armadura tracionada (ε_{su}), não sendo atingida a deformação específica de encurtamento do concreto na ruptura (ε_{cu}) (Fig. 2.4).

iv] *Não há ruína*

Nesse caso, não se chegou a nenhum limite último, não sendo atingida a deformação específica de encurtamento do concreto na ruptura (ε_{cu}) ou a deformação plástica excessiva da armadura tracionada (ε_{su})(Fig. 2.5).

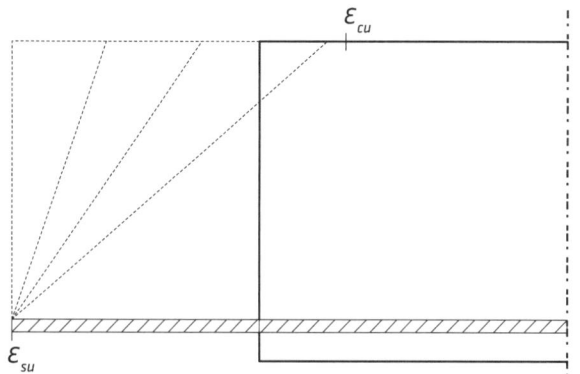

Fig. 2.4 Terceiro caso para diagrama de deformação

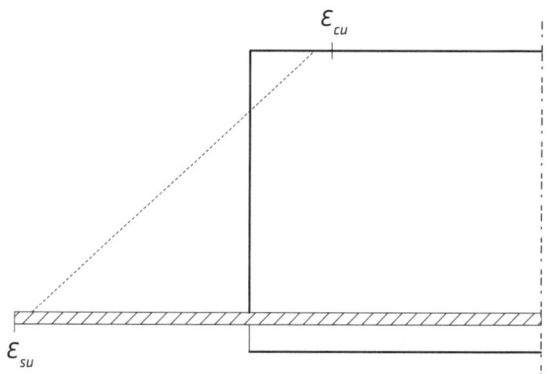

Fig. 2.5 Quarto caso para diagrama de deformação

2.1.3 Domínios de estado-limite último

Por meio da análise dos diagramas de deformação, chegou-se aos domínios de deformação, os quais são descritos na NBR 6118 (ABNT, 2014), item 17.2.2, e reproduzidos na Fig. 2.6.

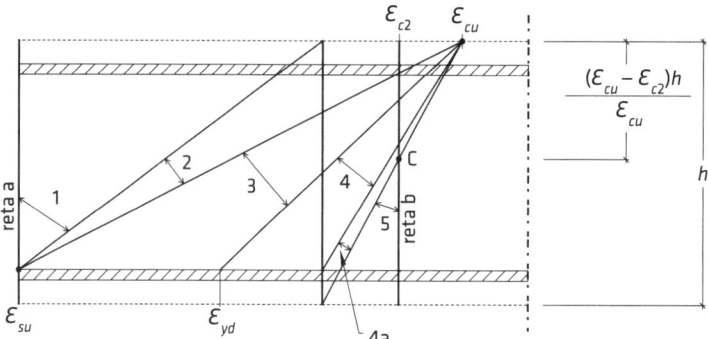

Fig. 2.6 Domínios de estado-limite último de uma seção transversal.
Fonte: adaptado de ABNT (2014).

De acordo com ABNT (2014), nos domínios de ELU de uma seção transversal, tem-se:
i] ruptura convencional por deformação plástica excessiva:
- reta a: tração uniforme;
- domínio 1: tração não uniforme, sem compressão;
- domínio 2: flexão simples ou composta sem ruptura à compressão do concreto ($\varepsilon_c < \varepsilon_{cu}$ e com o máximo alongamento possível).

ii] ruptura convencional por encurtamento-limite do concreto:
- domínio 3: flexão simples (seção subarmada) ou composta com ruptura à compressão do concreto e com escoamento do aço ($\varepsilon_s \geq \varepsilon_{yd}$);
- domínio 4: flexão simples (seção superarmada) ou composta com ruptura à compressão do concreto e aço tracionado sem escoamento ($\varepsilon_s < \varepsilon_{yd}$);

- domínio 4a: flexão composta com armaduras comprimidas;
- domínio 5: compressão não uniforme, sem tração;
- reta b: compressão uniforme (ABNT, 2014, p.122).

Analisando os domínios estipulados pela norma, tem-se:
- *Domínio 1*: neste caso, a linha neutra encontra-se a uma distância fora da seção transversal, a qual se apresenta totalmente tracionada. A ruína do elemento ocorre pela deformação plástica excessiva da armadura mais tracionada, sendo o estado-limite último caracterizado pela deformação $\varepsilon_{su} = 10‰$. Situações típicas: tração axial e excêntrica.
- *Domínio 2*: neste domínio, a linha neutra corta a seção transversal, resultando em uma região tracionada e outra comprimida. A ruína do elemento ocorre pela deformação plástica excessiva da armadura tracionada ($\varepsilon_{su} = 10‰$). Situações típicas: flexão pura e tração excêntrica com grande excentricidade.
- *Domínio 3*: neste caso, a linha neutra corta a seção transversal, resultando em uma região tracionada e outra comprimida. Observa-se a ocorrência do escoamento do aço (à deformação mínima ε_{yd}) e da ruptura do concreto (à deformação ε_{cu}) ao mesmo tempo. Situações típicas: flexão pura, tração ou compressão excêntrica com grande excentricidade.
- *Domínio 4*: este domínio difere do domínio 3 pelo fato de não haver escoamento do aço por ε_s ser menor ou igual a ε_{yd}. Situações típicas: compressão e flexão excêntrica.
- *Domínio 4a*: neste caso, a linha neutra corta a seção transversal onde há o cobrimento da armadura menos comprimida, sendo o estado-limite último caracterizado pela deformação ε_{cu}.
- *Domínio 5*: neste domínio, a linha neutra encontra-se a uma distância fora da seção transversal, a qual se apresenta totalmente comprimida. Aceita-se a deformação última do concreto igual a ε_{c2} para compressão uniforme e ε_{cu} para flexocompressão, e os diagramas de deformação para esses casos devem se cruzar a uma altura y da borda mais comprimida da seção, definida pela Eq. 2.7. Situações típicas: compressão não uniforme, sem tração e compressão uniforme.

$$y = \frac{(\varepsilon_{cu} - \varepsilon_{c2})}{\varepsilon_{cu}} h \tag{2.7}$$

2.1.4 Seção subarmada, normalmente armada e superarmada

Para a flexão simples, entre os domínios de estado-limite último apresentados na Fig. 2.6, são desconsiderados o de número 1, por se tratar de seção totalmente tracionada, e também os domínios 4a e 5, por se referirem a seções totalmente comprimidas. Os domínios 2 e 3 referem-se a uma seção subarmada, caracterizada por uma situação na qual a armadura escoa antes da ruptura do concreto à compressão. Já o domínio 4 refere-se a uma seção superarmada, descrita como a situação na qual o concreto atinge o encurtamento convencional de ruptura antes de a armadura escoar. Há ainda a seção normalmente armada, que se encontra no limite entre a seção subarmada e a superarmada (limite entre os domínios 3 e 4), ocorrendo, nesse caso, o esmagamento convencional do concreto comprimido e a deformação de escoamento do aço.

2.2 Seção retangular

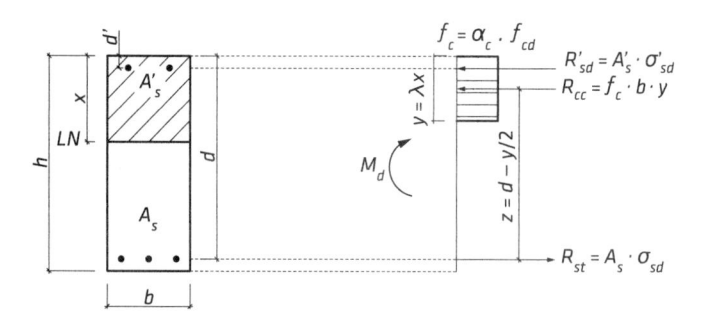

Fig. 2.7 Diagrama para seção retangular

De acordo com Tepedino (1980), para estudo das tensões no concreto em uma seção retangular, nos casos dos domínios 2 e 3, pode-se adotar o diagrama retangular, representado na Fig. 2.7.

Na Fig. 2.7, tem-se:

h = altura da seção retangular;
b = base da seção retangular;
LN = linha neutra;
x = profundidade da linha neutra para o diagrama parábola-retângulo;
y = profundidade da linha neutra para o diagrama retangular;
λ = parâmetro de redução obtido pelas Eqs. 2.5 e 2.6;
d = altura útil da seção transversal;
d' = profundidade da armadura A'_s;
M_d = momento externo solicitante de cálculo;
R'_{sd} = resultante de compressão na armadura A'_s;
R_{cc} = resultante de compressão no concreto;
R_{st} = resultante de tração na armadura (aço);
z = distância entre as resultantes R_{cc} e R_{st};
f_c = resistência final de cálculo do concreto obtido pela Eq. 1.27.

Para obtenção da área de aço necessária para a armadura, utiliza-se a Eq. 2.8:

$$A_s \geqslant A_{s1} + A_{s2} \tag{2.8}$$

em que:

A_s = armadura tracionada;
A_{s1} e A_{s2} = parcelas para cálculo de A_s, calculadas pelas Eqs. 2.9 e 2.10:

$$A_{s1} = \frac{f_c \cdot b \cdot d}{f_{yd}} \left(1 - \sqrt{1 - 2K'}\right) \tag{2.9}$$

$$A_{s2} = \frac{f_c \cdot b \cdot d}{f_{yd}} \cdot \frac{K - K'}{1 - (d'/d)} \tag{2.10}$$

em que:

f_c = resistência final de cálculo do concreto;
b = base da seção retangular;
d = altura útil da seção retangular;
f_{yd} = tensão de escoamento de cálculo;
K e K' = parâmetros adimensionais que medem as intensidades dos momentos fletores externo e interno, respectivamente.

A altura útil da seção retangular (d) é obtida pela Eq. 2.11:

$$d = h - d' \tag{2.11}$$

em que h é a altura da seção retangular e d' é dado pela Eq. 2.12:

$$d' = c_{nom} + \phi_t + \frac{\phi_L}{2} \tag{2.12}$$

em que:

c_{nom} = cobrimento nominal;
ϕ_t = diâmetro da barra de armadura transversal (estribo);
ϕ_L = diâmetro da barra de armadura longitudinal.

A Fig. 2.8 ilustra uma seção retangular.

Para cálculo do parâmetro K, tem-se a Eq. 2.13:

$$K = \frac{M_d}{f_c \cdot b \cdot d^2} = \frac{1{,}4M}{f_c \cdot b \cdot d^2} \qquad (2.13)$$

em que M_d é o momento de cálculo.

Para análise do valor de K' a ser utilizado para cálculo de A_{s1} e A_{s2}, considera-se a Eq. 2.14:

$$\begin{cases} K \leqslant K_L \rightarrow K' = K \\ K > K_L \rightarrow K' = K_L \end{cases} \qquad (2.14)$$

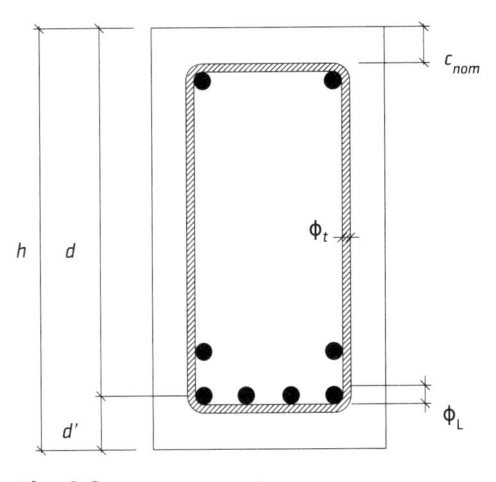

Fig. 2.8 Seção retangular

em que K_L, considerando-se um adequado comportamento dúctil, é obtido pela Eq. 2.15:

$$K_L = K'_L = \alpha_L \left(1 - \frac{\alpha_L}{2}\right) \qquad (2.15)$$

em que o valor de α_L é obtido pela Eq. 2.16:

$$\alpha_L = \left(\frac{y}{d}\right)_L = \lambda \left(\frac{x}{d}\right)_L \qquad (2.16)$$

Para um adequado comportamento dúctil em vigas e lajes, a NBR 6118 (ABNT, 2014) estabelece para posição da linha neutra no ELU os limites:

- resultantes da Eq. 2.17 para concretos de classes até C50:

$$x/d \leqslant 0{,}45 \qquad (2.17)$$

- resultantes da Eq. 2.18 para concretos de classes C55 até C90:

$$x/d \leqslant 0{,}35 \qquad (2.18)$$

Para cálculo de λ, utilizam-se as Eqs. 2.5 e 2.6, apresentadas na seção 2.1.1.

Utilizando-se as equações citadas, chega-se à Tab. 2.1 para os valores de K_L, considerando-se a situação de adequado comportamento dúctil:

Tab. 2.1 Valores de K_L

Classe	λ	$(x/d)_L$	α_L	K_L
⩽ C50	0,8000	0,45	0,360	0,295
C55	0,7875	0,35	0,276	0,238
C60	0,7750	0,35	0,271	0,234
C65	0,7625	0,35	0,267	0,231
C70	0,7500	0,35	0,263	0,228
C75	0,7375	0,35	0,258	0,225
C80	0,7250	0,35	0,254	0,222
C85	0,7125	0,35	0,249	0,218
C90	0,7000	0,35	0,245	0,215

A relação d'/d é obtida por meio da Eq. 2.19 utilizada para cálculo do nível de tensão na armadura comprimida (ϕ), que é sempre menor ou igual a 1:

$$\phi = \frac{\sigma'_{sd}}{f_{yd}} = \frac{\left(\frac{x}{d}\right)_L - \left(\frac{d'}{d}\right)}{\left(\frac{x}{d}\right)_L} \cdot \frac{\varepsilon_{cu} \cdot E_s}{f_{yd}} \leq 1 \qquad (2.19)$$

Considerando-se $\phi = 1$, tem-se a Tab. 2.2.

Tab. 2.2 Valores para a relação d'/d

Classe	≤ C50	C55	C60	C65	C70	C75	C80	C85	C90
CA-25	0,317	0,234	0,224	0,218	0,214	0,212	0,211	0,211	0,211
CA-50	0,184	0,118	0,099	0,085	0,077	0,073	0,072	0,071	0,071
CA-60	0,131	0,072	0,049	0,032	0,023	0,018	0,016	0,016	0,016

Para casos nos quais haja A_{s2}, deve-se calcular a armadura de compressão A'_s pela Eq. 2.20:

$$A'_s = \frac{A_{s2}}{\phi} \qquad (2.20)$$

sendo A_{s2} obtido pela Eq. 2.10 e ϕ pela Eq. 2.19.

Para equilíbrio do momento externo solicitante M_d (representado adimensionalmente por K), nem sempre mostra-se necessária a utilização de armadura de compressão (A'_s). Por meio das fórmulas apresentadas, observa-se que, para que a armadura A'_s seja nula, deve-se ter $K' = K$, anulando-se, consequentemente, a parcela A_{s2}.

2.3 Seção T ou L

Nas estruturas de concreto armado, mostra-se muito frequente a utilização de seções geométricas em T (Fig. 2.9) ou L. Essas seções são compostas por uma nervura ou alma de largura b_w e uma mesa de largura b_f. No entanto, essas estruturas só podem ser consideradas como seções em T ou L se a mesa estiver comprimida. Nos casos em que ela não demonstrar tal comportamento, a seção se comportará como retangular de largura b_w.

Para casos nos quais a profundidade da linha neutra seja menor ou igual à altura da mesa ($y \leq h_f$), a seção é considerada como retangular de largura b_f.

Para obtenção da área de aço A_s necessária para a armadura, utiliza-se a mesma equação empregada para seções retangulares (Eq. 2.8).

Quanto às parcelas para cálculo do A_s (A_{s1} e A_{s2}), utiliza-se para A_{s2} a Eq. 2.10 (sendo utilizado $b = b_w$) e para A_{s1} a Eq. 2.21:

$$A_{s1} = \frac{f_c \cdot b_w \cdot d}{f_{yd}} \left[\left(1 - \sqrt{1 - 2K'}\right) + \left(\frac{b_f}{b_w} - 1\right) \frac{h_f}{d} \right] \qquad (2.21)$$

em que:

f_c = resistência final de cálculo do concreto;

d = altura útil da seção retangular;
f_{yd} = tensão de escoamento de cálculo;
b_f = largura da mesa;
b_w = largura da nervura;
h_f = altura da mesa;
K é obtido pela Eq. 2.22.

$$K = \frac{M_d}{f_c \cdot b_w \cdot d^2} - \left(\frac{b_f}{b_w} - 1\right)\left(\frac{h_f}{d}\right)\left(1 - \frac{h_f}{2d}\right) \qquad (2.22)$$

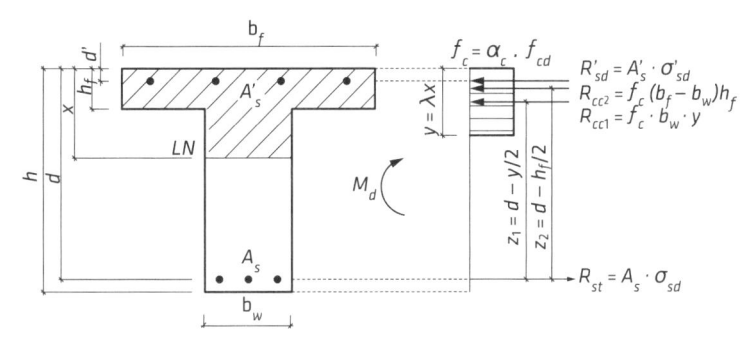

Fig. 2.9 Seção T sob flexão simples

Para análise do valor de K' a ser utilizado para cálculo de A_{s1} e A_{s2}, são obedecidas as mesmas condições da seção retangular (Eq. 2.14).

Para cálculo de K_L, considerando-se um adequado comportamento dúctil, utiliza-se a Eq. 2.15, apresentada para as seções retangulares, chegando-se aos mesmos valores de K_L já calculados (ver Tab. 2.1).

A relação d'/d, assim como para as seções retangulares, é obtida pela equação para cálculo do nível de tensão na armadura comprimida (ver Eq. 2.19), chegando-se aos mesmos valores para d'/d anteriormente calculados (ver Tab. 2.2).

Para casos nos quais haja A_{s2}, deve-se calcular a armadura de compressão A'_s utilizando-se a Eq. 2.20.

Para maiores detalhes sobre dimensionamento de viga T, consultar os Formulários A2 e A3.

2.4 Prescrições da NBR 6118 quanto às armaduras das vigas

A NBR 6118 (ABNT, 2014) estabelece alguns parâmetros a serem seguidos para vigas isostáticas que obedeçam à relação comprimento do vão efetivo (l) × altura da viga (h) maior ou igual a 2 e vigas contínuas com l/h maior ou igual a 3.

2.4.1 Armadura longitudinal mínima de tração

De acordo com o item 17.3.5.2.1 da NBR 6118 (ABNT, 2014), a armadura mínima para resistir aos esforços de tração deve ser dimensionada de modo a atender o momento fletor mínimo ($M_{d,mín}$) obtido pela Eq. 2.23:

$$M_{d,mín} = 0{,}8W_0 \cdot f_{ctk,sup} \qquad (2.23)$$

em que:

W_0 = módulo de resistência da seção transversal bruta de concreto, em relação à fibra mais tracionada;

$f_{ctk,sup}$ = resistência característica superior do concreto à tração (ver Eq. 1.14).

Para estabelecimento da área mínima de aço da seção, devem ser respeitadas as taxas mínimas de armaduras de flexão para vigas estipuladas pela NBR 6118 (ABNT, 2014), conforme mostram as Tabs. 2.3 e 2.4.

Tab. 2.3 Taxas mínimas de armadura de flexão para vigas com $f_{ck} \leq 50$ MPa

Forma da seção	Valores de ρ^a_{min} ($A_{s,min}/A_c$) %						
	C20	C25	C30	C35	C40	C45	C50
Retangular	0,150	0,150	0,150	0,164	0,179	0,194	0,208

[a] Os valores de ρ_{min} estabelecidos nesta tabela pressupõem o uso de aço CA-50; $d/h = 0{,}8$; $\Upsilon_c = 1{,}4$ e $\Upsilon_s = 1{,}15$. Caso esses fatores sejam diferentes, ρ_{min} deve ser recalculado.
Fonte: adaptado de ABNT (2014).

Tab. 2.4 Taxas mínimas de armadura de flexão para vigas com $f_{ck} > 50$ MPa

Forma da seção	Valores de ρ^a_{min} ($A_{s,min}/A_c$) %						
	C55	C60	C65	C70	C75	C80	C85	C90
Retangular	0,211	0,219	0,226	0,233	0,239	0,245	0,251	0,256

[a] Os valores de ρ_{min} estabelecidos nesta tabela pressupõem o uso de aço CA-50; $d/h = 0{,}8$; $\Upsilon_c = 1{,}4$ e $\Upsilon_s = 1{,}15$. Caso esses fatores sejam diferentes, ρ_{min} deve ser recalculado.
Fonte: adaptado de ABNT (2014).

Para cálculo da armadura mínima, tem-se a Eq. 2.24:

$$A_{s,min} = \rho_{min} \cdot A_c \tag{2.24}$$

Quanto ao espaçamento, seguem-se as seguintes determinações estipuladas pela norma no item 18.3.2.2:

- para espaçamento na direção horizontal (a_h):

$$a_h \geq \begin{cases} 20\,\text{mm} \\ \varphi_{barra},\, \varphi_{feixe},\, \varphi_{luva} \\ 1{,}2 d_{máx} \end{cases} \tag{2.25}$$

em que:

$d_{máx}$ = dimensão máxima característica do agregado graúdo;

ϕ_{feixe} obtido pela Eq. 1.17.

- para espaçamento na direção vertical (a_v):

$$a_v \geq \begin{cases} 20\,\text{mm} \\ \varphi_{barra},\, \varphi_{feixe},\, \varphi_{luva} \\ 0{,}5 d_{máx} \end{cases} \tag{2.26}$$

A Fig. 2.10 traz a representação da seção transversal de uma viga retangular. Ao observá-la, chega-se à equação (Eq. 2.27) para largura útil da seção da viga retangular ($b_{útil}$).

$$b_{útil} = b_w - 2(c_{nom} + \phi_t) \quad (2.27)$$

em que:
b_w = largura da alma da viga;
c_{nom} = cobrimento nominal;
ϕ_t = diâmetro da barra de armadura transversal (estribo).

Para cálculo da maior quantidade possível de barras de armaduras longitudinais em uma mesma camada, segue-se a Eq. 2.28:

$$n_{\phi/camada} \leq \frac{a_h + b_{útil}}{a_h + \phi_L} \quad (2.28)$$

em que
$n_{\phi/camada}$ = número de barras por camada. Na Eq. 2.28, arredonda-se o valor encontrado, quando houver casas decimais, para o número inteiro inferior ao calculado;
a_h = espaçamento na direção horizontal;
$b_{útil}$ = largura útil da seção da viga retangular;
ϕ_L = diâmetro da barra de armadura longitudinal.

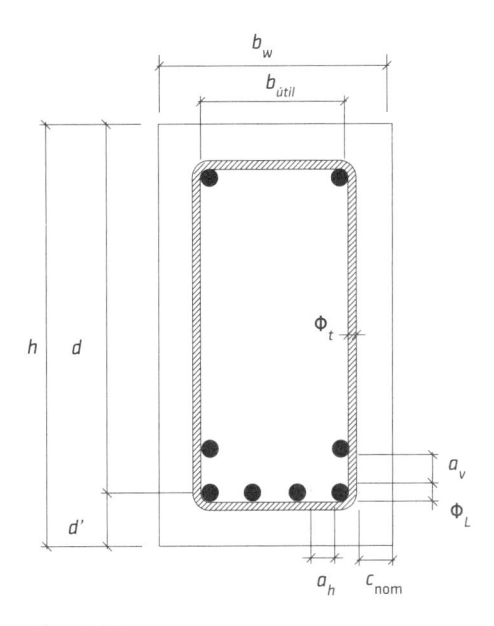

Fig. 2.10 Seção transversal de uma viga retangular

2.4.2 Armadura de pele

Segundo o item 17.3.5.2.3 da NBR 6118 (ABNT, 2014), as armaduras de pele são utilizadas para controlar a abertura das fissuras nas regiões tracionadas da viga, visando evitar uma fissuração exagerada na peça. Ainda de acordo com a norma, as armaduras de pele, indicadas para vigas de altura superior a 60 cm, são calculadas independentemente das armaduras de tração e compressão e devem ser de barras de aço CA-50 ou CA-60. A armadura mínima de pele, ou armadura mínima lateral, para cada face da alma da viga, deve ser obtida pela Eq. 2.29:

$$A_{s,pele,mín} = 0,10\% A_{c,alma} \quad (2.29)$$

Para espaçamento entre as armaduras de pele, tem-se a Eq. 2.30:

$$s \leq \begin{cases} 20\,cm \\ d/3 \\ 15\phi_L \text{ (armadura de pele tracionada)} \end{cases} \quad (2.30)$$

em que:
d = altura útil; ϕ_L = diâmetro da barra de armadura longitudinal.

2.4.3 Armadura longitudinal máxima de tração e compressão

De acordo com a NBR 6118 (ABNT, 2014), item 17.3.5.2.4, o somatório das áreas de aço utilizado nas armaduras de tração e compressão, dimensionadas nos domínios 1 ou 5, deve ser conforme a Eq. 2.31:

$$A_{s,máx} \leq 4\% A_c \quad (2.31)$$

capítulo 3
Cisalhamento e fissuração

3.1 Cisalhamento

As forças de tração ocasionam o surgimento de fissuras, as quais são perpendiculares aos esforços. No concreto armado, a fissuração mostra-se inevitável, já que esse material não apresenta muita resistência à tração.

No terço médio do vão, as fissuras são praticamente verticais e apresentam aberturas maiores na parte inferior do elemento, já que nessa região há maior tração nas fibras.

Essas fissuras, quando verticais, ocorrem devido a esforços de flexão, sendo localizadas na região onde há o maior momento e estendendo-se até a linha neutra. Já quando inclinadas, são causadas por força de cisalhamento.

A tensão de cisalhamento pode ser definida pela Eq. 3.1.

$$\tau = \frac{V \cdot Q}{b_w \cdot I} \tag{3.1}$$

em que:
τ = tensão de cisalhamento;
V = força cortante que atua na seção transversal;
Q = momento estático de uma área ($y \cdot A$);
I = momento de inércia da seção;
b_w = largura da alma da viga.

Ritter e Mörsch, no início do século XX, criaram um modelo de treliça para fazer analogia entre esta e uma viga fissurada, como mostra a Fig. 3.1. Mörsch afirmava que uma viga de seção retangular biapoiada (Fig. 3.2), após fissuração, comportava-se de maneira similar a uma treliça.

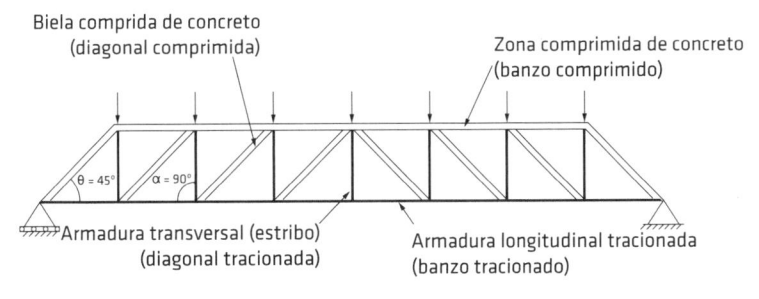

Fig. 3.1 Analogia de Ritter-Mörsch

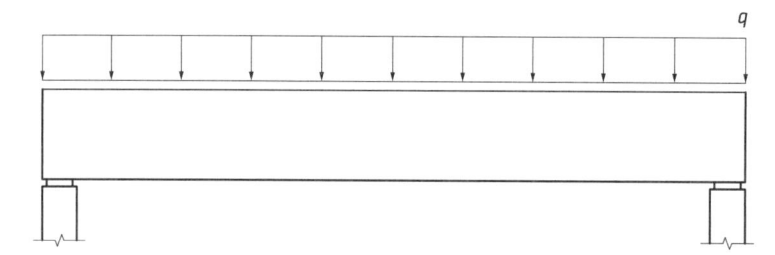

Fig. 3.2 Viga de seção retangular biapoiada

Dessa forma, tem-se a correspondência entre os componentes do elemento estrutural de concreto e a treliça:

- concreto e armadura de compressão superior (quando existente) → banzo superior comprimido;
- armadura longitudinal tracionada → banzo inferior tracionado;
- armaduras transversais de cisalhamento → diagonais tracionadas;
- bielas comprimidas de concreto entre as fissuras → diagonais comprimidas.

Esse modelo da treliça apresenta os seguintes requisitos: as fissuras e as bielas comprimidas apresentam inclinação θ de 45° do eixo longitudinal do elemento estrutural, as armaduras de cisalhamento possuem inclinação α entre 45° e 90° (nesse exemplo, $\alpha = 90°$), os banzos são paralelos e a treliça é isostática, não havendo, dessa forma, engastamento nos nós.

No entanto, com base nos ensaios, observa-se que há imperfeições nessa analogia: as fissuras apresentam inclinação inferior a 45°, os banzos não são paralelos e a treliça é hiperestática, com engastamento das bielas no banzo comprimido, demonstrando que algumas correções devem ser feitas para que esse modelo possa ser utilizado.

A seguir, serão tratadas as verificações e os cálculos baseados na teoria Ritter-Mörsch (modelo I da NBR 6118 (ABNT, 2014)).

3.1.1 Verificação do concreto

Nesta etapa, faz-se a verificação do não esmagamento do concreto para as diagonais comprimidas da treliça.

Primeiramente, calcula-se a tensão convencional de cisalhamento de cálculo pela Eq. 3.2:

$$\tau_{wd} = \frac{V_d}{b_w \cdot d} = \frac{1,4V}{b_w \cdot d} \tag{3.2}$$

em que:
τ_{wd} = tensão convencional de cisalhamento de cálculo;
V_d = força cortante de cálculo;
b_w = largura da seção;
d = altura útil da seção.

Calcula-se, então, a tensão máxima convencional de cisalhamento (τ_{wd2}) pela Eq. 3.3:

$$\tau_{wd2} = 0,27\alpha_{v2} \cdot f_{cd} \tag{3.3}$$

em que:

τ_{wd2} = tensão máxima convencional de cisalhamento de cálculo;

f_{cd} = resistência de cálculo do concreto;

α_{v2} = coeficiente de efetividade para o concreto dado pela Eq. 3.4:

$$\alpha_{v2} = \left(1 - \frac{f_{ck}}{250}\right) \quad (3.4)$$

em que f_{ck} é expresso em MPa.

Utilizando-se as equações citadas, chega-se às Tabs. 3.1 e 3.2 para os valores de τ_{wd2}.

Tab. 3.1 Valores de τ_{wd2} dos concretos com $f_{ck} \leq 50$ MPa

Tensão máxima convencional de cisalhamento de cálculo (τ_{wd2}) com $f_{ck} \leq 50$ MPa (kN/cm²)						
C20	**C25**	**C30**	**C35**	**C40**	**C45**	**C50**
0,355	0,434	0,509	0,581	0,648	0,712	0,771

Tab. 3.2 Valores de τ_{wd2} dos concretos com $f_{ck} > 50$ MPa

Tensão máxima convencional de cisalhamento de cálculo (τ_{wd2}) com $f_{ck} > 50$ MPa (kN/cm²)							
C55	**C60**	**C65**	**C70**	**C75**	**C80**	**C85**	**C90**
0,827	0,879	0,928	0,972	1,013	1,049	1,082	1,111

Compara-se, então, a tensão máxima (τ_{wd2}) com a tensão convencional de cisalhamento de cálculo (τ_{wd}), de modo a obedecer à seguinte condição:

$$\tau_{wd} \leq \tau_{wd2} \quad (3.5)$$

Dessa forma, conclui-se que o concreto foi verificado, indicando que não haverá rompimento da biela comprimida de concreto.

3.1.2 Cálculo da armadura transversal (A_{sw})

Nesta etapa, faz-se o cálculo da área de aço da armadura transversal (A_{sw}) necessária para absorver os esforços de tração da treliça, utilizando-se, para espaçamento s = 100 cm, a Eq. 3.6:

$$A_{sw} = \rho_w \cdot b_w \quad (3.6)$$

sendo a taxa de armadura transversal (ρ_w) dada pela Eq. 3.7:

$$\rho_w = 100 \left(\frac{\tau_{wd} - \tau_{c0}}{39,15}\right) \quad (3.7)$$

em que:

τ_{c0} = tensão convencional de cisalhamento referente aos mecanismos complementares, obtida pelas Eqs. 3.8 e 3.9:

- para concretos de classes até C50:

$$\tau_{c0} = 0,009 f_{ck}^{2/3} \quad (3.8)$$

- para concretos de classes C55 até C90:

$$\tau_{c0} = 0{,}0636 \ln(1 + 0{,}11 f_{ck}) \tag{3.9}$$

em que f_{ck} é expresso em MPa.

Utilizando-se as equações citadas, chegam-se às Tabs. 3.3 e 3.4 para os valores de τ_{c0}.

Tab. 3.3 Valores de τ_{c0} dos concretos com $f_{ck} \leqslant 50$ MPa

Tensão convencional de cisalhamento referente aos mecanismos complementares (τ_{c0}) com $f_{ck} \leqslant 50$ MPa (kN/cm²)						
C20	C25	C30	C35	C40	C45	C50
0,066	0,077	0,087	0,096	0,105	0,114	0,122

Tab. 3.4 Valores de τ_{c0} dos concretos com $f_{ck} > 50$ MPa

Tensão convencional de cisalhamento referente aos mecanismos complementares (τ_{c0}) com $f_{ck} > 50$ MPa (kN/cm²)							
C55	C60	C65	C70	C75	C80	C85	C90
0,124	0,129	0,133	0,138	0,141	0,145	0,149	0,152

Dimensionadas as armaduras necessárias, calcula-se a armadura transversal mínima para conferir se essas atendem ao estipulado pela norma.

De acordo com a NBR 6118 (ABNT, 2014), item 17.4.1.1, todos os elementos lineares que estiverem submetidos à força cortante, com exceção dos elementos estruturais que possuam $b_w > 5d$, nervuras de lajes com espaçamento entre seus eixos de até 90 cm, pilares e elementos lineares de fundação que estejam submetidos predominantemente a esforços de compressão, nos quais não seja ultrapassada, em nenhum ponto, a tensão f_{ctk} e apresente V_{sd} (força cortante solicitante de cálculo na seção) menor ou igual a V_c (força cortante absorvida por mecanismos complementares ao da treliça), necessitam de armadura transversal mínima $A_{sw,mín}$.

Considerando-se estribos verticais e espaçamento de 100 cm, tem-se:

$$A_{sw,mín} = \rho_{w,mín} \cdot b_w \tag{3.10}$$

sendo a taxa mínima de armadura transversal ($\rho_{w,mín}$) obtida pelas Eq. 3.11 e 3.12 dependendo da classe de concreto:

- para concretos de classes até C50:

$$\rho_{w,mín} = 0{,}012 \cdot f_{ck}^{2/3} \tag{3.11}$$

- para concretos de classes C55 até C90:

$$\rho_{w,mín} = 0{,}0848 \ln(1 + 0{,}11 f_{ck}) \tag{3.12}$$

em que f_{ck} é expresso em MPa.

Utilizando-se as fórmulas citadas, chega-se às Tabs. 3.5 e 3.6 para os valores de $\rho_{w,mín}$:

Tab. 3.5 Valores de $\rho_{w,min}$ dos concretos com $f_{ck} \leqslant 50$ MPa

Taxa mínima de armadura transversal dos concretos ($\rho_{w,min}$) com $f_{ck} \leqslant 50$ MPa						
C20	C25	C30	C35	C40	C45	C50
0,088	0,103	0,116	0,128	0,140	0,152	0,163

Tab. 3.6 Valores de $\rho_{w,min}$ dos concretos com $f_{ck} > 50$ MPa

Taxa mínima de armadura transversal dos concretos ($\rho_{w,min}$) com $f_{ck} > 50$ MPa							
C55	C60	C65	C70	C75	C80	C85	C90
0,166	0,172	0,178	0,183	0,189	0,194	0,198	0,203

Após o cálculo da armadura necessária e da mínima indicadas pela norma, tem-se:

- se $\rho_w < \rho_{w,min}$ ou se $\rho_w < 0$, deve-se calcular a armadura utilizando-se $\rho_{w,min}$;
- se $\rho_w > \rho_{w,min}$, deve-se calcular a armadura utilizando-se ρ_w.

Nota: O A_s calculado refere-se a um estribo de apenas uma perna, ou seja, um gancho. Para estribos convencionais com duas pernas, deve-se dividir o A_s calculado por 2.

3.1.3 Diâmetro e espaçamento máximo entre estribos

De acordo com a NBR 6118 (ABNT, 2014), item 18.3.3.2, o diâmetro da barra utilizada para estribo (ϕ_t) deve ser obtido por:

$$\begin{cases} \phi_t \geqslant 5 \text{ mm} \\ \phi_t \leqslant \frac{b_w}{10} \end{cases} \quad (3.13)$$

em que b_w = largura da alma da viga.

Para barras lisas, o diâmetro não deve ultrapassar 12 mm, já para estribos feitos de telas soldadas, admite-se um diâmetro mínimo de 4,2 mm.

Quanto ao espaçamento, deve haver uma distância mínima para passagem do vibrador, sendo estipuladas, pela norma, as seguintes condições para o espaçamento máximo ($s_{máx}$):

$$\begin{cases} \text{se } \frac{\tau_{wd}}{\tau_{wd2}} \leqslant 0{,}67 \rightarrow s_{máx} = 0{,}6d \leqslant 300 \text{ mm} \\ \text{se } \frac{\tau_{wd}}{\tau_{wd2}} > 0{,}67 \rightarrow s_{máx} = 0{,}3d \leqslant 200 \text{ mm} \end{cases} \quad (3.14)$$

em que:

d = altura útil;

τ_{wd} = tensão convencional de cisalhamento de cálculo;

τ_{wd2} = tensão máxima convencional de cisalhamento de cálculo.

3.2 Controle de fissuração em vigas

Segundo a NBR 6118 (ABNT, 2014), item 13.4, devido ao fato de o concreto não apresentar boa resistência aos esforços de tração, um fato inevitável é a ocorrência de fissurações ao longo das estruturas em concreto armado. No entanto, deve-se atentar para que elas não se mostrem excessivas, o que pode levar ao comprometimento da durabilidade do material ou perda de segurança.

As fissuras em elementos de concreto armado geralmente são causadas por dois motivos: devido às propriedades reológicas do concreto fresco (retração do concreto em razão de seu processo de cura) e devido às tensões causadas pelas solicitações impostas. Para a primeira hipótese, devem-se empregar medidas adequadas de tecnologia do concreto e, para a segunda, mostra-se necessária a realização de um eficiente dimensionamento e detalhamento das armaduras transversais.

Para que não haja problemas quanto à aceitabilidade sensorial dos usuários (estética), utilização (como a função de estanqueidade dos reservatórios) e proteção das armaduras quanto à corrosão, visa-se controlar a abertura das fissuras. Para tal, a norma estabelece critérios de verificação do risco de fissuração excessiva em vigas de concreto armado.

3.2.1 Aceitabilidade sensorial dos usuários e utilização

O controle de fissuração quanto à aceitabilidade sensorial dos usuários baseia-se na adoção de fissuras que não causem desconforto psicológico ou sentimento de alarme nos usuários.

Quanto à utilização, nos casos dos reservatórios, por exemplo, deve-se controlar a abertura das fissuras para que ela não prejudique a função de estanqueidade daqueles. Mostra-se necessária a adoção de limites menores quanto à abertura das fissuras para evitar a percolação de água que pode causar a corrosão da armadura, sendo sugerido, por norma, que seja utilizada a protensão para esses casos.

3.2.2 Proteção das armaduras quanto à corrosão

Segundo a NBR 6118 (ABNT, 2014), item 13.4.2, se a abertura máxima característica w_k das fissuras não ultrapassar valores de 0,2 mm a 0,4 mm, estando sob ação de combinações frequentes, ela não provocará grande influência na corrosão das armaduras passivas.

No Quadro 3.1, tem-se uma relação da classe de agressividade ambiental e dos valores-limite da abertura característica das fissuras para garantia da proteção quanto à corrosão. (A classificação geral do tipo de ambiente para efeito de projeto foi definido no Quadro 1.1).

Entre os principais fatores que levam à corrosão da armadura estão: espessura do cobrimento, permeabilidade do concreto, características das fissuras, como abertura, extensão, profundidade e duração na qual permanecem abertas.

Para cada armadura utilizada para controle da fissuração, deve-se ter uma área de concreto de envolvimento (A_{cri}) que possua lados com distância de no máximo 7,5 ϕ_i do eixo da barra da armadura, como mostra a Fig. 3.3, em que:

ϕ_i = diâmetro da barra que protege a região de envolvimento considerada;

A_{cri} = área de concreto de envolvimento de barra ϕ_i da armadura.

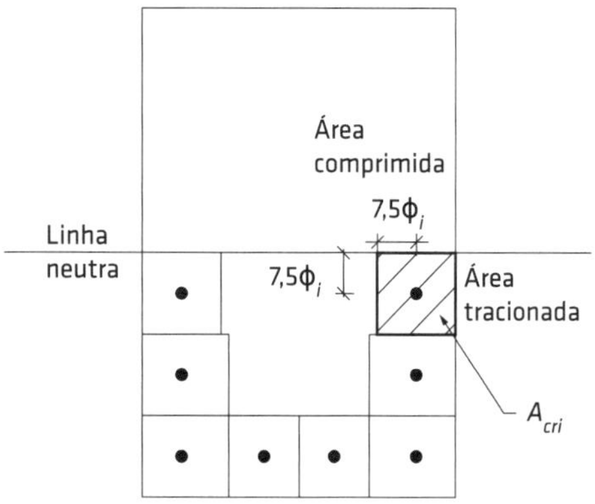

Segundo a NBR 6118 (2014), item 17.3.3.2, para o cálculo do valor da abertura máxima característica (w_k) das fissuras para cada parte da região A_{cri}, utiliza-se o menor dos valores encontrados nas Eqs. 3.15 e 3.16:

$$w_k = \frac{\phi_i}{12,5\eta_1} \cdot \frac{\sigma_{si}}{E_{si}} \cdot \frac{3\sigma_{si}}{f_{ct,m}} \quad (3.15)$$

$$w_k = \frac{\phi_i}{12,5\eta_1} \cdot \frac{\sigma_{si}}{E_{si}} \left(\frac{4}{\rho_{ri}} + 45\right) \quad (3.16)$$

Fig. 3.3 Concreto de envolvimento da armadura
Fonte: adaptado de ABNT (2014).

Quadro 3.1 Exigências de durabilidade relacionadas à fissuração e à proteção da armadura, em função das classes de agressividade ambiental

Tipo de concreto estrutural	Classe de agressividade ambiental (CAA) e tipo de protensão	Exigências relativas à fissuração	Combinação de ações em serviço a utilizar
Concreto simples	CAA I a CAA IV	Não há	-
Concreto armado	CAA I	ELS-W $w_k \leq 0{,}4$ mm	Combinação frequente
	CAA II e CAA III	ELS-W $w_k \leq 0{,}3$ mm	
	CAA IV	ELS-W $w_k \leq 0{,}2$ mm	
Concreto protendido nível 1 (protensão parcial)	Pré-tração com CAA I ou pós-tração com CAA I e II	ELS-W $w_k \leq 0{,}2$ mm	Combinação frequente
Concreto protendido nível 2 (protensão limitada)	Pré-tração com CAA II ou pós-tração com CAA III e IV	Verificar as duas condições a seguir: ELS-F / ELS-D [a]	Combinação frequente / Combinação quase permanente
Concreto protendido nível 3 (protensão completa)	Pré-tração com CAA III e IV	Verificar as duas condições a seguir: ELS-F / ELS-D [a]	Combinação rara / Combinação frequente

[a] A critério do projetista, o ELS-D pode ser substituído pelo ELS-DP com $a_p = 50$ mm.
Notas:
Para as classes de agressividade ambiental CAA-III e IV, exige-se que as cordoalhas não aderentes tenham proteção especial na região de suas ancoragens.
No projeto de lajes lisas e cogumelo protendidas, basta ser atendido o ELS-F para a combinação frequente das ações, em todas as classes de agressividade ambiental.
Fonte: adaptado de ABNT (2014).

em que:
ϕ_i = diâmetro da barra que protege a região de envolvimento considerada;
η_1 = coeficiente de aderência, obtido na Tab. 1.5;
σ_{si} = tensão de tração no centro de gravidade da armadura considerada, calculada no estádio II;
E_{si} = módulo de elasticidade do aço da barra considerada, de diâmetro ϕ_i;
$f_{ct,m}$ = resistência média à tração, obtida pelas Eqs. 1.11 e 1.12;
ρ_{ri} = taxa de armadura passiva ou ativa aderente (que não esteja dentro de bainha) em relação à área da região de envolvimento (A_{cri}).

Para seções que possuam mais de duas barras por camada, resultando em barras nas extremidades e centrais e, provavelmente, diferentes valores para ρ_{ri}, deve-se utilizar a Eq. 3.16 considerando-se os dois valores de taxa e adotando-se, por fim, a favor da segurança, o maior valor para w_k (barra com menor taxa ρ_{ri}). Após esse cálculo, chega-se ao w_k por meio da Eq. 3.15 e comparam-se os dois resultados, sendo adotado como valor final o menor deles.

A tensão de tração no centro de gravidade da armadura considerada (σ_{si}) calculada no estádio II, segundo Tepedino (1980), pode ser obtida, simplificadamente, pela Eq. 3.17:

$$\sigma_{si} = \frac{f_{yd}}{\gamma_f} \cdot \frac{A_{s,calc}}{A_{s,ef}} \qquad (3.17)$$

em que:
f_{yd} = resistência de escoamento de cálculo, obtida pela Eq. 1.30;
$A_{s,calc}$ = armadura de tração calculada;

$A_{s,ef}$ = armadura de tração efetivamente colocada ou existente;
γ_f = coeficiente de ponderação das ações (para esta publicação, adotar $\gamma_f \approx 1{,}4$).

Alguns autores, como Silva (2005), sugerem que o cálculo do γ_f seja obtido de forma aproximada (considerando combinação frequente, $\psi_1 = 0{,}4$) como: $\gamma_f = S_d/S_{serv} \approx 1{,}7$ (S_d = combinação última normal no ELU e S_{serv} = combinação frequente no ELS).

Para cálculo da taxa de armadura passiva ou ativa aderente (ρ_{ri}) em relação à área da região de envolvimento (A_{cri}) da armadura em estudo, utiliza-se a Eq. 3.18:

$$\rho_{ri} = \frac{A_{si}}{A_{cri}} \qquad (3.18)$$

em que:
ρ_{ri} = taxa de armadura passiva ou ativa aderente;
A_{si} = armadura referente a uma barra ϕ_i;
A_{cri} = área de concreto de envolvimento de barra ϕ_i da armadura.

Após calculadas as áreas de envolvimento de cada barra tracionada (A_{cri}) e as taxas da armadura (ρ_{ri}) envolvida em cada área A_{cri}, chega-se à área total interessada na fissuração (A_{cr}) e à taxa total (ρ_r) por meio das Eqs. 3.19 e 3.20:

$$A_{cr} = \Sigma A_{cri} \qquad (3.19)$$

$$\rho_r = \Sigma \rho_{ri} = \frac{A_{s,ef}}{A_{cr}} \qquad (3.20)$$

em que $A_{s,ef}$ é a armadura de tração efetivamente colocada ou existente.

Com base na Eq. 3.18, tem-se, analogamente, a Eq. 3.21:

$$\rho_{r,calc} = \frac{A_{s,calc}}{A_{cr}} \qquad (3.21)$$

em que:
$\rho_{r,calc}$ = taxa de armadura passiva ou ativa aderente calculada;
$A_{s,calc}$ = armadura de tração calculada;
A_{cr} = área total de concreto de envolvimento das armaduras.

Utilizando-se a Eq. 3.20, substitui-se a Eq. 3.17 pela Eq. 3.22:

$$\sigma_{si} = \frac{f_{yd}}{\gamma_f} \cdot \frac{A_{s,calc}}{\rho_r \cdot A_{cr}} \qquad (3.22)$$

Como consequência, pode-se reescrever a Eq. 3.16 conforme a Eq. 3.23:

$$w_k = \frac{\phi_i}{12{,}5\eta_1} \cdot \frac{\frac{f_{yd}}{\gamma_f} \cdot \frac{A_{s,calc}}{\rho_r \cdot A_{cr}}}{E_{si}} \left(\frac{4}{\rho_r} + 45 \right) \qquad (3.23)$$

Analisa-se, então, o valor w_k obtido pela Eq. 3.23, que se refere à área total de concreto de envolvimento das armaduras, com o menor dos valores referente às Eqs. 3.15 e 3.16, sendo permitida uma diferença de até 20% entre a abertura real e a estimada.

Após realizadas as verificações, caso a armadura não tenha sido suficiente para manter a abertura das fissuras dentro dos valores-limite estabelecidos pela norma, deve-se aumentar a armadura, adotando-se, como coeficiente de majoração, o menor dos valores obtidos pelas Eqs. 3.24 e 3.25:

$$\frac{A_{s,ef}}{A_{s,calc}} = \sqrt{\frac{3a_w \cdot f_{yd}}{\gamma_f \cdot f_{ct,m}}} \geqslant 1 \quad (3.24)$$

$$\frac{A_{s,ef}}{A_{s,calc}} = 22{,}5a_w + \sqrt{(22{,}5a_w)^2 + \frac{4a_w}{\rho_{r,calc}}} \geqslant 1 \quad (3.25)$$

sendo a_w obtido pela Eq. 3.26:

$$a_w = \frac{\phi_i \cdot f_{yd}}{12{,}5\eta_1 \cdot \gamma_f \cdot E_{si} \cdot w_k} \quad (3.26)$$

Considerando-se CA-50 e $\gamma_f = 1{,}4$, tem-se a Eq. 3.27:

$$a_w = 5{,}26 \times 10^{-5} \frac{\phi_i}{w_k} \quad (3.27)$$

capítulo 4
Verificação da aderência e ancoragem

Um dos principais fatores determinantes do bom funcionamento de elementos em concreto armado é a eficiência da ligação aço-concreto. Essa ligação é garantida pela existência de aderência entre esses dois materiais. Pode-se definir como aderência o mecanismo de transferência de tensões presentes na interface entre a barra de aço e o concreto envolvente. É uma propriedade que impede o escorregamento da barra em relação ao concreto do entorno. Qualitativamente, pode-se dividir a aderência em três tipos: aderência por adesão, aderência por atrito e aderência mecânica, conforme mostra a Fig. 4.1.

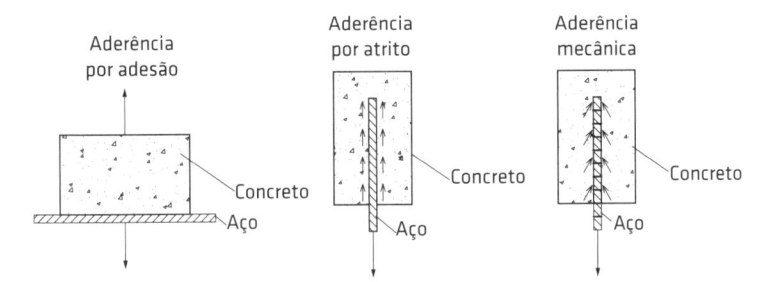

Fig. 4.1 Tipos de aderência aço-concreto

A aderência por adesão ocorre devido às ligações físico-químicas que acontecem na interface aço-concreto durante as reações de pega do cimento. A aderência por atrito é verificada devido à ação das forças de atrito existentes entre os dois materiais que dependem do coeficiente de atrito entre o aço e o concreto. Já a aderência mecânica pode ser observada em consequência da existência de entalhes e nervuras nas barras de aço ou irregularidades presentes nas barras lisas.

4.1 Cálculo da resistência de aderência

A resistência de aderência de cálculo (f_{bd}) entre armadura passiva e concreto pode ser obtida por meio da Eq. 4.1:

$$f_{bd} = \eta_1 \cdot \eta_2 \cdot \eta_3 \cdot f_{ctd} \qquad (4.1)$$

em que:
f_{bd} = resistência de aderência de cálculo da armadura passiva;
η_1 = coeficiente de aderência que depende da conformação superficial da barra de aço (ver Tab. 1.5);

η_2 = coeficiente de aderência que depende da posição das barras de aço durante a concretagem e a altura dessas em relação ao fundo da forma;

η_3 = coeficiente de aderência que depende do diâmetro da barra de aço.

O f_{ctd} é obtido pela Eq. 4.2:

$$f_{ctd} = \frac{f_{ctk,inf}}{\gamma_c} \quad (4.2)$$

em que:

$f_{ctk,inf}$ = valor inferior para a resistência característica à tração do concreto (ver Eq. 1.13);

γ_c = coeficiente de ponderação da resistência do concreto (ver Tab. 1.10).

Quanto à posição das barras de aço durante a concretagem, a NBR 6118 (ABNT, 2014), em seu item 9.3.1, classifica como trechos de armaduras de boa situação em relação à aderência quando esses se enquadram nas seguintes situações:

- inclinação superior a 45° em relação à horizontal, como representado na Fig. 4.2;
- posição horizontal ou inclinação inferior a 45° em relação a esse eixo, desde que os elementos de altura inferior a 60 cm estejam a uma distância de até 30 cm acima da face inferior do elemento ou da junta de concretagem mais próxima, e os de altura igual ou superior a 60 cm estejam a uma distância de pelo menos 30 cm abaixo da face superior do elemento ou da junta de concretagem mais próxima. Demais posicionamentos das barras durante a concretagem e alturas em relação ao fundo das formas levam à classificação dos trechos como de má situação em relação à aderência (Fig. 4.3).

Fig. 4.2 Barra com inclinação superior a 45°

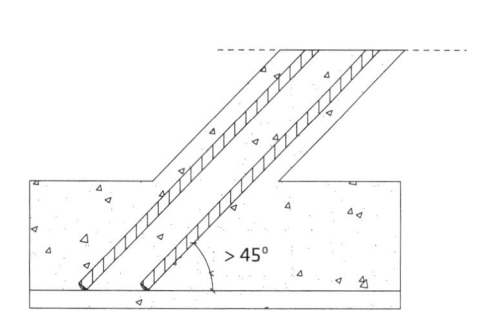

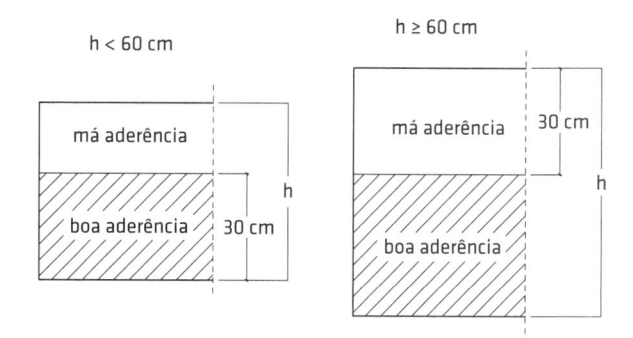

Fig. 4.3 Trechos com boa e má situação de aderência (armaduras horizontais)

Para valores do coeficiente η_2, a norma estipula:

$$\eta_2 = \begin{cases} 1{,}0 \rightarrow \text{situações de boa aderência} \\ 0{,}7 \rightarrow \text{situações de má aderência} \end{cases} \quad (4.3)$$

Quanto ao coeficiente η_3, que depende do diâmetro da barra de aço, a norma estabelece as seguintes condições:

$$\eta_3 = \begin{cases} 1{,}0 & \rightarrow \phi < 32\,\text{mm} \\ \frac{(132-\phi)}{100} & \rightarrow \phi \geqslant 32\,\text{mm} \end{cases} \quad (4.4)$$

sendo ϕ o diâmetro da barra, expresso em milímetros.

Considerando-se o aço CA-50 (superfície nervurada → $\eta_1 = 2{,}25$), a situação de boa aderência ($\eta_2 = 1{,}0$), $\phi < 32\,\text{mm}$ ($\eta_3 = 1{,}0$) e $\gamma_c = 1{,}4$, tem-se para resistência de aderência de cálculo da armadura passiva (f_{bd}) dos concretos as Eqs. 4.5 e 4.6, a depender da classe:

- para concretos de classes até C50:

$$f_{bd} = 0{,}3375 \sqrt[3]{f_{ck}^2} \tag{4.5}$$

- para concretos de classes C55 até C90:

$$f_{bd} = 2{,}385 \ln(1 + 0{,}11 f_{ck}) \tag{4.6}$$

em que f_{ck} e f_{bd} são expressos em MPa.

Utilizando-se as Eqs. 4.5 e 4.6, pode-se tabelar os valores para a resistência de aderência de cálculo (f_{bd}) dos concretos, conforme se pode ver nas Tabs. 4.1 e 4.2.

Tab. 4.1 Resistência de aderência de cálculo (f_{bd}) dos concretos com $f_{ck} \leqslant 50\,\text{MPa}$ (kN/cm²)

C20	C25	C30	C35	C40	C45	C50
0,249	0,289	0,326	0,361	0,395	0,427	0,458

Tab. 4.2 Resistência de aderência de cálculo (f_{bd}) dos concretos com $f_{ck} > 50\,\text{MPa}$ (kN/cm²)

C55	C60	C65	C70	C75	C80	C85	C90
0,466	0,484	0,500	0,516	0,531	0,544	0,557	0,570

4.2 Ancoragem das armaduras

Mostra-se necessária a ancoragem das barras das armaduras para que os esforços que estejam solicitando as barras possam ser completamente transmitidos ao concreto. As ancoragens das armaduras, segundo o item 9.4.1 da NBR 6118 (ABNT, 2014), podem ser de três tipos: por aderência, por meio de dispositivos mecânicos, ou pela combinação dos dois.

4.2.1 Comprimento de ancoragem básico

O comprimento de ancoragem básico (l_b) refere-se ao comprimento reto de uma barra de armadura passiva que realiza ancoragem de uma força-limite na barra (F_d), sendo considerada uma tensão de aderência igual a f_{bd} ao longo do comprimento dessa armadura (Fig. 4.4).

Para cálculo da força F_d, tem-se a Eq. 4.7:

$$F_d = A_s \cdot f_{yd} \tag{4.7}$$

em que:

A_s = área de aço da seção;

f_{yd} = valor de cálculo da tensão de escoamento do aço.

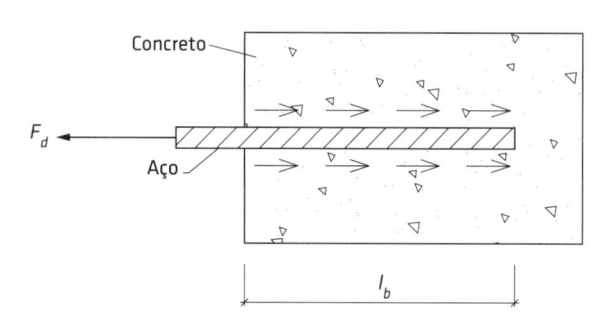

Fig. 4.4 Comprimento de ancoragem

Para cálculo do comprimento de ancoragem básico (l_b), segue-se a equação do item 9.4.2.4 da norma:

$$l_b = \frac{\phi}{4} \cdot \frac{f_{yd}}{f_{bd}} \geq 25\phi \qquad (4.8)$$

sendo ϕ expresso em centímetros.

Utilizando-se a Eq. 4.8, chega-se aos valores de l_b para os concretos das classes de resistência do Grupo I ($f_{ck} \leq 50$ MPa), considerando-se aço CA-50, situação de boa aderência, $\phi < 32$ mm, $\gamma_s = 1,15$ e $\gamma_c = 1,4$, como se pode ver na Tab. 4.3.

Tab. 4.3 Valores de l_b (cm) para concretos das classes de resistência do Grupo I ($f_{ck} \leq 50$ MPa), aço CA-50, situação de boa aderência, $\phi < 32$ mm, $\gamma_s = 1,15$ e $\gamma_c = 1,4$

Bitola (mm)	C20	C25	C30	C35	C40	C45	C50
	43,65ϕ	37,61ϕ	33,34ϕ	30,11ϕ	27,52ϕ	25,46ϕ	23,73ϕ → 25ϕ
10	44	38	34	31	28	26	25
12,5	55	48	42	38	35	32	32
16	70	61	54	49	45	41	40
20	88	76	67	61	56	51	50
22	97	83	74	67	61	57	55
25	110	95	84	76	69	64	63

Fonte: adaptado de Rabelo (2003).

Para os concretos das classes de resistência do Grupo II ($f_{ck} > 50$ MPa), sob as mesmas considerações feitas para as classes de resistência do Grupo I (aço CA-50, situação de boa aderência, $\phi < 32$ mm, $\gamma_s = 1,15$ e $\gamma_c = 1,4$), chega-se sempre a valores inferiores a 25ϕ, o que não é permitido por norma, sendo, então, adotado $l_b = 25\phi$ para todas as demais classes.

4.2.2 Comprimento de ancoragem necessário

Em situações nas quais a área efetiva da armadura ($A_{s,ef}$) é superior à calculada ($A_{s,calc}$), observa-se uma redução da tensão na armadura, levando, consequentemente, a uma redução no comprimento de ancoragem na mesma proporção. Essa redução também pode ser realizada devido à existência de gancho na extremidade da barra. O comprimento de ancoragem necessário ($l_{b,nec}$) refere-se, dessa forma, a uma parcela do comprimento de ancoragem básico (l_b) e é determinado pela Eq. 4.9, presente no item 9.4.2.5 da NBR 6118 (ABNT, 2014):

$$l_{b,nec} = \alpha \cdot l_b \cdot \frac{A_{s,calc}}{A_{s,ef}} \geq l_{b,mín} \qquad (4.9)$$

em que:

α está de acordo com as condições da Eq. 4.10:

$$\alpha = \begin{cases} 1{,}0 & \rightarrow \text{barras sem gancho} \\ 0{,}7 & \rightarrow \text{barras tracionadas com gancho, com cobrimento no} \\ & \text{plano normal ao do gancho} \geqslant 3\phi \\ 0{,}7 & \rightarrow \text{barras transversais soldadas de acordo com a norma} \\ 0{,}5 & \rightarrow \text{barras transversais soldadas de acordo com a norma e gancho com} \\ & \text{cobrimento no plano normal ao do gancho} \geqslant 3\phi \end{cases} \quad (4.10)$$

l_b = comprimento de ancoragem básico;
$A_{s,calc}$ = armadura de tração calculada;
$A_{s,ef}$ = armadura de tração efetivamente colocada ou existente;
$l_{b,mín}$ é o maior entre os valores da Eq. 4.11:

$$l_{b,mín} \geqslant \begin{cases} 0{,}3\, l_b \\ 10\phi \\ 100\,\text{mm} \end{cases} \quad (4.11)$$

em que ϕ é o diâmetro da barra ancorada.

O valor de ancoragem necessário ($l_{b,nec}$) deve ser arredondado para o múltiplo de 5 cm imediatamente superior.

4.3 Ancoragem por aderência

Na ancoragem por aderência, as forças solicitantes são ancoradas por comprimento reto ou por um grande raio de curvatura, podendo ou não apresentar gancho.

4.3.1 Ancoragem de feixes de barras por aderência

Para ancoragem de um feixe de barras por aderência (cujo comprimento pode ser visto na Fig. 4.5), considera-se o feixe como uma única barra de diâmetro equivalente a ϕ_n (obtido pela Eq. 1.17).

Essas barras devem apresentar ancoragem reta, sem ganchos, devendo seguir as condições estipuladas pela NBR 6118 (ABNT, 2014), item 9.4.3:

- se $\phi_n \leqslant 25$ mm: o feixe pode ser considerado barra única de diâmetro equivalente a ϕ_n e a ancoragem deve ser calculada para essa barra;
- se $\phi_n > 25$ mm: deve-se calcular a ancoragem para cada barra do feixe, sendo suas extremidades distanciadas umas das outras de pelo menos $1{,}2\, l_b$.

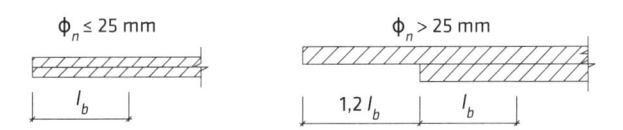

Fig. 4.5 Comprimento de ancoragem de feixes de barras por aderência

4.3.2 Ancoragem por ganchos

A ancoragem por ganchos é um tipo de ancoragem por aderência utilizado em barras lisas com o intuito de impedir o escorregamento destas, não sendo recomendado para barras de diâmetro superior a 32 mm ou para feixes de barras.

Entre os tipos de ganchos utilizados nas extremidades das barras, têm-se, de acordo com o item 9.4.2.3 da NBR 6118 (ABNT, 2014):

- semicirculares, apresentando ponta reta de comprimento de pelo menos 2ϕ (utilizado para barras lisas), conforme mostra a Fig. 4.6A;
- em ângulo de 45° (interno), apresentando ponta reta de comprimento de pelo menos 4ϕ, conforme mostra a Fig. 4.6B;
- em ângulo reto, apresentando ponta reta de comprimento de pelo menos 8ϕ, como se pode ver na Fig. 4.6C.

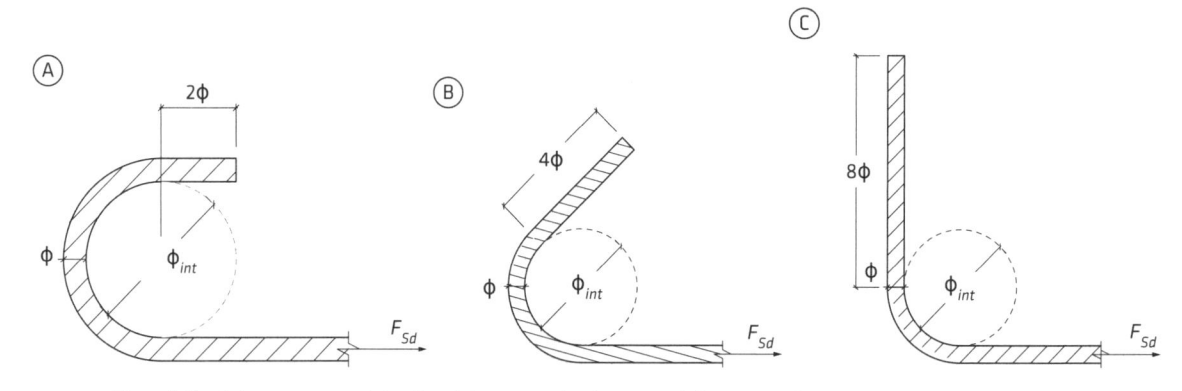

Fig. 4.6 (A) Gancho semicircular; (B) em ângulo de 45°; e (C) em ângulo reto

Na Tab. 4.4, estão relacionados os valores mínimos para diâmetro interno de curvatura dos ganchos (ϕ_{int}) de acordo com a norma (ABNT, 2014).

Tab. 4.4 Diâmetro dos pinos de dobramento

Bitola (mm)	Tipo de aço		
	CA-25	CA-50	CA-60
< 20	4ϕ	5ϕ	6ϕ
≥ 20	5ϕ	8ϕ	-

Fonte: ABNT (2014).

4.3.3 Ancoragem dos estribos

De acordo com a NBR 6118 (ABNT, 2014), item 9.4.6, os estribos devem ser ancorados por ganchos ou barras longitudinais soldadas. Os ganchos utilizados para esse tipo de ancoragem podem ser:

- semicirculares ou em ângulo de 45° (interno), apresentando ponta reta de comprimento de $5\phi_t$ e de pelo menos 5 cm, como o mostrado na Fig. 4.7 (A,B);
- em ângulo reto, apresentando ponta reta de comprimento maior ou igual a $10\phi_t$ e de pelo menos 7 cm, conforme mostra a Fig. 4.7C. Não deve ser utilizado em barras e fios lisos.

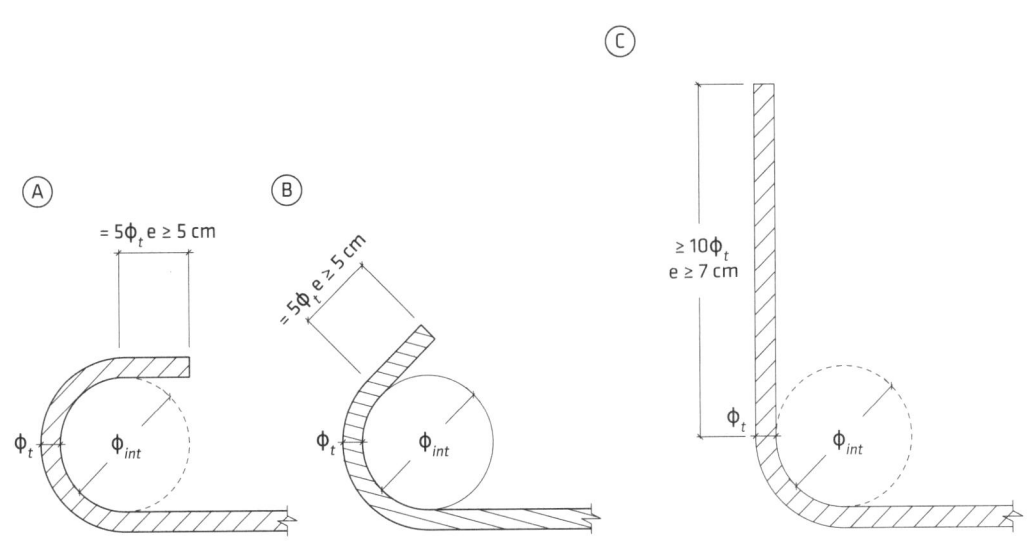

Fig. 4.7 (A) Gancho semicircular; (B) em ângulo de 45°; e (C) em ângulo reto

Na Tab. 4.5, estão relacionados os valores mínimos para diâmetro interno de curvatura dos estribos (ϕ_{int}) de acordo com o item 9.4.6.1 da NBR 6118 (ABNT, 2014).

Tab. 4.5 Diâmetro dos pinos de dobramento para estribos

Bitola (mm)	Tipo de aço		
	CA-25	CA-50	CA-60
⩽ 10	$3\phi_t$	$3\phi_t$	$3\phi_t$
10 < ϕ < 20	$4\phi_t$	$5\phi_t$	-
⩾ 20	$5\phi_t$	$8\phi_t$	-

Fonte: ABNT (2014).

4.4 Ancoragem por dispositivos mecânicos

Nesse tipo de ancoragem, as forças solicitantes são ancoradas por meio da utilização de dispositivos mecânicos que são conectados à barra. A eficiência desse conjunto, se necessário, deve ser comprovada por ensaios, e os dispositivos devem resistir aos esforços gerados e garantir que as aberturas das fissuras atendam aos limites estipulados pela norma.

4.5 Ancoragem nos apoios

Nas regiões dos apoios, deve-se realizar ancoragem seguindo parâmetros estipulados por norma, os quais estão descritos a seguir.

4.5.1 Ancoragem em apoios extremos

De acordo com a NBR 6118 (ABNT, 2014), item 18.3.2.4, a armadura longitudinal de tração na região dos apoios das vigas deve ser dimensionada de modo a satisfazer a mais severa das condições:

i] quando existirem momentos positivos, devem-se utilizar armaduras obtidas pelo dimensionamento da seção;

ii] em apoios extremos, devem-se dimensionar armaduras que resistam à força de tração de cálculo na armadura (F_{Sd}), sendo esta estabelecida pela Eq. 4.12 (Fig. 4.8).

$$F_{Sd} = \frac{a_\ell}{d} \cdot V_d + N_d \qquad (4.12)$$

em que:

d = altura útil;

V_d = força cortante no apoio;

N_d = força de tração eventualmente existente;

a_ℓ = deslocamento do diagrama de momentos fletores, paralelo ao eixo da peça, para substituir os efeitos provocados pela fissuração oblíqua, sendo obtido pela Eq. 4.13 (considerando modelo de treliça Ritter-Mörsch → $\theta = 45°$ e $\alpha = 90°$ — estribos):

$$a_\ell = d\left[\frac{\tau_{wd}}{2(\tau_{wd} - \tau_{c0})}\right] \geqslant 0,5d \rightarrow \text{caso geral} \qquad (4.13)$$

em que:

d = altura útil;

τ_{wd} = tensão convencional de cisalhamento de cálculo (Eq. 3.2);

τ_{c0} = tensão convencional de cisalhamento referente aos mecanismos complementares (Eqs. 3.8 e 3.9).

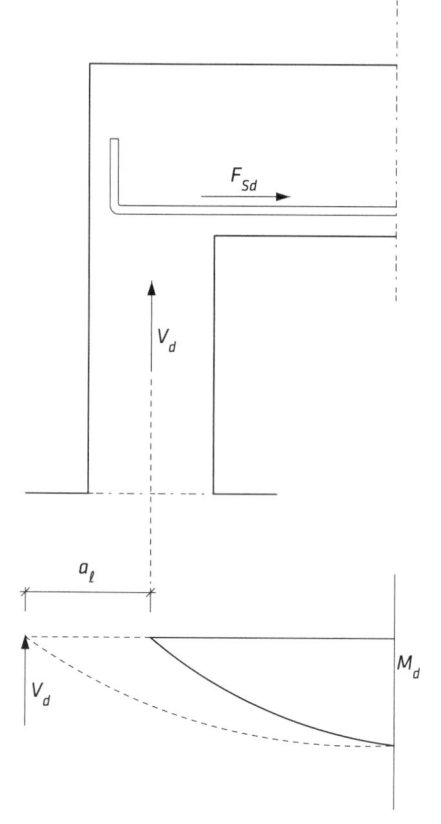

Fig. 4.8 Ancoragem nos apoios extremos e deslocamento do diagrama de momento

Com base na força de tração de cálculo na armadura (F_{Sd}), chega-se ao cálculo da área de aço ($A_{s,calc}$), como mostra a Eq. 4.14, para, então, ser determinada a ancoragem.

$$A_{s,calc} = \frac{F_{Sd}}{f_{yd}} \qquad (4.14)$$

iii] em apoios extremos e intermediários, por meio do prolongamento de um trecho da armadura de tração do vão ($A_{s,vão}$), que se refere ao momento positivo máximo do tramo ($M_{vão}$), conforme mostra a Eq. 4.15:

$$\begin{cases} A_{s,apoio} \geqslant \frac{1}{3}A_{s,vão} \text{ se } M_{apoio} \text{ for nulo ou negativo e } |M_{apoio}| \leqslant 0,5M_{vão} \\ A_{s,apoio} \geqslant \frac{1}{4}A_{s,vão} \text{ se } M_{apoio} \text{ for negativo e } |M_{apoio}| > 0,5M_{vão} \end{cases} \qquad (4.15)$$

Para ancoragem em apoios extremos, deve-se utilizar o cálculo do comprimento de ancoragem necessário (Eq. 4.9), devendo-se ancorar as barras com base na face do apoio. Para esse caso, o comprimento de ancoragem mínimo ($l_{b,mín}$), utilizado na equação, deve ser o maior entre os valores, como mostra a Eq. 4.16:

$$l_{b,mín} \geqslant \begin{cases} l_{b,nec} \\ r + 5,5\phi \\ 60\,\text{mm} \end{cases} \qquad (4.16)$$

em que:

r = raio de dobramento (Tab. 4.4);

ϕ = diâmetro da barra ancorada;
$l_{b,nec}$ = comprimento de ancoragem necessário, que deve ser arredondado para o múltiplo de 5 cm imediatamente superior.

A ancoragem em apoios extremos é realizada na largura efetiva do apoio (l_{ef}), calculada pela Eq. 4.17 (Fig. 4.9).

$$l_{ef} = b - c_{nom} \qquad (4.17)$$

em que:
b = largura do apoio;
c_{nom} = cobrimento nominal.

Analisando-se a largura efetiva, têm-se duas situações:
- se $l_{ef} < l_{b,nec}$, deve-se utilizar ancoragem por gancho;
- se $l_{ef} \geq l_{b,nec}$, pode-se realizar ancoragem por comprimento reto (sem gancho).

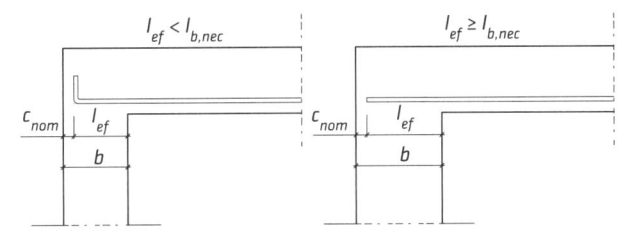

Fig. 4.9 Relação entre ancoragem nos apoios extremos e largura efetiva do apoio

4.5.2 Ancoragem em apoios intermediários

Para ancoragem em apoios intermediários, têm-se as situações a seguir (Fig. 4.10):
- se o ponto inicial da ancoragem (P) estiver na face do apoio ou ultrapassando-a e a força de tração de cálculo na armadura (F_{Sd}) diminuir em direção ao eixo do apoio, tem-se trecho de ancoragem medido a partir da face;
- se o ponto inicial da ancoragem (P) não chegar à face do apoio (diagrama de momento fletor de cálculo não atingiu a face do apoio), tem-se trecho de ancoragem começando nesse ponto anterior ao apoio, devendo, para seu comprimento, estender-se por 10ϕ da face do apoio.

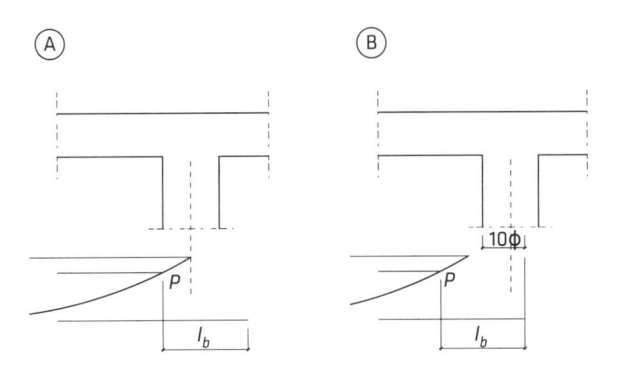

Fig. 4.10 Ancoragem em apoios intermediários: (A) ponto (P) na face do apoio e (B) antes da face do apoio.

Quando existir momento positivo na região dos apoios intermediários, devem-se utilizar barras contínuas ou emendadas sobre o apoio.

4.6 Emendas

Quando, na utilização da barra, faz-se necessário que esta apresente comprimento superior ao encontrado no mercado, são realizadas emendas nas barras das armaduras. Essas emendas devem garantir a transferência dos esforços solicitantes entre as barras e, de acordo com o item 9.5.1 da NBR 6118 (ABNT, 2014), podem ser dos tipos: por traspasse, por luvas com preenchimento metálico, rosqueadas ou prensadas, por solda, ou por outros dispositivos devidamente justificados.

4.6.1 Emenda por traspasse

Segundo o item 9.5.2 da NBR 6118 (ABNT, 2014), a emenda por traspasse não pode ser utilizada em barras de diâmetro superior a 32 mm nem em feixe de barras de diâmetro equivalente superior a 45 mm. Para tirantes e pendurais, cuidados especiais devem ser tomados.

Para comprimento do traspasse, tem-se:

- para barras tracionadas, quando a distância entre elas for de 0 a 4ϕ:

$$l_{0t} = \alpha_{0t} \cdot l_{b,nec} \geq l_{0t,mín} \tag{4.18}$$

em que:

l_{0t} = comprimento de traspasse para barras tracionadas;

α_{0t} = coeficiente função da porcentagem de barras emendadas em uma mesma seção, sendo estipulado por norma, conforme mostra a Tab. 4.6;

$l_{b,nec}$ = comprimento de ancoragem necessário;

$l_{0t,mín}$ é definido pela Eq. 4.19.

Tab. 4.6 Valores do coeficiente α_{0t}

Barras emendadas na mesma seção %	⩽ 20	25	33	50	> 50
Valores de α_{0t}	1,2	1,4	1,6	1,8	2,0

Fonte: ABNT (2014).

$$l_{0t,mín} \geq \begin{cases} 0,3\alpha_{0t} \cdot l_b \\ 15\phi \\ 200\,mm \end{cases} \tag{4.19}$$

- para barras comprimidas:

$$l_{0c} = l_{b,nec} \geq l_{0c,mín} \tag{4.20}$$

em que:

l_{0c} = comprimento de traspasse para barras comprimidas;

$l_{b,nec}$ = comprimento de ancoragem necessário;

$l_{0c,mín}$ é definido pela Eq. 4.21.

$$l_{0c,mín} \geq \begin{cases} 0,6 l_b \\ 15\phi \\ 200\,mm \end{cases} \tag{4.21}$$

As barras comprimidas devem ser ancoradas sem ganchos ou dobras.

4.6.2 Proporção das barras emendadas

A emenda das barras gera tensões na região, devendo-se, por esse motivo, limitar-se a quantidade de emendas em uma mesma seção.

São consideradas na mesma seção transversal emendas superpostas ou cujas extremidades mais próximas distem menos que 20% do comprimento de traspasse, considerando-se o maior deles no caso de barras de mesmo diâmetro e comprimentos diferentes, como se vê na Fig. 4.11.

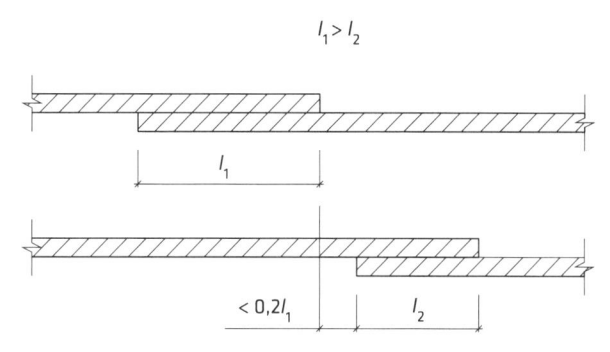

Fig. 4.11 Barras emendadas na mesma seção
Fonte: adaptado de ABNT (2014).

Para barras de diâmetros diferentes, calcula-se o comprimento de traspasse pela barra de maior diâmetro.

De acordo com a NBR 6118 (ABNT, 2014), item 9.5.2.1, tem-se a Tab. 4.7 para proporção máxima de barras tracionadas emendadas:

Tab. 4.7 Proporção máxima de barras tracionadas emendadas

Tipo de barra	Situação	Tipo de carregamento	
		Estático	Dinâmico
Alta aderência	Em uma camada	100%	100%
	Em mais de uma camada	50%	50%
Lisa	$\phi < 16\,mm$	50%	25%
	$\phi \geqslant 16\,mm$	25%	25%

Fonte: ABNT (2014).

4.6.3 Emendas por luvas rosqueadas ou prensadas

Para esse tipo de emenda, a resistência apresentada deve atender aos requisitos estipulados pela norma. Caso não existam, deve-se chegar a uma resistência de pelo menos 15% a mais que a de escoamento da barra.

4.6.4 Emendas por solda

As emendas por solda devem atender às especificações estabelecidas nas normas, podendo ser dos tipos:

- de topo, por caldeamento (para barras de diâmetro maior ou igual a 10 mm);
- de topo, com eletrodo (para barras de diâmetro maior ou igual a 20 mm);

- por traspasse, com no mínimo dois cordões de solda longitudinais apresentando comprimento e espaçamento de pelo menos 5ϕ;
- com outras barras justapostas, com cordões de solda longitudinais de comprimento de pelo menos 5ϕ.

Resumidamente, tem-se o Formulário A4 sobre ancoragem.

capítulo 5
LAJES

5.1 Lajes maciças

As placas são elementos bidimensionais, ou seja, cuja espessura é bem menor que as outras duas dimensões (comprimento e largura). Quando feitas de concreto, essas placas são denominadas lajes. As cargas recebidas pelas lajes atuam em direção perpendicular ao seu plano.

As lajes são elementos estruturais responsáveis por transmitir as cargas que nelas chegam às vigas, que as transferirão aos pilares, que, por sua vez, as conduzirão às fundações.

Elas podem ser calculadas como placas em regime elástico, o qual se mostra adequado para lajes submetidas a cargas de serviço (verificação dos estados-limite de serviço), ou regime rígido-plástico, ideal para observação do comportamento da laje à ruptura (verificação dos estados-limite últimos). Usualmente, para dimensionamento dos esforços solicitantes das lajes, estas são consideradas como placas em regime elástico.

Embora a Engenharia de Estruturas seja considerada uma das engenharias mais "exatas" entre as demais subáreas da Engenharia Civil, ela ainda tem muito a avançar em termos de dimensionamento e detalhamento de elementos estruturais, principalmente no que se refere ao concreto armado, material anisotrópico e heterogêneo que possui comportamento não semelhante a elementos "perfeitos" que respeitam fielmente às premissas da Teoria da Elasticidade clássica. Nessa categoria, os perfis metálicos se encaixariam melhor nas hipóteses básicas da mecânica dos sólidos.

A expressão "cálculo exato" não existe no vocabulário de engenheiros civis calculistas ou mesmo de professores experientes; tem-se, portanto, dentro de uma série de premissas simplificadoras, um cálculo "rigoroso".

Atualmente, há uma série de programas comerciais que definem as reações de apoio e momentos solicitantes em um determinado elemento estrutural com razoável precisão, mas nunca com exatidão perfeita.

Neste item, serão abordados o dimensionamento e o detalhamento das lajes. O cálculo de lajes armadas em uma única direção respeita fielmente o comportamento de vigas com espessura de 100 cm, portanto, o dimensionamento de elementos com $b/a < 0,5$ ou $b/a > 2$ é relativamente de fácil compreensão. Já o cálculo de lajes armadas em duas direções ($0,5 \leq b/a \leq 2$) não se mostra tão simples. A magnitude dos momentos M_x e M_y está condicionada à relação entre os vãos a e b e essa relação não é de fácil mensuração analítica.

Segundo Bastos (2013), os esforços solicitantes e as deformações nas lajes armadas em duas direções podem ser determinados por diferentes teorias, sendo as mais importantes descritas a seguir:

i] *teoria das placas*: desenvolvida com base na teoria da elasticidade, possibilita que os esforços e as flechas sejam determinados em qualquer ponto da laje;
ii] *processos aproximados*;
iii] *método das linhas de ruptura* ou *das charneiras plásticas*;
iv] *métodos numéricos*, como o dos elementos finitos e/ou de contorno.

Bastos (2013) afirma, ainda, que a solução da equação geral das placas é tarefa muito complexa, o que motivou o surgimento de diversas tabelas, de diferentes origens e autores, com coeficientes que proporcionam o cálculo dos momentos fletores e das flechas para casos específicos de apoios e carregamentos. Há diversas tabelas de autores, como: Wippel e Stiglat (1966), Bares (1972), Szilard (1974) e Czerny (1976). Neste livro serão utilizadas as tabelas de Tepedino (1983) e de Rocha (1987).

5.1.1 Condições de apoio

Quanto à determinação das condições de apoio de uma laje maciça, tem-se:
- *borda livre*: não há suporte. Exemplo: lajes em balanço;
- *borda apoiada*: há restrição dos deslocamentos verticais, no entanto, não há impedimento da rotação das lajes no apoio. Exemplo: vigas de apoio de rigidez normal;
- *borda engastada*: há impedimento quanto ao deslocamento vertical e quanto à rotação no apoio. Exemplo: vigas de apoio de grande rigidez.

– – – – – – – Borda livre

─────────── Borda apoiada

\\\\\\\\\ Borda engastada

Fig. 5.1
Simbologia para representação das condições de apoio

Neste livro, será adotada a simbologia mostrada na Fig. 5.1 para representação das condições de apoio.

Analisando-se o engastamento de uma laje (Fig. 5.2), para que se possa considerar que ela tenha uma borda engastada, de acordo com Figueiredo (1986), devem-se observar as seguintes condições:
- deve existir uma laje ao lado da analisada;
- a laje ao lado deve estar no(a) mesmo(a) nível (cota) da analisada;
- havendo apenas uma laje ao lado (L_2), esta deve ter comprimento no outro sentido não inferior a 1/3 do comprimento da laje em análise (L_1);

Para a Fig. 5.2, tem-se a Eq. 5.1:

$$\begin{cases} \text{se } \ell_2 < \tfrac{1}{3}\ell_1 \rightarrow L_1 \text{ está apoiada na viga, e } L_2, \text{ engastada em } L_1 \\ \text{se } \ell_2 \geqslant \tfrac{1}{3}\ell_1 \rightarrow L_1 \text{ e } L_2 \text{ estão engastadas uma na outra} \end{cases} \quad (5.1)$$

- havendo uma laje ao lado (L_2) que não seja do mesmo comprimento que a laje em análise (L_1), conforme mostra a Fig. 5.3, esta é considerada engastada quando o comprimento engastado da laje adjacente (ℓ_2) for maior ou igual a 2/3 do comprimento da laje em estudo (ℓ_1).

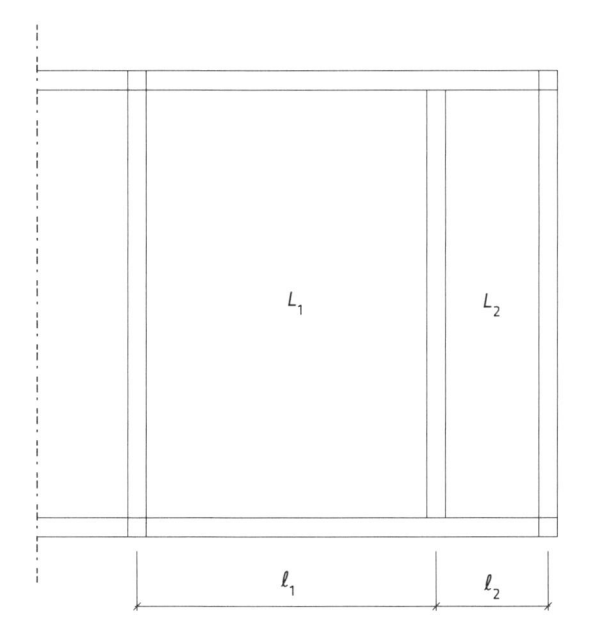

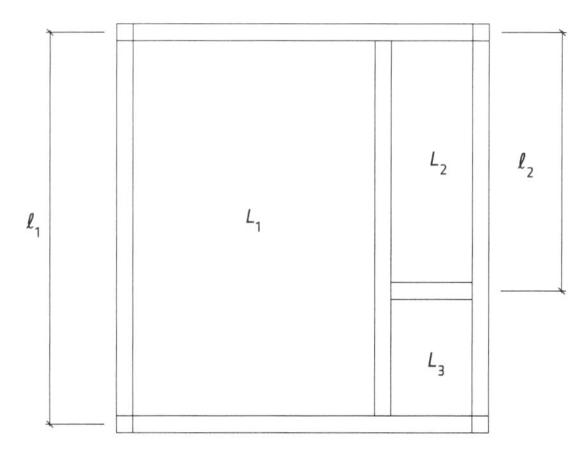

Fig. 5.2 Análise quanto ao engastamento das lajes (lajes de mesmo comprimento)

Fig. 5.3 Análise quanto ao engastamento das lajes (lajes de comprimentos diferentes)

Para a Fig. 5.3, observando-se as lajes 1 e 2, tem-se a Eq. 5.2:

$$\begin{cases} \text{se } \ell_2 < \tfrac{2}{3}\ell_1 \rightarrow L_1 \text{ está apoiada na viga, e } L_2, \text{ engastada em } L_1 \\ \text{se } \ell_2 \geqslant \tfrac{2}{3}\ell_1 \rightarrow L_1 \text{ e } L_2 \text{ estão engastadas uma na outra} \end{cases} \quad (5.2)$$

Nas situações em que houver uma viga para apoio da borda e que não sejam atendidas as situações anteriormente citadas, diz-se que a borda está apoiada. Quando não houver apoio, diz-se que a borda está livre.

5.1.2 Classificação quanto ao tipo de armação

As lajes retangulares podem ser classificadas quanto ao tipo de armação como: armadas em duas direções (momentos fletores solicitam as duas direções) ou armadas em apenas uma direção (momentos fletores solicitam predominantemente apenas uma direção). Para que seja realizada essa classificação, observa-se a relação b/a, conforme a Eq. 5.3:

$$\begin{cases} 0{,}5 \leqslant \tfrac{b}{a} \leqslant 2{,}0 & \rightarrow \text{laje armada nas duas direções} \\ \tfrac{b}{a} < 0{,}5 \text{ ou } \tfrac{b}{a} > 2{,}0 & \rightarrow \text{laje armada em uma direção} \end{cases} \quad (5.3)$$

Quando armada em apenas uma direção, essa é realizada na menor delas. Para isso, tem-se:
- a = vão cuja direção apresenta o maior número de engastes. Caso o número de engastes seja igual para as duas direções, adota-se como a o menor dos vãos;
- b = o outro vão da laje.

Para comprimentos dos *vãos efetivos* ou *vãos de cálculo* a e b, devem-se considerar as distâncias de eixo a eixo dos apoios.

5.1.3 Carregamentos

Para dimensionamento das armações, devem-se calcular os carregamentos aos quais a laje será submetida.

Para tal, analisam-se, separadamente, as cargas permanentes e as acidentais. Os valores para cargas acidentais são estipulados por norma (ver item 1.6.2).

Para cargas permanentes, tem-se: peso próprio, revestimento, alvenarias internas, enchimentos e impermeabilização (quando houver). Para acidentais, considera-se a carga referente à utilização (sobrecarga).

O peso próprio (pp) refere-se ao peso do elemento estrutural e é encontrado pela Eq. 5.4:

$$pp = h \cdot \rho_c \tag{5.4}$$

em que:

h = altura da laje;

ρ_c = peso específico do concreto armado (item 1.4.1, subitem "Massa específica (ρ_c)").

A partir da Eq. 5.4, tem-se, analogamente, a Eq. 5.5 para cálculo do enchimento:

$$p_{ench} = h \cdot \rho_{ench} \tag{5.5}$$

em que:

h = altura da laje;

ρ_{ench} = peso específico do enchimento (usualmente de 1.000 kgf/m³).

Quanto ao revestimento, empregado na face superior e inferior da laje, utiliza-se, geralmente, de 50 kgf/m² a 100 kgf/m² para pisos leves. Se for de material pesado, deve-se considerar o peso do material utilizado. Para impermeabilização do tipo manta asfáltica, utiliza-se, normalmente, uma carga na ordem de 150 kgf/m².

Para cálculo do peso referente à alvenaria interna (p_{alv}) por metro quadrado, tem-se a Eq. 5.6:

$$p_{alv} = \frac{e \cdot H \cdot L \cdot \rho_{alv}}{A_{laje}} \tag{5.6}$$

em que:

e = espessura da alvenaria acabada;

H = altura da alvenaria;

L = comprimento da alvenaria;

ρ_{alv} = peso específico da alvenaria (Quadro 1.2);

A_{laje} = área da laje.

5.1.4 Lajes retangulares armadas em uma direção

As lajes retangulares armadas em apenas uma direção são dimensionadas no sentido da menor direção, sendo consideradas como vigas de largura unitária de comprimento igual ao menor vão da laje.

Cálculo das reações de apoio

O cálculo das reações de apoio é realizado por meio da análise da área de influência da laje, como pode ser observado na Fig. 5.4. Para definição das áreas de influência, são utilizados os seguintes ângulos:

- 45° entre apoios do mesmo tipo;
- 60° começando pelo apoio considerado engastado quando o outro for apoiado;
- 90° quando a borda vizinha for livre.

Após calculadas as áreas de influência, chegam-se às reações de apoio da laje utilizando-se a Eq. 5.7:

$$R = \frac{p \cdot A_i}{l} \quad (5.7)$$

sendo:
R = reação de apoio (R'_a = reação no lado a apoiado, R''_a = reação no lado a engastado, R'_b = reação no lado b apoiado, R''_b = reação no lado b engastado);
p = carga normal distribuída na laje;
A_i = área de influência em análise;
l = borda da laje referente à área de influência calculada (vão a ou b).

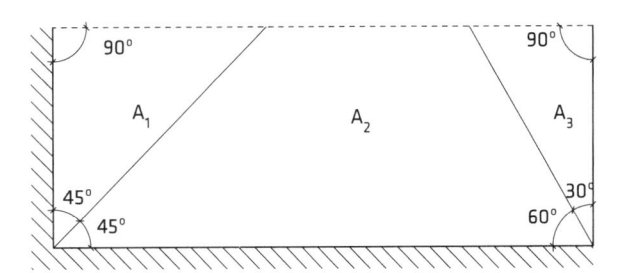

Fig. 5.4 Áreas de influência de uma laje

Cálculo dos momentos fletores

Para lajes armadas em apenas uma direção (Fig. 5.5), podem-se calcular os esforços apenas na direção do menor vão. Na outra direção, utiliza-se armadura mínima de distribuição, sendo recomendado por Rabelo (2003) o uso das seguintes equações:

$$M_{mín} = \frac{M}{5} \quad (5.8)$$

$$X_{mín} \approx 0{,}70X \quad (5.9)$$

em que:
M = momento fletor positivo (M_a ou M_b);
X = momento fletor negativo (X_a ou X_b).

Para cálculo dos momentos fletores de acordo com as condições de apoio, considerando-se M, momento fletor positivo (M_a ou M_b); X, momento fletor negativo (X_a ou X_b); p, carga normal distribuída na laje; e l, vão da laje armada em uma direção (a ou b), tem-se:

i] para lajes do tipo apoiada-apoiada (Fig. 5.6):
- regime elástico (cargas de serviço) e regime rígido-plástico (estudo do comportamento da laje à ruptura):

$$M = \frac{p \cdot l^2}{8} \quad (5.10)$$

Fig. 5.5 Exemplo de laje armada em uma direção e seus momentos fletores principais

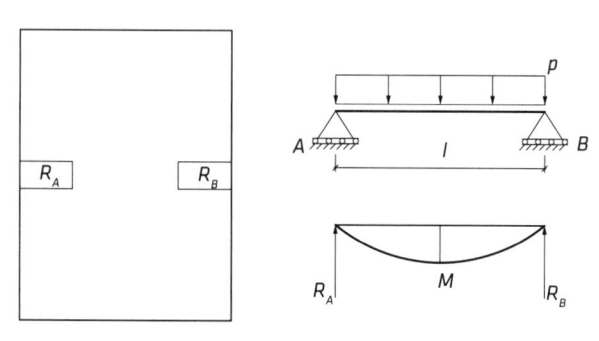

Fig. 5.6 Laje do tipo apoiada-apoiada

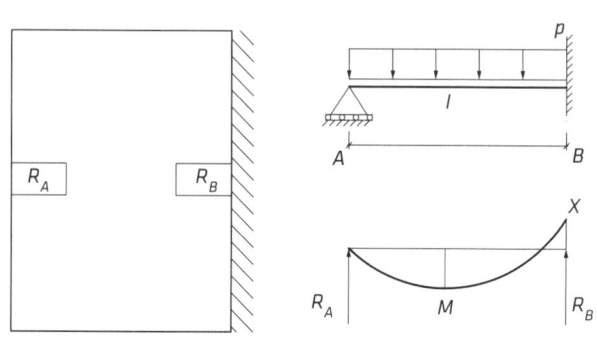

Fig. 5.7 Laje do tipo apoiada-engastada

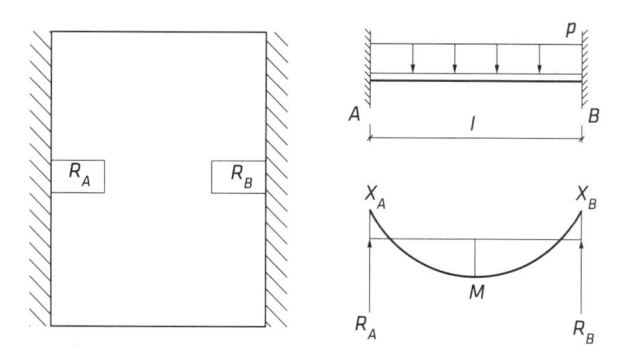

Fig. 5.8 Laje do tipo engastada-engastada

ii] para lajes do tipo apoiada-engastada (Fig. 5.7):
- regime elástico:

$$M = \frac{p \cdot l^2}{14,22} \quad (5.11)$$

$$X = \frac{p \cdot l^2}{8} \quad (5.12)$$

- regime rígido-plástico:

$$M = \frac{p \cdot l^2}{13,33} \quad (5.13)$$

$$X = 1,5M \quad (5.14)$$

iii] para lajes do tipo engastada-engastada (Fig. 5.8):
- regime elástico:

$$M = \frac{p \cdot l^2}{24} \quad (5.15)$$

$$X_A = X_B = \frac{p \cdot l^2}{12} \quad (5.16)$$

- regime rígido-plástico:

$$M = \frac{p \cdot l^2}{20} \quad (5.17)$$

$$X_A = X_B = 1,5M \quad (5.18)$$

5.1.5 Lajes retangulares armadas em duas direções

Para cálculo das reações de apoio, momentos fletores e flechas das lajes armadas em duas direções, são utilizadas tabelas que possibilitam a classificação da laje em tipos definidos com base na observação das suas condições de apoio (Tabs. A1, A2, A3 e A4), sendo eles:
- tipo A: laje apoiada nos quatro lados (Fig. 5.9A);
- tipo B: laje engastada em um dos lados (Fig. 5.9B);
- tipo C: laje engastada em um lado no sentido horizontal e em outro no vertical (Fig. 5.9C);
- tipo D: laje engastada nos dois lados no sentido horizontal ou nos dois lados no sentido vertical (Fig. 5.9D);

- tipo E: laje engastada nos dois lados no sentido horizontal ou vertical e com um lado engastado e o outro apoiado no outro sentido (Fig. 5.9E);
- tipo F: laje engastada nos quatro lados (Fig. 5.9F).

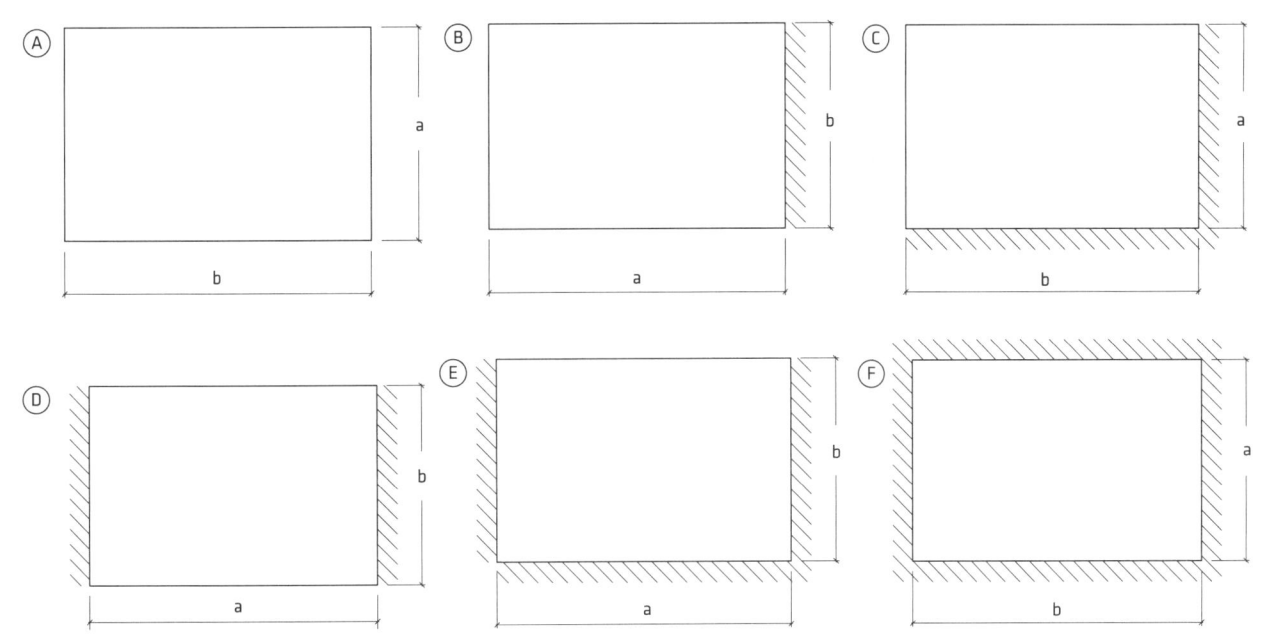

Fig. 5.9 Laje retangular dos tipos A, B, C, D, E e F, respectivamente.

Cálculo das reações de apoio

Para cálculo das reações de apoio das lajes armadas em duas direções (representadas na Fig. 5.10), pode-se efetuar os mesmos cálculos realizados para as lajes armadas em uma direção (item 5.1.4, subitem "Cálculo das reações de apoio"), ou utilizar a Tab. A1, seguindo-se, para cálculo da reação, a Eq. 5.19:

$$\begin{cases} R'_a = r'_a \cdot p \cdot a \\ R''_a = r''_a \cdot p \cdot a \\ R'_b = r'_b \cdot p \cdot a \\ R''_b = r''_b \cdot p \cdot a \end{cases} \quad (5.19)$$

em que:

R = reação de apoio (R'_a = reação no lado a apoiado, R''_a = reação no lado a engastado, R'_b = reação no lado b apoiado, R''_b = reação no lado b engastado);

r = valor obtido na tabela (r'_a = para lado a apoiado, r''_a = para lado a engastado, r'_b = para lado b apoiado, r''_b = para lado b engastado);

p = carga normal distribuída na laje;

a = vão com o maior número de engastes. Caso o número de engastes seja igual para as duas direções, adota-se como a o menor dos vãos.

Cálculo dos momentos fletores

O cálculo dos momentos fletores para as lajes armadas em duas direções (representadas pela Fig. 5.11) é efetuado utilizando-se a Tab. A2 ou A3, dependendo do regime considerado, seguindo-se, para cálculo do momento fletor:

- as Eqs. 5.20 e 5.21 para regime elástico:

$$M_a = \frac{(p \cdot a^2)}{m_a} \quad e \quad M_b = \frac{(p \cdot a^2)}{m_b} \quad (5.20)$$

$$X_a = \frac{(p \cdot a^2)}{n_a} \quad e \quad X_b = \frac{(p \cdot a^2)}{n_b} \quad (5.21)$$

em que:

M = momento fletor positivo (M_a ou M_b);
X = momento fletor negativo (X_a ou X_b);
p = carga normal distribuída na laje;
a = vão com o maior número de engastes. Caso o número de engastes seja igual para as duas direções, adota-se como a o menor dos vãos;
m = valor obtido na tabela para os momentos positivos (m_a ou m_b);
n = valor obtido na tabela para os momentos negativos (n_a ou n_b).

- as Eqs. 5.22 e 5.23 para regime rígido-plástico:

$$M_a = \frac{(p \cdot a^2)}{m_a} \quad e \quad M_b = \frac{(p \cdot a^2)}{m_b} \quad (5.22)$$

$$X_a = 1{,}5 M_a \quad e \quad X_b = 1{,}5 M_b \quad (5.23)$$

em que:

M = momento fletor positivo (M_a ou M_b);
X = momento fletor negativo (X_a ou X_b);
p = carga normal distribuída na laje;
a = vão com o maior número de engastes. Caso o número de engastes seja igual para as duas direções, adota-se como a o menor dos vãos;
m = valor obtido na tabela para os momentos positivos (m_a ou m_b).

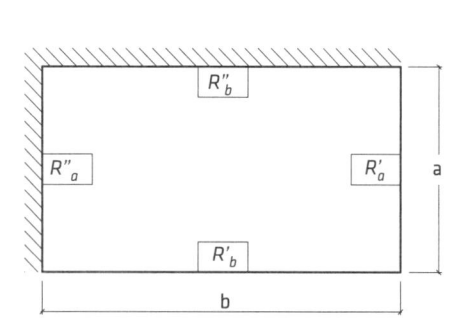

Fig. 5.10 Exemplo de laje armada em duas direções e as reações de seus apoios

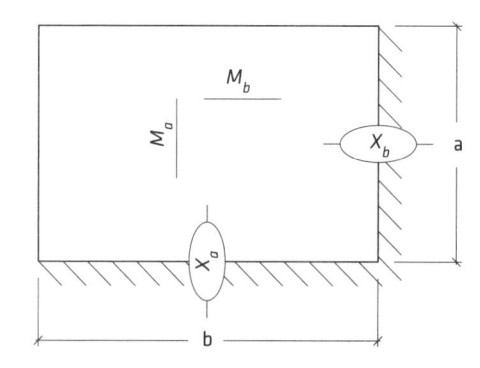

Fig. 5.11 Exemplo de laje armada em duas direções e seus momentos fletores

5.1.6 Verificação do estádio

Para que seja possível calcular a flecha da laje, mostra-se necessário saber qual o estádio de cálculo da seção crítica. Um elemento estrutural pode trabalhar nos estádios I ou II. O estádio I refere-se ao concreto não fissurado, nele o concreto trabalha à tração e, ainda, à compressão. Já o estádio II está relacionado ao concreto fissurado, ou seja, o concreto trabalha à compressão no regime elástico e a tração é desprezada. Para saber se o elemento encontra-se no estádio I ou II, compara-se o momento de serviço (M_{serv}) com o momento de fissuração (M_r), classificando-o da seguinte forma:

$$\begin{cases} M_{serv} < M_r \rightarrow \text{Estádio I} \\ M_{serv} > M_r \rightarrow \text{Estádio II} \end{cases} \tag{5.24}$$

Para cálculo do momento de serviço, considera-se o momento gerado pelas cargas permanentes e acidentais, o qual é obtido pela Eq. 5.25:

$$M_{serv} = M_g + \psi_2 \cdot M_q \tag{5.25}$$

em que:
M_g = momento total das cargas permanentes;
M_q = momento total das cargas acidentais;
ψ_2 = coeficiente de minoração do momento (Tab. 1.9).

Quando não há informações que permitam o cálculo preciso dos momentos provocados pela sobrecarga e pela carga permanente, utiliza-se a proporção:
M_g = momento total das cargas permanentes = 80% $M_{máx}$;
M_q = momento total das cargas acidentais = 20% $M_{máx}$.

Por analogia à Eq. 5.25, Rabelo (2003) sugere a Eq. 5.26 para cálculo do momento de serviço:

$$M_{serv} = \frac{p_i \cdot l^2}{m_l} \tag{5.26}$$

em que:
p_i = carga imediata de serviço;
l = vão da laje armada em uma direção ou vão a da laje armada em duas direções (vão com o maior número de engastes da laje; caso o número de engastes seja igual para as duas direções, adota-se a como o menor dos vãos);
m_l = para laje armada em duas direções, o valor de m_l é obtido pela Tab. A2 ou A3. Para lajes armadas em uma direção, tem-se, de acordo com o tipo:

$$\begin{cases} \text{- apoiada-apoiada: regime elástico e rígido-plástico} \rightarrow m_l = 8 \\ \text{- apoiada-engastada} \begin{cases} \text{regime elástico} \rightarrow m_l = 14,22 \\ \text{regime rígido-plástico} \rightarrow m_l = 13,33 \end{cases} \\ \text{- engastada-engastada} \begin{cases} \text{regime elástico} \rightarrow m_l = 24 \\ \text{regime rígido-plástico} \rightarrow m_l = 20 \end{cases} \end{cases} \tag{5.27}$$

A carga imediata de serviço (p_i) é calculada pela Eq. 5.28:

$$p_i = g + \psi_2 \cdot q \tag{5.28}$$

em que:

g = cargas permanentes;

q = cargas acidentais;

ψ_2 = coeficiente de minoração do momento (Tab. 1.9).

De acordo com a NBR 6118 (ABNT, 2014), item 17.3.1, o momento de fissuração pode ser obtido pela Eq. 5.29:

$$M_r = \alpha \cdot f_{ct} \cdot \frac{I_c}{y_t} \tag{5.29}$$

em que:

α = fator que correlaciona aproximadamente a resistência à tração na flexão com a resistência à tração direta, sendo, de acordo com a NBR 6118 (ABNT, 2014):

$$\begin{cases} \alpha = 1,2 \text{ para seções T ou duplo T;} \\ \alpha = 1,3 \text{ para seções I ou T invertido;} \\ \alpha = 1,5 \text{ para seções retangulares.} \end{cases}$$

f_{ct} = resistência à tração direta do concreto (para cálculo do momento de fissuração, deve-se utilizar o $f_{ctk,inf}$ para estado-limite de formação de fissuras e $f_{ct,m}$ no estado-limite de deformação excessiva – Eqs. 1.11, 1.12 e 1.13);

y_t = distância do centro de gravidade da seção à fibra mais tracionada;

I_c = momento de inércia da seção bruta de concreto.

Para seção retangular, utiliza-se:

- para distância do centro de gravidade da seção à fibra mais tracionada (y_t):

$$y_t = \frac{h}{2} \tag{5.30}$$

- para cálculo do momento de inércia da seção (I_c):

$$I_c = \frac{b \cdot h^3}{12} \tag{5.31}$$

em que:

b = base da seção de concreto;

h = altura da seção de concreto.

5.1.7 Cálculo da flecha para lajes armadas em uma direção

A flecha imediata, ou inicial (f_i), refere-se ao deslocamento que ocorre no instante em que a carga é aplicada. Como a deformação devido à ação das cargas observada nas lajes armadas em uma direção assemelha-se à das vigas (deformação predominantemente em uma direção), utiliza-se a mesma equação para os dois elementos. Com base na análise do menor dos vãos, tem-se a Eq. 5.32:

$$f_i = \frac{p_i \cdot l^4}{384(EI)_{eq}} K \tag{5.32}$$

em que:

p_i = carga imediata de serviço (Eq. 5.28);

l = vão da laje armada em uma direção ou comprimento da viga;

$(EI)_{eq}$ = rigidez equivalente;

K = coeficiente que segue estas condições de apoio:

$$\begin{cases} K = 5 \rightarrow \text{apoiada-apoiada} \\ K = 2 \rightarrow \text{apoiada-engastada} \\ K = 1 \rightarrow \text{engastada-esgastada} \end{cases}$$

O cálculo da flecha imediata para lajes armadas em uma direção segue os critérios para a flecha imediata em vigas, os quais são baseados no cálculo da rigidez equivalente utilizando-se a formulação de Branson (1966). Para cálculo da rigidez equivalente $(EI)_{eq}$, deve-se, após classificação em estádio I ou II, utilizar uma das equações a seguir estabelecidas pela NBR 6118 (ABNT, 2014):

- para estádio I:

$$(EI)_{eq} = E_{cs} \cdot I_c \qquad (5.33)$$

- para estádio II (item 17.3.2.1.1 da NBR 6118 (ABNT, 2014)):

$$(EI)_{eq} = E_{cs}\left\{\left(\frac{M_r}{M_a}\right)^3 I_c + \left[1 - \left(\frac{M_r}{M_a}\right)^3\right] I_{II}\right\} \leq E_{cs} \cdot I_c \qquad (5.34)$$

em que:

E_{cs} = módulo de elasticidade secante do concreto (Eq. 1.3);

M_r = momento de fissuração do elemento estrutural (Eq. 5.29);

M_a = momento fletor na seção crítica do vão em análise (momento máximo no vão de vigas biapoiadas e contínuas, e momento no apoio para balanços);

I_c = momento de inércia da seção bruta de concreto;

I_{II} = momento de inércia da seção fissurada de concreto no estádio II, dado por:

$$I_{II} = \frac{bx_{II}^3}{3} + \alpha'_e \cdot A'_s(x_{II} - d')^2 + \alpha_e \cdot A_s(d - x_{II})^2 \quad \text{sendo} \quad \begin{cases} x_{II} = -A + \sqrt{A^2 + B} \\ A = \frac{\alpha_e \cdot A_s + \alpha'_e \cdot A'_s}{b} \\ B = \frac{2\alpha_e \cdot A_s \cdot d + \alpha'_e \cdot A'_s \cdot d'}{b} \\ \alpha'_e = \alpha_e - 1 \\ \alpha_e = \frac{E_s}{E_{cs}} \end{cases} \qquad (5.35)$$

em que:

b = largura do elemento;

x_{II} = posição da linha neutra no Estádio II;

A_s = armadura tracionada;

A'_s = armadura de compressão;

d = altura útil da seção transversal;

d' = profundidade da armadura A'_s;

α_e = relação modular.

A flecha diferida no tempo, ou final, refere-se ao deslocamento que ocorre após a passagem de um longo período de tempo. Para seu cálculo, segue-se a Eq. 5.36:

$$f_{t=\infty} = f_i(1 + \alpha_f) \quad (5.36)$$

em que:
$f_{t=\infty}$ = flecha diferida no tempo;
f_i = flecha imediata;
α_f = fator obtido pela Eq. 5.37:

$$\alpha_f = \frac{\Delta\xi}{(1 + 50\rho')} \quad (5.37)$$

em que ρ' é encontrado por meio da Eq. 5.38:

$$\rho' = \frac{A'_s}{b \cdot d} = 0 \quad (5.38)$$

($\rho' = 0 \rightarrow$ não há armadura dupla em laje)

ξ é o coeficiente função do tempo que pode ser calculado pelas Eqs. 5.39 e 5.40, ou obtido diretamente pela Tab. 5.1.

$$\xi(t) = 0{,}68\,(0{,}996^t)\,t^{0{,}32} \text{ para } t \leqslant 70\,\text{meses} \quad (5.39)$$

$$\xi(t) = 2 \text{ para } t > 70 \text{ meses} \quad (5.40)$$

$\Delta\xi$ é encontrado pela Eq. 5.41:

$$\Delta\xi = \xi_{t=\infty} - \xi_{t=0} \quad (5.41)$$

logo, tem-se:

$$\xi_{t=\infty} = 2{,}0 \text{ (para } t > 70 \text{ meses)}$$

$$\xi_{t=0} = 0{,}54 \text{ (escoramento na idade de 14 dias} \approx 0{,}5 \text{ mês)}$$

$$\Delta\xi = 2{,}0 - 0{,}54 = 1{,}46$$

Tab. 5.1 Valores do coeficiente ξ em função do tempo

Tempo (t) meses	0	0,5	1	2	3	4	5	10	20	40	⩾ 70
Coeficiente $\xi(t)$	0	0,54	0,68	0,84	0,95	1,04	1,12	1,36	1,64	1,89	2

Fonte: ABNT (2014).

De acordo com o exposto, pode-se reescrever a Eq. 5.36 chegando-se à flecha diferida no tempo, como mostra a Eq. 5.42:

$$f_{t=\infty} = f_i(2{,}46) \quad (5.42)$$

Após calculada a flecha diferida no tempo, verifica-se a flecha admissível por meio dos deslocamentos-limite estabelecidos na NBR 6118 (ABNT, 2014), item 13.3, utilizando-se, em vigas e lajes biapoiadas:

- para deslocamento devido à carga total:

$$f_{adm} = \frac{l}{250} \quad (5.43)$$

- para deslocamento devido à carga acidental:

$$f_{adm} = \frac{l}{350} \tag{5.44}$$

em que:

l = vão da laje armada em uma direção ou vão com o maior número de engastes da laje armada em duas direções (caso o número de engastes seja igual para as duas direções, adota-se como a o menor dos vãos).

Esses deslocamentos podem ser compensados, em parte, por contraflechas (CF), sendo estas, para lajes e vigas biapoiadas, definidas pela Eq. 5.45:

$$CF_{máx} = \frac{l}{350} \tag{5.45}$$

5.1.8 Cálculo da flecha para lajes armadas em duas direções

Para lajes armadas em duas direções, tem-se, para cálculo da flecha imediata, a Eq. 5.46:

$$f_i = \frac{p_i \cdot a^4}{E_{cs} \cdot h^3} x \tag{5.46}$$

em que:

p_i é obtido pela Eq. 5.28;

a = vão com o maior número de engastes da laje armada em duas direções (caso o número de engastes seja igual para as duas direções, adota-se como a o menor dos vãos);

E_{cs} = módulo de elasticidade secante do concreto (Eq. 1.3);

h = espessura da laje;

x é obtido por meio da Tab. A4.

Calcula-se, então, a flecha diferida no tempo utilizando-se a Eq. 5.42 para que possa ser feita a verificação da flecha a partir da comparação do valor obtido com a flecha admissível, sendo esta obtida pelas Eqs. 5.43 e 5.44. Para contraflecha, utiliza-se a mesma equação empregada em lajes armadas em uma direção (Eq. 5.45).

5.1.9 Prescrições da NBR 6118 quanto às lajes

A NBR 6118 (ABNT, 2014) estabelece valores mínimos e máximos para dimensionamento das lajes, sendo, alguns deles, dispostos a seguir.

Espessura mínima

Para a espessura mínima das lajes, tem-se, de acordo com o item 13.2.4.1 da norma:

- 7 cm para lajes de cobertura e 8 cm para lajes de piso, contanto que ambas não estejam em balanço;
- 10 cm para lajes em balanço;
- 10 cm para lajes que estejam submetidas a carregamento de veículos de até 30 kN e de 12 cm no caso de veículos de peso superior;
- 15 cm para lajes protendidas apoiadas em vigas, espessura de $ℓ/42$ para pisos biapoiadas e de $ℓ/50$ para pisos contínuos;
- 16 cm para lajes lisas e 14 cm para lajes cogumelo.

Vão efetivo

Quanto ao vão efetivo (reproduzido na Fig. 5.12), a norma sugere, em seu item 14.7.2.2, a seguinte equação:

$$l_{ef} = l_0 + a_1 + a_2 \tag{5.47}$$

em que:

l_{ef} = vão efetivo;

l_0 = vão livre (distância entre as faces dos apoios);

a_1 e a_2 seguem as condições:

$$a_1 \leqslant \begin{cases} 0,3h \\ t_1/2 \end{cases} \quad \text{e} \quad a_2 \leqslant \begin{cases} 0,3h \\ t_2/2 \end{cases} \tag{5.48}$$

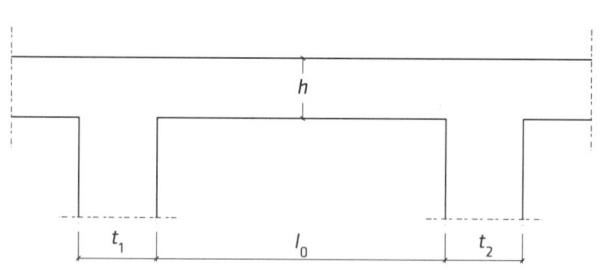

Fig. 5.12 Vão efetivo
Fonte: adaptado da ABNT (2014).

em que:

h = espessura da laje;

t_1 e t_2 = larguras dos apoios.

Área mínima da armadura longitudinal

Com base na taxa geométrica de armadura da seção transversal (ρ_s) obtida pela Eq. 5.49, têm-se, de acordo com o item 19.3.3.2 da NBR 6118 (ABNT, 2014), condições a serem seguidas para estabelecimento dos valores mínimos para armaduras das lajes em relação à taxa mínima de armadura de flexão $\rho_{mín}$ (Tabs. 2.3 e 2.4).

$$\rho_s = \frac{A_s}{b \cdot h} = \frac{A_s}{100h} \tag{5.49}$$

- Para armadura negativa:

$$\rho_s \geqslant \rho_{mín} \tag{5.50}$$

- Para armadura negativa de borda sem continuidade:

$$\rho_s \geqslant 0,67\rho_{mín} \tag{5.51}$$

- Para armadura positiva de lajes armadas nas duas direções:

$$\rho_s \geqslant 0,67\rho_{mín} \tag{5.52}$$

- Para armadura positiva principal de lajes armadas em uma direção:

$$\rho_s \geqslant \rho_{mín} \tag{5.53}$$

- Para armadura positiva secundária de lajes armadas em uma direção:

$$\rho_s \geqslant 0,5\rho_{mín} \tag{5.54}$$

$$A_{s,sec} \geqslant \begin{cases} 20\% A_{s,princ} \\ 0,9\,cm^2/m \end{cases} \tag{5.55}$$

5.1.10 Dimensionamento e detalhamento das armaduras

De acordo com a NBR 6118 (ABNT, 2014), item 20.1, devem-se detalhar as armaduras das lajes de forma a garantir que o posicionamento desejado seja mantido durante a concretagem.

O diâmetro das barras deve atender à Eq. 5.56:

$$\phi \leq \frac{h}{8} \qquad (5.56)$$

sendo h = espessura da laje.

Para a armadura principal de flexão, deve-se ter para espaçamento entre as barras:

$$s \leq \begin{cases} 2h \\ 20\,cm \end{cases} \qquad (5.57)$$

Para a armadura secundária de flexão das lajes armadas em uma direção, esse espaçamento não deve ser superior a 33 cm, e para a área de aço tem-se:

$$A_{s,sec} \geq 20\% A_{s,princ} \qquad (5.58)$$

em que:

$A_{s,sec}$ = área de aço da armadura secundária;

$A_{s,princ}$ = área de aço da armadura principal.

Para dimensionamento das armaduras longitudinais das lajes, são utilizadas as mesmas equações das vigas de seção retangular (ver item 2.2). Quanto ao comprimento das barras e dos ganchos das extremidades, segue-se o raciocínio descrito adiante.

Armaduras positivas

As armaduras positivas são responsáveis por absorver os esforços dos momentos fletores positivos, localizando-se próximas à face inferior da laje. Seu comprimento, geralmente, estende-se, para cada lado, até à face externa da viga de apoio, sendo descontado apenas o valor do cobrimento mínimo. Tem-se, dessa forma, para comprimento da barra, a Eq. 5.59:

$$C = (l_0 + d_1 + d_2) - 2c_{nom} \qquad (5.59)$$

em que:

C = comprimento da armadura;

l_0 = vão livre (distância entre as faces internas dos apoios);

d_1 e d_2 = largura das vigas de apoio;

c_{nom} = cobrimento nominal.

Após a definição (dimensionamento estrutural) da ferragem a ser utilizada na laje com espessura unitária (b = 100 cm), deve-se fazer o cálculo da quantidade de barras necessárias para a largura (b) real da laje, conforme a Eq. 5.60:

$$n = \left(\frac{l_0}{s}\right) - 1 \qquad (5.60)$$

em que:

n = número de barras (arredondado para o inteiro imediatamente inferior);
l_0 = vão livre (distância entre as faces internas dos apoios);
s = espaçamento das barras.

Para melhor entendimento dos tópicos anteriores, segue o exemplo resolvido.

Para a laje do exemplo da Fig. 5.13, tem-se:

$$\text{barra } N1 \begin{cases} 29 \rightarrow \text{número de barras} \\ n = \left(\frac{460}{15}\right) - 1 = 29{,}7 \rightarrow 29 \text{ barras} \\ \varphi 8 \rightarrow \text{diâmetro da barra} \\ c/15 \rightarrow \text{espaçamento das barras} \\ 594 \rightarrow \text{comprimento da barra} \\ C = (560 + 20 + 20) - 2 \times 3 = 594 \text{ cm} \end{cases}$$

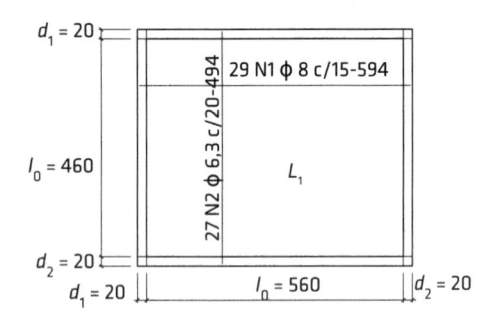

Fig. 5.13 Exemplo de armadura positiva

Visando à economia, pode-se variar alternadamente os comprimentos das barras utilizadas devido à redução dos momentos fletores na região do apoio. Essas barras alternadas podem ter seu comprimento estimado conforme a Eq. 5.61:

$$C = 0{,}8(l_0 + d_1 + d_2) \tag{5.61}$$

em que:
l_0 = vão livre (distância entre as faces internas dos apoios);
d_1 e d_2 = largura das vigas de apoio.

Para a laje do exemplo da Fig. 5.14, tem-se:

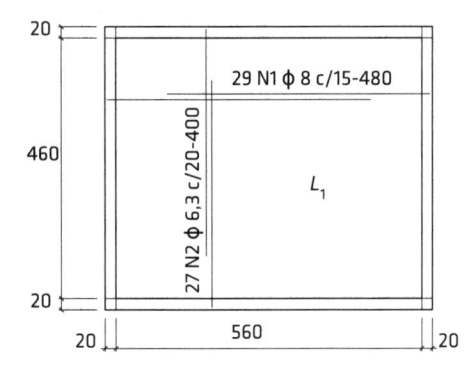

Fig. 5.14 Exemplo de armadura positiva com barras alternadas

$$\text{barra } N1 \begin{cases} l_0 \rightarrow 560 \text{ cm} \\ d_1 = d_2 = 20 \text{ cm} \\ C = 0{,}80\,(560 + 20 + 20) = 480 \text{ cm} \end{cases}$$

$$\text{barra } N2 \begin{cases} l_0 \rightarrow 460 \text{ cm} \\ d_1 = d_2 = 20 \text{ cm} \\ C = 0{,}80\,(460 + 20 + 20) = 460 \text{ cm} \end{cases} \tag{5.62}$$

Armaduras negativas

As armaduras negativas (representadas pelas Figs. 5.15 e 5.16) são responsáveis por absorver os esforços dos momentos fletores negativos, localizando-se próximas à face superior da laje. O seu comprimento total abrange o comprimento reto e os ganchos das extremidades. Para cálculo do seu comprimento, tem-se, estendendo para cada lado do apoio, a Eq. 5.63:

$$C_{apoio} = \left(\frac{l_{maior}}{4}\right) \tag{5.63}$$

em que:

c_{apoio} = comprimento para cada lado do apoio;
l_{maior} = maior dos menores vãos efetivos das lajes contíguas.

Com base nessa equação, chega-se ao comprimento reto da armadura (c_{reto}), com a Eq. 5.64:

$$c_{reto} = 2c_{apoio} \qquad (5.64)$$

Para as dobras (ganchos das extremidades), pode-se adotar a Eq. 5.65:

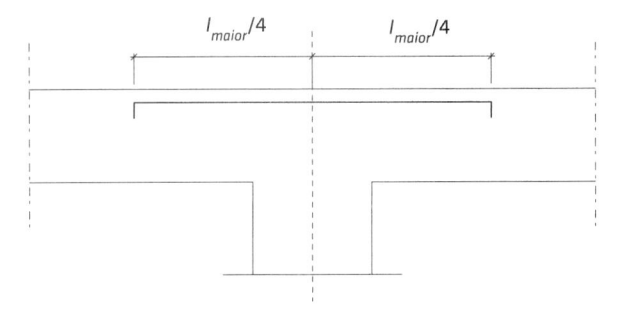

$$c_{dobra} = h - c_{nom} \qquad (5.65)$$

Fig. 5.15 Comprimento de armadura negativa

em que:

c_{dobra} = comprimento da dobra;
h = espessura da laje;
c_{nom} = cobrimento nominal.

Já para comprimento total (C), utiliza-se a Eq. 5.66:

$$C = c_{reto} + 2c_{dobra} \qquad (5.66)$$

em que:

c_{reto} = comprimento reto da armadura;
c_{dobra} = comprimento da dobra.

Para a laje do exemplo da Fig. 5.16, tem-se:

$$\text{barra } N1 \begin{cases} h \to 10\,\text{cm} \\ c_{nom} \to 3\,\text{cm} \\ l_1 = 460 + \frac{20}{2} + \frac{20}{2} = 480\,\text{cm} \\ l_2 = 180 + \frac{20}{2} + \frac{20}{2} = 200\,\text{cm} \\ l_{maior} = l_1 = 480\,\text{cm} \\ c_{reto} = 2\left(\frac{480}{4}\right) = 240\,\text{cm} \\ c_{dobra} = 10 - 3 = 7\,\text{cm} \\ C = 240 + (2 \times 7) = 254\,\text{cm} \\ n = \left(\frac{460}{20}\right) - 1 = 22\,\text{barras} \end{cases} \qquad (5.67)$$

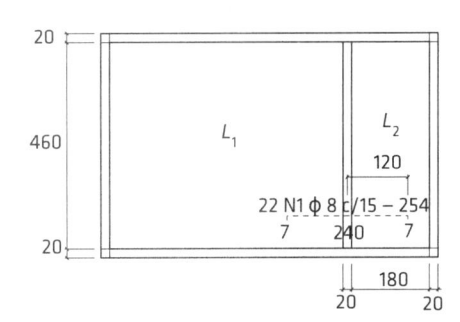

Fig. 5.16 Exemplo de armadura negativa

Da mesma forma que para as armaduras positivas, para determinar a quantidade de barras, utiliza-se a Eq. 5.60. Para garantir o posicionamento adequado das barras negativas, são colocadas barras na direção transversal para amarração.

As armaduras negativas também podem ser alternadas. Para tal, estende-se, sobre os apoios, alternadamente, um valor definido pela Eq. 5.68:

$$c_a = \frac{1}{2}\left(\frac{l_{maior}}{4}\right) = \frac{l_{maior}}{8} \qquad (5.68)$$

em que l_{maior} é o maior dos menores vãos efetivos das lajes contíguas.

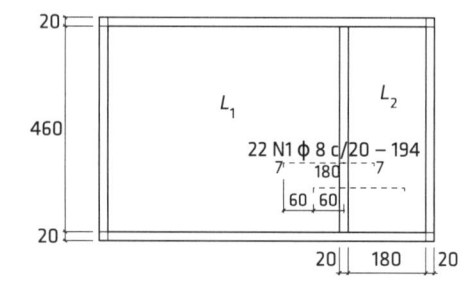

Fig. 5.17 Exemplo de alternância de armaduras negativas

Com a alternância das armaduras (Fig. 5.17), há uma economia quanto ao comprimento da barra utilizada, sendo este reduzido e calculado pela Eq. 5.69:

$$C = \frac{3}{2}\left(\frac{l_{maior}}{4}\right) = 3 \cdot \frac{l_{maior}}{8} \tag{5.69}$$

Para a laje do exemplo da Fig. 5.17, tem-se:

$$\text{barra } N1 \begin{cases} h \to 10\,\text{cm} \\ c_{nom} \to 3\,\text{cm} \\ l_1 = 460 + \frac{20}{2} + \frac{20}{2} = 480\,\text{cm} \\ l_2 = 180 + \frac{20}{2} + \frac{20}{2} = 200\,\text{cm} \\ l_{maior} = l_1 = 480\,\text{cm} \\ c_a = \frac{1}{2}\left(\frac{480}{4}\right) = 60\,\text{cm} \\ c_{reto} = \frac{3}{2}\left(\frac{480}{4}\right) = 180\,\text{cm} \\ c_{dobra} = 10 - 3 = 7\,\text{cm} \\ C = 180 + 2 \times 7 = 194\,\text{cm} \\ n = \left(\frac{460}{20}\right) - 1 = 22\,\text{barras} \end{cases} \tag{5.70}$$

5.1.11 Lajes em balanço

As lajes maciças que possuem uma borda livre podem ser divididas em: armadas em uma direção ou armadas nas duas direções. Para as armadas em uma direção, deve-se calcular considerando-se essas lajes como vigas isostáticas (engastada-livre), já para as armadas em duas direções, deve-se realizar o cálculo por meio de tabelas.

Quanto às normas referentes às lajes em balanço, de acordo com a NBR 6120 (ABNT, 1980b), item 2.2.1.5, para lajes em balanço que possuam parapeitos e balcões (como a mostrada na Fig. 5.18), deve-se considerar uma carga horizontal de 0,8 kN/m na altura do corrimão e uma carga vertical mínima de 2,0 kN/m.

A NBR 6118 (ABNT, 2014), em seu item 13.2.4.1, estipula que, para dimensionamento das lajes em balanço com espessura inferior a 19 cm, quando esta é dimensionada por analogia a uma viga em balanço, devem-se multiplicar os esforços solicitantes de cálculo por um coeficiente adicional γ_n, chegando-se à Tab. 5.2.

Tab. 5.2 Valores do coeficiente adicional γ_n para lajes em balanço

b (cm)	⩾ 19	18	17	16	15	14	13	12	11	10
γ_n	1,00	1,05	1,10	1,15	1,20	1,25	1,30	1,35	1,40	1,45

em que:
$\gamma_n = 1{,}95 - 0{,}05h$;
h é a altura da laje, expressa em centímetros (cm).
Nota: O coeficiente γ_n deve majorar os esforços solicitantes finais de cálculo nas lajes em balanço, quando do seu dimensionamento.
Fonte: ABNT (2014).

Para que a laje em balanço L_2 da Fig. 5.19 seja considerada engastada na laje contígua L_1, devem-se seguir as condições:

- se X_2 referente à carga permanente $\geqslant X_1$ referente à carga total $\to L_1$ está engastada em L_2;

$$(X_2^{permanente} \geqslant X_1^{total} \to L_1 \text{ engastada em } L_2)$$

- se X_2 referente à carga permanente $< X_1$ referente à carga total $\to L_1$ está apoiada em L_2.

$$(X_2^{permanente} < X_1^{total} \to L_1 \text{ apoiada em } L_2)$$

sendo que X_1 e X_2 são momentos negativos entre as lajes 1 e 2.

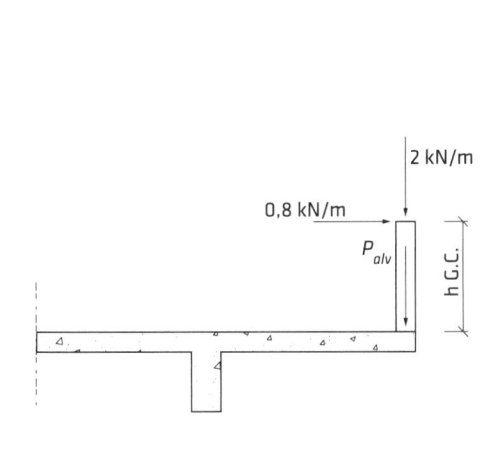

Fig. 5.18 Cargas para parapeitos e balcões
Fonte: (ABNT, 1980b).

Fig. 5.19 Condição de engaste para laje em balanço

Momentos fletores das lajes em balanço armadas em duas direções

Este método se faz pela utilização de tabelas específicas que permitem a determinação das flechas e do momento fletor para lajes solicitadas por carga uniforme ou triangular como as de Rocha (1987) e Hahn (1972) denominadas "Momentos fletores em lajes com uma borda livre" (Tabs. A5 a A10).

Para utilização das tabelas, primeiramente, calcula-se o λ:

$$\lambda = \frac{\ell_y}{\ell_x} \qquad (5.71)$$

em que:
ℓ_x = vão na direção x de eixo a eixo;
ℓ_y = vão na direção y de eixo a eixo.

Calcula-se, então, o valor de P para se obter o momento fletor, por meio das Eqs. 5.72, 5.73 e 5.74:

- para carga uniforme na área:

$$P = F \cdot \ell_x \cdot \ell_y \qquad (5.72)$$

- para carga concentrada uniforme na borda livre:

$$P = F_1 \cdot \ell_x \qquad (5.73)$$

- para momento T uniforme na borda livre:

$$P = T \tag{5.74}$$

em que:

P = valor utilizado para cálculo do momento fletor por meio das Tabs. A5 a A10;
F = carga uniformemente distribuída na laje (kN/m²) ou valor máximo da carga triangular;
F_1 = carga concentrada uniforme aplicada na borda livre da laje (kN/m);
ℓ_x = vão de eixo a eixo paralelo à borda livre;
ℓ_y = vão de eixo a eixo perpendicular à borda livre;
T = momento fletor na borda livre da laje (kN.m/m).

Nota: Como a laje é calculada como uma viga de 100 cm de largura, tem-se kN · m como unidade para o momento fletor na borda livre.

Por fim, calcula-se o momento fletor utilizando-se as seguintes equações:

$$\begin{cases} M_x = \frac{P}{m_x}, & M_y = \frac{P}{m_y}, & M_r = \frac{P}{m_r}, & M_{xy} = \frac{P}{m_{xy}} \\ X_x = \frac{P}{n_x}, & X_y = \frac{P}{n_y}, & X_r = \frac{P}{n_r} \end{cases} \tag{5.75}$$

em que:

M_x e M_y = momentos positivos no centro nas direções x e y, respectivamente;
M_r = momento positivo no centro da borda livre na direção x;
M_{xy} = momento nos cantos;
X_x e X_y = momentos negativos no centro da borda engastada nas direções x e y, respectivamente;
X_r = momento negativo no extremo da borda livre na direção x;
$m_x, m_y, m_r, m_{xy}, n_x, n_y, n_r$ = valores encontrados na Tab. A11.

Reações das lajes em balanço armadas em duas direções

Para cálculo das reações de apoio em lajes solicitadas por carga uniformemente distribuída, pode-se utilizar a Tab. A11. Para se chegar aos valores das reações por meio dessa tabela, primeiramente, deve-se classificar a laje em um dos tipos (A.5, A.6, A.7, A.8, A.9 ou A.10) e depois utilizar a Eq. 5.71 para cálculo de λ.

As reações de apoio podem ser encontradas pelas equações:

$$\begin{cases} R_x = p \cdot \ell_x \cdot V_x \\ R_{x1} = p \cdot \ell_x \cdot V_{x1} \\ R_{x2} = p \cdot \ell_x \cdot V_{x2} \\ R_y = p \cdot \ell_y \cdot V_y \end{cases} \tag{5.76}$$

em que:

R_x, R_{x1}, R_{x2} e R_y = reações de apoio;
p = valor da carga uniformemente distribuída na laje;
ℓ_x = vão na direção x de eixo a eixo;
ℓ_y = vão na direção y de eixo a eixo;
V_x, V_{x1}, V_{x2} e V_y = valores encontrados na Tab. A11.

Detalhamento das lajes em balanço

Para lajes em balanço com continuidade (conforme mostra a Fig. 5.20), as armaduras são posicionadas de modo a respeitar o cobrimento mínimo da laje em balanço em relação à borda livre e estendem-se pela laje contígua. Para comprimento reto dessas barras, tem-se:

$$c_{reto} \geq 2l \quad (5.77)$$

sendo l o vão efetivo da laje em balanço (vão entre eixos dos apoios).

Para a laje do exemplo da Fig. 5.20, tem-se:

$$\text{barra } N1 \begin{cases} l \to 210\,cm \\ h \to 10\,cm \\ c_{nom} \to 3\,cm \\ c_{reto} = 2 \times 210 = 420\,cm \\ c_{dobra} = 10 - 3 = 7\,cm \\ C = 420 + 2 \times 7 = 434\,cm \\ n = \left(\frac{460}{20}\right) - 1 = 22\,\text{barras} \end{cases} \quad (5.78)$$

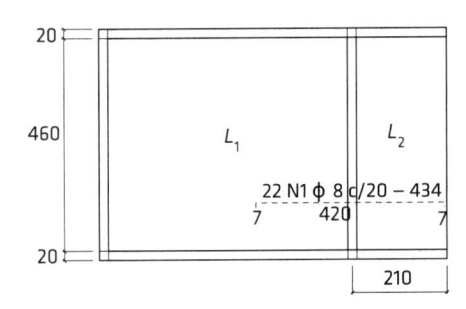

Fig. 5.20 Exemplo de armadura negativa para lajes em balanço com continuidade

Cálculo da flecha

O cálculo da flecha imediata (f_i) de lajes em balanço (representada pela Fig. 5.21) pode ser realizado pela Eq. 5.79:

$$f_i = f_1 + f_2 + f_3 \quad (5.79)$$

em que:

f_1 = parcela 1 da flecha imediata devido ao carregamento distribuído;
f_2 = parcela 2 da flecha imediata devido à carga concentrada;
f_3 = parcela 3 da flecha imediata devido ao momento no balanço.

Para as parcelas, têm-se as seguintes equações:

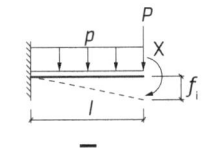

$$f_1 = \frac{p_i \cdot l^4}{8 E_{cs} \cdot I} \quad (5.80)$$

em que:

p_i = carga imediata de serviço (Eq. 5.28);
l = vão da laje em balanço;
E_{cs} = módulo de elasticidade secante do concreto (Eq. 1.3);
I = momento de inércia da seção.

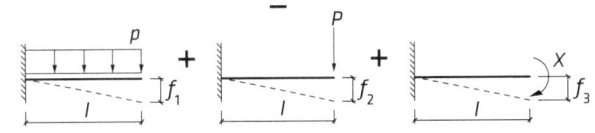

Fig. 5.21 Flecha imediata de uma laje em balanço

$$f_2 = \frac{P_i \cdot l^3}{3 E_{cs} \cdot I} \quad (5.81)$$

em que:

P_i = carga imediata concentrada, dada pela Eq. 5.82:

$$P_i = G + \psi_2 \cdot Q \quad (5.82)$$

em que:

G = cargas concentradas permanentes;
Q = cargas concentradas acidentais;

ψ_2 = coeficiente de minoração do momento (Tab. 1.9).

$$f_3 = \frac{X_i \cdot l^2}{2E_{cs} \cdot I} \tag{5.83}$$

em que X_i é o momento devido ao balanço, dado pela Eq. 5.84:

$$X_i = X_{g,carga} + \psi_2 \cdot X_{q,carga} \tag{5.84}$$

Após calculada a flecha imediata, chega-se à flecha diferida no tempo utilizando-se a Eq. 5.42. Verifica-se, então, a flecha admissível na extremidade de um balanço por meio dos deslocamentos-limite estipulados na norma, que são:

- para deslocamento devido à carga total:

$$f_{adm} = \frac{l}{125} \tag{5.85}$$

- para deslocamento devido à carga acidental:

$$f_{adm} = \frac{l}{175} \tag{5.86}$$

em que:

l = vão da laje armada em uma direção ou vão com o maior número de engastes da laje armada em duas direções (caso o número de engastes seja igual para as duas direções, adota-se como a o menor dos vãos).

Esses deslocamentos podem ser compensados, em parte, por contraflechas (CF), que são definidas pela Eq. 5.87:

$$CF_{máx} = \frac{l}{175} \tag{5.87}$$

5.1.12 Compatibilização de momentos

Pode-se observar que, geralmente, entre as lajes há momentos negativos diferentes, devendo-se, dessa forma, realizar a compatibilização dos momentos sobre os apoios de forma aproximada (como representa a Fig. 5.22). Isso pode ser feito utilizando-se as equações a seguir:

- para momento negativo:

$$X_{adotado} \geq \begin{cases} \frac{X_1 + X_2}{2} \\ 0{,}8X_1 \end{cases} \tag{5.88}$$

em que:

X_1 = maior momento negativo entre eles;

X_2 = menor momento negativo entre eles.

- para a laje que teve seu momento negativo diminuído, deve-se realizar uma compensação, corrigindo o momento positivo da mesma direção conforme a Eq. 5.89:

$$M_{adotado} = M_{inicial} + 0{,}3(X_{inicial} - X_{adotado}) \tag{5.89}$$

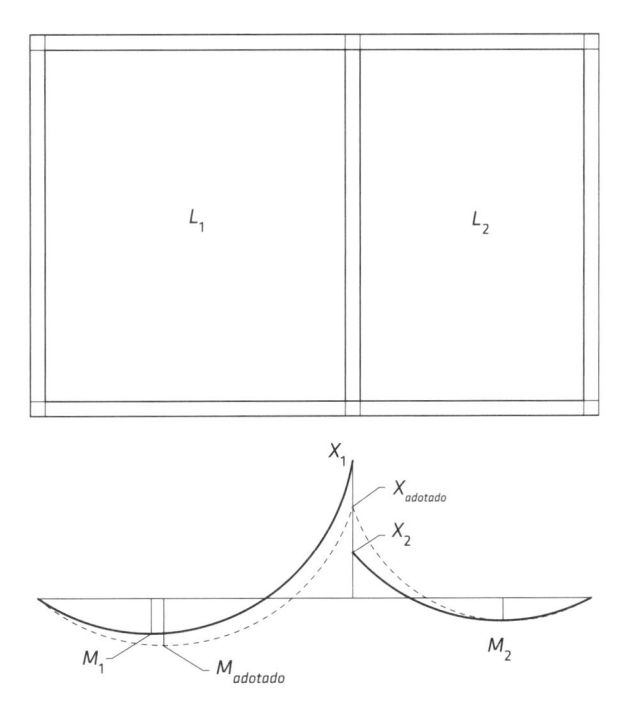

Fig. 5.22 Compatibilização de momentos entre lajes

5.2 Lajes nervuradas

As lajes nervuradas são vistas como uma opção para os casos nos quais se deseja reduzir cargas na estrutura, economizar concreto e ainda vencer maiores vãos (7 m a 15 m).

Nessas lajes, há um melhor aproveitamento do concreto e do aço, pois utiliza-se o mesmo princípio da viga T. Elas ainda possuem, em sua parte inferior, nervuras que podem ou não ser preenchidas. Quando preenchidas, são utilizados materiais que não interferem na resistência, como isopor, blocos cerâmicos, de concreto, ou EPS e tijolos.

Quanto ao tipo de execução, as lajes nervuradas podem ser moldadas no local ou com nervuras pré-moldadas. Na primeira opção (moldadas "*in loco*"), há a utilização de formas, escoramentos e material de enchimento (ou formas em substituição do material inerte). Já nas lajes pré-moldadas, são utilizadas vigotas pré-moldadas como nervuras, que podem ser de concreto armado, concreto protendido ou vigota treliçada.

As lajes nervuradas, assim como as maciças, podem ser armadas em uma ou duas direções (armaduras em cruz), o que é definido pelas suas nervuras, que podem ocorrer em uma ou nas duas direções. Quando armadas em apenas uma direção, são analisadas na direção das nervuras (menor vão); já quando armadas em cruz, são calculadas como lajes maciças convencionais.

5.2.1 Prescrições da norma

A NBR 6118 (ABNT, 2014), item 13.2.4.2, define algumas condições a serem obedecidas para o projeto das lajes nervuradas, como valores mínimos e máximos, sendo, alguns deles, dispostos a seguir. Para melhor entendimento, tem-se a Fig. 5.23 representando uma seção transversal esquemática de uma laje nervurada com seus elementos.

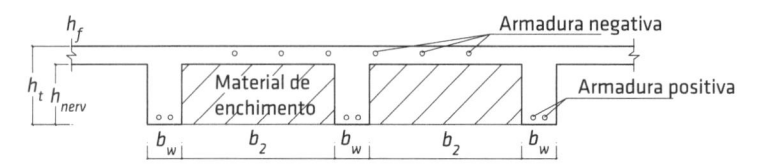

Fig. 5.23 Seção transversal de uma laje nervurada

Na Fig. 5.23, tem-se:
h_f = altura do capeamento;
h_{nerv} = altura da nervura;
h_t = altura total;
b_w = largura da nervura;
b_2 = espaçamento face a face entre as nervuras.

Espessura da mesa

A espessura da mesa (h_f) deve ser maior ou igual a 1/15 do espaçamento entre as nervuras (medido face a face) e maior ou igual a 4 cm, quando não houver tubulação horizontal embutida.

Quando houver tubulação embutida de diâmetro máximo de 10 mm, o valor mínimo para h_f deve ser de 5 cm. Para diâmetro ϕ da tubulação superior a 10 mm, utiliza-se para espessura mínima da mesa:

$$h_f \geq \begin{cases} h = 4\,\text{cm} + \phi \rightarrow \text{tubulação única} \\ h = 4\,\text{cm} + 2\phi \rightarrow \text{tubulações que se cruzam} \end{cases} \quad (5.90)$$

Largura das nervuras

A largura das nervuras (b_w) não deve ser inferior a 5 cm. Em casos nos quais a largura da nervura seja menor que 8 cm, não deve haver armadura de compressão.

Verificações relacionadas ao eixo das nervuras

Quando o espaçamento entre os eixos das nervuras for menor ou igual a 65 cm, não é necessário verificar a flexão da mesa, e, para a verificação do cisalhamento na região das nervuras, pode-se aplicar os critérios das lajes.

Para espaçamento entre eixos das nervuras entre 65 cm e 110 cm, mostra-se necessário verificar a flexão da mesa. Nessa situação, as nervuras devem ser examinadas quanto ao cisalhamento como vigas, podendo ser analisadas como lajes se o espaçamento entre os eixos das nervuras for no máximo de 90 cm e a largura média das nervuras for maior que 12 cm.

Quando o espaçamento entre os eixos das nervuras for maior que 110 cm, a mesa deve ser dimensionada como laje maciça, apoiada na grelha de vigas, respeitando-se os limites mínimos quanto à espessura.

5.2.2 Dimensionamento das lajes nervuradas

Para determinação das reações de apoio e momentos fletores nas lajes nervuradas, primeiramente, classifica-se a laje em um dos dois tipos: as que possuem espessura das nervuras e espaçamento entre elas iguais para as duas direções ou as que possuem essas dimensões diferentes.

As lajes nervuradas que apresentam espessura das nervuras e espaçamento entre elas iguais são dimensionadas da mesma forma que as lajes maciças, sendo utilizadas as mesmas tabelas, com exceção das lajes nervuradas que seguirem a teoria das linhas de ruptura.

Já as lajes nervuradas que apresentam espessura das nervuras e/ou espaçamento entre elas diferentes nas duas direções devem ser dimensionadas seguindo a teoria das grelhas, sendo realizados os cálculos a seguir.

Momentos fletores e reações de apoio

Para determinação do momento fletor positivo, as nervuras são consideradas como vigas de seção T, utilizando-se os seguintes parâmetros mostrados na Fig. 5.24:

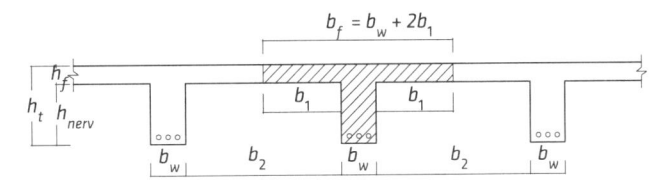

Fig. 5.24 Seção transversal esquemática de uma laje nervurada

Na Fig. 5.24, tem-se:

▨ = seção T para dimensionamento da laje nervurada;

h_f = altura do capeamento;

h_{nerv} = altura da nervura;

h_t = altura total;

b_w = largura da nervura;

b_2 = espaçamento face a face entre as nervuras;

b_f = largura da unidade-padrão para dimensionamento;

b_1 é obtido pela Eq. 5.91:

$$b_1 \leqslant \begin{cases} 0{,}5b_2 \\ 0{,}1a \end{cases} \tag{5.91}$$

em que:

b_2 = espaçamento face a face entre as nervuras;

a = distância em função do vão da laje nervurada na direção analisada, definida pela Eq. 5.92:

$$a = \begin{cases} l & \rightarrow \text{vão apoiado} \\ 0{,}75l & \rightarrow \text{vão com momento em uma extremidade} \\ 0{,}6l & \rightarrow \text{vão com momento nas duas extremidades} \\ 2l & \rightarrow \text{balanços} \end{cases} \tag{5.92}$$

em que l é o vão de eixo a eixo da laje nervurada na direção considerada.

Para determinação do momento fletor negativo, as nervuras são consideradas como vigas de seção retangular de largura b_w, sendo realizados os mesmos cálculos que os efetuados para as lajes maciças.

As reações de apoio e os momentos fletores máximos para as lajes nervuradas que apresentam espessura das nervuras e/ou espaçamento entre elas diferentes nas duas direções podem ser calculados pelas mesmas equações que as lajes maciças armadas em uma direção sob regime elástico, sendo estas mostradas no Quadro 5.1:

Quadro 5.1 Reações de apoio e momentos fletores máximos

Condições de apoio	Reações de apoio		Momentos fletores máx.	
	R_A	R_B	$M_{máx}$	$X_{máx}$
Apoiada-apoiada	$\dfrac{pl}{2}$	$\dfrac{pl}{2}$	$\dfrac{pl^2}{8}$	0
Apoiada-engastada	$\dfrac{3pl}{8}$	$\dfrac{5pl}{8}$	$\dfrac{pl^2}{14,22}$	$\dfrac{-pl^2}{8}$
Engastada-engastada	$\dfrac{pl}{2}$	$\dfrac{pl}{2}$	$\dfrac{pl^2}{24}$	$\dfrac{-pl^2}{12}$

Teoria das grelhas

As lajes nervuradas que apresentam espessura das nervuras e/ou espaçamento entre elas diferentes nas duas direções seguem a teoria das grelhas, que apresenta como princípio a compatibilidade das flechas das nervuras nas duas direções, realizando-se os cálculos para "quinhões de carga" em cada direção.

Segundo a teoria das grelhas, as vigas de um só tramo, quando solicitadas por cargas uniformemente distribuídas, apresentam flechas máximas que podem ser obtidas pela Eq. 5.93:

$$f_{máx} = C_1 \cdot \frac{q \cdot l^4}{EI} \tag{5.93}$$

em que:

q = carga uniformemente distribuída atuante na viga;
l = vão da viga;
EI = rigidez à flexão da viga;
C_1 = fator que depende das condições de apoio da viga, em que:

$$C_1 = \begin{cases} \dfrac{5}{384} \rightarrow \text{para viga apoiada-apoiada} \\ \dfrac{2,1}{384} \rightarrow \text{para viga apoiada-engastada} \\ \dfrac{1}{384} \rightarrow \text{para viga engastada-engastada} \end{cases} \tag{5.94}$$

capítulo 6
Pilares

Segundo o item 14.4.1.2 da NBR 6118 (ABNT, 2014, p.84), definem-se pilares como "elementos lineares de eixo reto, usualmente dispostos na vertical, em que as forças normais de compressão são preponderantes".

São também denominados elementos reticulares, unidirecionais ou unidimensionais, em geral prismáticos, cilíndricos ou não prismáticos, em que uma das dimensões (comprimento) prepondera sobre as outras duas (largura e altura).

Em função dos esforços internos atuantes, os pilares podem estar solicitados por compressão normal centrada, flexão normal composta (flexocompressão) ou flexão oblíqua composta.

Podem assumir várias formas de seção transversal, sendo as mais comuns e usuais a seção quadrada, a retangular, a circular, a octogonal, a elíptica ou a associação das seções anteriores.

De acordo com o item 13.2.3 da NBR 6118 (ABNT, 2014), a seção transversal de pilares e pilares parede maciços (Fig. 6.1), qualquer que seja a forma, não pode ser inferior a 360 cm² ou possuir dimensão menor que 19 cm. Ainda segundo a norma, em casos especiais, permite-se a consideração de dimensões entre 14 cm e 19 cm, desde que os esforços solicitantes sejam majorados de acordo com coeficientes apresentados na Tab. 6.1.

Tab. 6.1 Valores do coeficiente adicional γ_n para pilares e pilares parede

b (cm)	$\geqslant$ 19	18	17	16	15	14
γ_n	1,00	1,05	1,10	1,15	1,20	1,25

em que:
$\gamma_n = 1{,}95 - 0{,}05b$;
b é a menor dimensão da seção transversal, expressa em centímetros (cm).
Nota: O coeficiente γ_n deve majorar os esforços solicitantes finais de cálculo quando do seu dimensionamento.
Fonte: ABNT (2014).

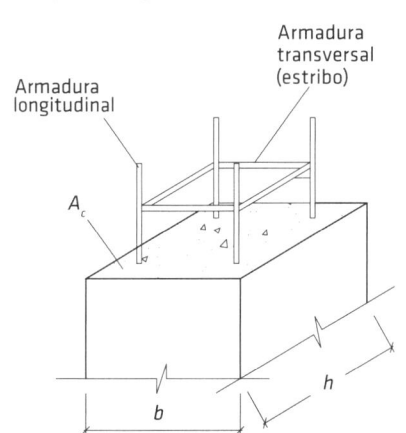

Fig. 6.1 Seção transversal de um pilar em que: $b =$ menor dimensão da seção transversal do pilar; $h =$ maior dimensão da seção transversal do pilar; $A_c =$ área da seção transversal de concreto

Segundo a NBR 6118 (ABNT, 2014), o dimensionamento estrutural dos pilares pode ser feito por três métodos:

i] método geral;

ii] método do pilar-padrão com curvatura aproximada;
iii] método do pilar-padrão com rigidez κ (capa) aproximada.

Neste livro, será apresentada apenas a metodologia do pilar-padrão com curvatura aproximada.

6.1 Armaduras para pilares de concreto armado

Na NBR 6118 (ABNT, 2014), item 17.3.5.3, estão relacionados os princípios básicos que norteiam a adoção de armaduras mínimas (Eq. 6.1) e máximas (Eq. 6.2) referentes às peças de concreto, sendo, para os pilares:

- armaduras mínimas:

$$A_{s,mín} = \left(0{,}15\frac{N_d}{f_{yd}}\right) \geq 0{,}004A_c = 0{,}4\%A_c \tag{6.1}$$

em que:

$A_{s,mín}$ = área da seção transversal mínima da armadura longitudinal comprimida;
A_c = área da seção transversal bruta do pilar;
N_d = força normal compressiva de projeto (de cálculo);
f_{yd} = tensão de escoamento (resistência ao escoamento) de projeto do aço utilizado (Eq. 1.30).

- armaduras máximas (inclusive nas regiões de emenda):

$$A_{s,máx} \leq 0{,}08A_c = 8\%A_c \tag{6.2}$$

em que:

$A_{s,máx}$ = área da seção transversal máxima da armadura longitudinal comprimida;
A_c = área da seção transversal bruta do pilar.

6.2 Armaduras longitudinais

De acordo com o item 18.4.2 da norma (ABNT, 2014), quanto às barras longitudinais, deve-se ter, no mínimo, uma barra em cada vértice em seções poligonais e em seções circulares, pelo menos seis barras distribuídas ao longo do seu perímetro.

Para as barras longitudinais, tem-se:

$$\phi_L \begin{cases} \geq 10\,\text{mm} \\ \leq \frac{1}{8}b \end{cases} \tag{6.3}$$

em que b é a menor dimensão externa da seção transversal do pilar.

O espaçamento máximo entre os eixos das barras longitudinais ou entre os centros dos feixes (e_L) deve obedecer às seguintes condições:

$$e_L \leq \begin{cases} 400\,\text{mm} \\ 2b \end{cases} \tag{6.4}$$

em que b é a menor dimensão da seção transversal do pilar.

O espaçamento mínimo livre entre as faces das barras longitudinais (s_L) deve ser igual ou superior ao maior dos seguintes valores:

$$s_L \geq \begin{cases} 20\,\text{mm} \\ \phi_{barra}, \phi_{feixe}, \phi_{luva} \\ 1,2 d_{máx} \end{cases} \quad (6.5)$$

em que $d_{máx}$ é a dimensão máxima característica do agregado graúdo.

A Fig. 6.2 representa a seção de um pilar com os itens apresentados anteriormente.

6.3 Armaduras transversais (estribos)

Para os estribos, segundo o item 18.4.3 da NBR 6118 (ABNT, 2014), deve-se ter em relação ao diâmetro o disposto na Eq. 6.6:

$$\phi_t \geq \begin{cases} 5\,\text{mm} \\ \tfrac{1}{4}\phi_L \text{ ou } \tfrac{1}{4}\phi_{feixe} \end{cases} \quad (6.6)$$

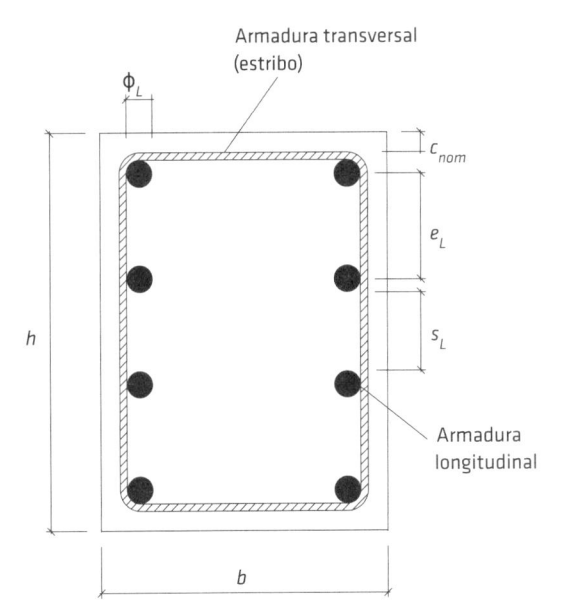

Fig. 6.2 Seção de um pilar

Permite-se diâmetro ϕ_t menor que $\phi_L/4$, desde que as armaduras sejam do mesmo tipo de aço e o espaçamento respeite a Eq. 6.7:

$$s_{máx} = 90.000 \left(\frac{\phi_t^2}{\phi_L}\right)\frac{1}{f_{yk}} \quad (6.7)$$

sendo f_{yk} expresso em MPa.

Em relação ao espaçamento entre os estribos, considerando-se a direção do eixo do pilar, tem-se:

$$e \leq \begin{cases} 200\,\text{mm} \\ b \\ 24\phi_L \text{ para } CA-25 \text{ e } 12\phi_L \text{ para } CA-50 \end{cases} \quad (6.8)$$

em que b é a menor dimensão da seção transversal do pilar.

Para pilares que estejam compreendidos nas classes C55 a C90, deve-se reduzir o espaçamento calculado em 50%, objetivando garantir a ductilidade dos pilares.

Segundo o item 18.2.4 da norma, os estribos ajudam a garantir que as barras longitudinais não sofram flambagem (como mostra a Fig. 6.3), as quais se localizam em seus cantos ou são por eles abrangidas a uma distância de até $20\phi_t$ do canto, não sendo permitida mais de duas barras nesse afastamento (sem contar a barra de canto). Caso sejam necessárias distâncias maiores, devem-se utilizar estribos suplementares.

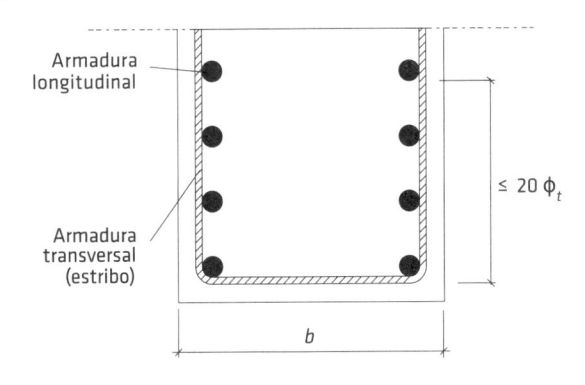

Fig. 6.3 Proteção contra a flambagem

6.4 Índice de esbeltez

O índice de esbeltez de peças comprimidas como os pilares (representados na Fig. 6.4) é uma propriedade que relaciona o comprimento de flambagem da peça e o raio de giração da sua seção transversal, podendo ser definido pela Eq. 6.9:

$$\lambda_x = \frac{l_{e,x}}{i_y} \quad \text{ou} \quad \lambda_y = \frac{l_{e,y}}{i_x} \tag{6.9}$$

em que:

λ = índice de esbeltez da peça em relação ao eixo x ou y;
l_e = comprimento equivalente do elemento comprimido (pilar) nas direções x ou y;
i = raio de giração da seção transversal em relação ao eixo x ou y.

Para raio de giração, tem-se a Eq. 6.10:

$$i_y = \sqrt{\frac{I_y}{A_{seção}}} \quad \text{ou} \quad i_x = \sqrt{\frac{I_x}{A_{seção}}} \tag{6.10}$$

em que:

I = momento de inércia em x ou y;
$A_{seção}$ = área da seção transversal do pilar.

Para seções transversais retangulares, têm-se as Eqs. 6.11 e 6.12:

$$i = \sqrt{\frac{I}{A_{seção}}} = \sqrt{\frac{b \cdot h^3}{12} \cdot \frac{1}{b \cdot h}} \rightarrow i = \frac{h}{\sqrt{12}} \tag{6.11}$$

$$\lambda = \frac{l_e}{i} = \frac{l_e}{\frac{h}{\sqrt{12}}} \rightarrow \lambda = \frac{l_e \sqrt{12}}{h} \tag{6.12}$$

O comprimento equivalente l_e, segundo o item 15.6 da NBR 6118, deve ser o menor dos seguintes valores obtidos:

$$l_e \leq \begin{cases} l_0 + h \\ l \end{cases} \tag{6.13}$$

em que:

l_0 = distância entre as faces internas dos elementos estruturais que vinculam o pilar;

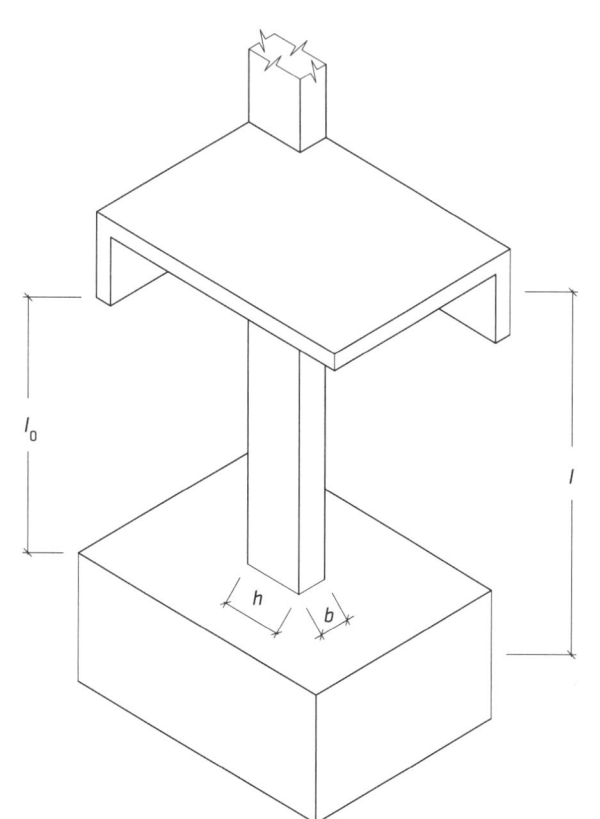

Fig. 6.4 Pilar

h = altura da seção transversal do pilar (maior dimensão da seção transversal);
l = distância entre os eixos dos elementos estruturais aos quais o pilar (ou trecho dele) está vinculado.

De acordo com o item 15.8.1 da norma, os pilares devem possuir índice de esbeltez de valor máximo igual a 200. Apenas em caso de elementos com força normal inferior a $0{,}10 f_{cd} \cdot A_c$, aceita-se índice de esbeltez superior a 200. Podem-se classificar os pilares de acordo com o índice de esbeltez como:

- pilares curtos: $\lambda \leq 35$;
- pilares medianamente esbeltos: $35 < \lambda \leq 90$;
- pilares esbeltos: $90 < \lambda \leq 140$;
- pilares muito esbeltos: $140 < \lambda \leq 200$.

6.5 Flambagem

A flambagem é um fenômeno que pode ser observado em peças esbeltas (área da seção transversal muito menor que o comprimento da peça) quando estas são solicitadas por forças de compressão axial, ocorrendo um deslocamento lateral na direção mais esbelta da peça.

Para comprimento de flambagem de barras isoladas, têm-se, de acordo com as vinculações das extremidades do pilar, as informações do Quadro 6.1.

Quadro 6.1 Comprimentos de flambagem para barras isoladas

Representação das barras isoladas e seus deslocamentos devido à flambagem Legenda: - linhas tracejadas: barra no estado inicial - curvas contínuas: deformações por flambagem						
Comprimento de flambagem (L_{fl}) teórico	0,5 L	0,7 L	1,0 L	1,0 L	2,0 L	2,0 L
Comprimento de flambagem (L_{fl}) prático	0,65 L	0,8 L	1,2 L	1,0 L	2,1 L	2,0 L

em que: L = comprimento da barra isolada.

6.6 Imperfeições geométricas

De acordo com a norma (ABNT, 2014), para realizar a verificação do estado-limite último (ELU) em estruturas reticuladas, devem-se levar em conta as imperfeições geométricas do eixo dos elementos da estrutura descarregada, sendo essas imperfeições classificadas em globais ou locais.

6.6.1 Imperfeições globais

Segundo o item 11.3.3.4.1 da NBR 6118 (ABNT, 2014, p. 58), tratando-se dos pilares, "na análise global dessas estruturas, sejam elas contraventadas ou não, deve ser considerado um desaprumo dos elementos verticais", conforme a Fig. 6.5.

Para pilares isolados em balanço, adota-se $\theta_1 = 1/200$; e em edifícios que possuam predominantemente lajes lisas ou cogumelo, utiliza-se $\theta_a = \theta_1$.

O desaprumo não se sobrepõe ao carregamento de vento. Devem-se analisar os dois, optando-se pelo mais desfavorável, podendo este ser considerado como o que provoca o maior momento total na base da estrutura.

6.6.2 Imperfeições locais

Quando são utilizados elementos que ligam pilares contraventados a pilares de contraventamento, deve-se levar em conta a tração causada pelo desaprumo do pilar contraventado.

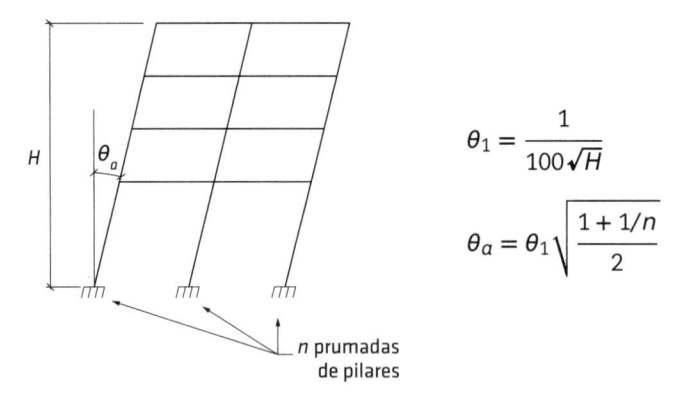

Fig. 6.5 Imperfeições geométricas globais, em que: $\theta_{1mín} = 1/300$ para estruturas reticuladas e imperfeições locais; $\theta_{1máx} = 1/200$; H é a altura total da edificação, expressa em metros (m); n é o número de prumadas de pilares no pórtico plano
Fonte: adaptado de ABNT (2014).

$$\theta_1 = \frac{1}{100\sqrt{H}}$$

$$\theta_a = \theta_1 \sqrt{\frac{1 + 1/n}{2}}$$

De acordo com o item 11.3.3.4.3 da norma, para conhecimento do efeito das imperfeições locais nos pilares, considera-se, nas estruturas reticuladas, o momento mínimo de 1ª ordem obtido pela Eq. 6.14:

$$M_{1d,mín} = N_d (0{,}015 + 0{,}03h) \tag{6.14}$$

em que h é a altura da seção transversal na direção considerada, em metros.

Quando necessário, a este momento, devem-se adicionar os momentos de 2ª ordem.

Para pilares de seção retangular, tem-se, a favor da segurança, envoltória mínima de 1ª ordem definida pela NBR 6118 (ABNT, 2014) e representada pela Fig. 6.6.

Envoltória mínima de 1ª ordem

$$\left(\frac{M_{1d,mín,x}}{M_{1d,mín,xx}}\right)^2 + \left(\frac{M_{1d,mín,y}}{M_{1d,mín,yy}}\right)^2 = 1$$

Seção transversal

$M_{1d,mín,yy} = N_d (0{,}015 + 0{,}03b)$

$M_{1d,mín,xx} = N_d (0{,}015 + 0{,}03h)$

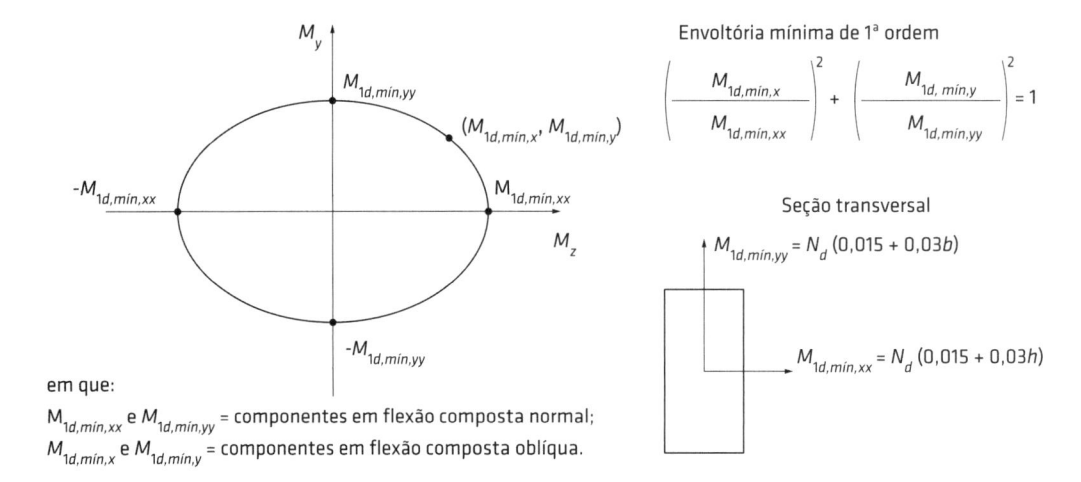

em que:
$M_{1d,mín,xx}$ e $M_{1d,mín,yy}$ = componentes em flexão composta normal;
$M_{1d,mín,x}$ e $M_{1d,mín,y}$ = componentes em flexão composta oblíqua.

Fig. 6.6 Envoltória mínima de 1ª ordem
Fonte: adaptado de ABNT (2014).

Considera-se que foi atendida a verificação do momento mínimo, quando, por meio do dimensionamento, chega-se a uma envoltória resistente que abrange a envoltória mínima de 1ª ordem.

Quando houver a necessidade de se calcular os efeitos locais de 2ª ordem, deve-se considerar a envoltória mínima com 2ª ordem para verificação do momento mínimo, como mostra a Fig. 6.7.

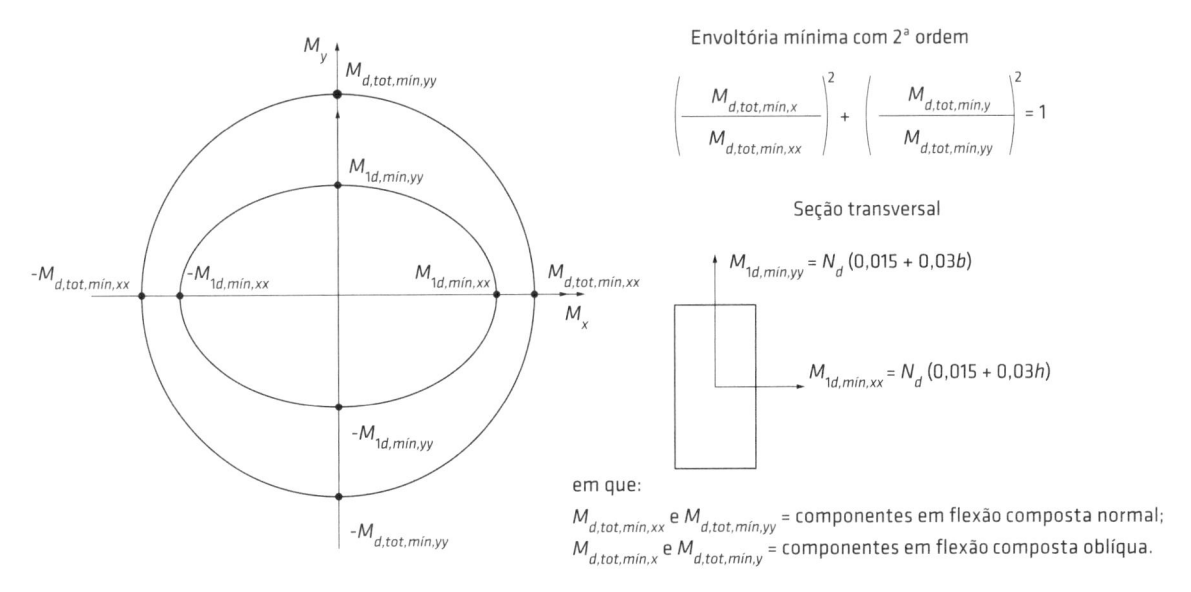

Fig. 6.7 Envoltória mínima com 2ª ordem
Fonte: adaptado de ABNT (2014).

6.7 Efeitos de 2ª ordem

Devido à ação das cargas verticais e horizontais, observa-se um deslocamento horizontal nos nós da estrutura ocasionando a geração de esforços de 2ª ordem denominados efeitos globais de 2ª ordem.

Inicialmente, deve-se calcular o índice de esbeltez (λ), e, se λ for menor que o valor-limite λ_1, os efeitos de 2ª ordem em elementos isolados podem ser desprezados. O valor-limite λ_1 corresponde ao valor a partir do qual os efeitos de 2ª ordem começam a provocar uma diminuição na resistência do pilar e é obtido pela Eq. 6.15:

$$35 \leqslant \lambda_1 = \frac{25 + 12{,}5(e_1/h)}{\alpha_b} \leqslant 90 \qquad (6.15)$$

em que:
h = dimensão da seção na direção considerada;
α_b = definido no item 6.7.1, mais adiante neste capítulo;
e_1 = excentricidade de 1ª ordem, sendo, nesse caso, as excentricidades iniciais no topo e na base (para pilares de extremidade e de canto), dadas pela Eq. 6.16:

$$e_1 = \frac{M}{N} \qquad (6.16)$$

6.7.1 Valores de α_b

Os valores de α_b variam de acordo com o tipo de pilar e carga, apresentando quatro grupos de classificação para a obtenção desse valor, de acordo com o item 15.8.2 da norma (ABNT, 2014):

- para pilares biapoiados sem carga transversal:

$$\alpha_b = 0{,}6 + 0{,}4 \frac{M_B}{M_A} \geqslant 0{,}40 \qquad (6.17)$$

em que:
$0{,}4 \leqslant \alpha_b \leqslant 1{,}0$; M_A e M_B = momentos fletores de 1ª ordem nos extremos do pilar;

M_A = maior valor absoluto ao longo do pilar;

M_B = positivo se tracionar a mesma face que M_A, e negativo, em caso contrário.

- para pilares biapoiados com carga transversal considerável ao longo da altura:

$$\alpha_b = 1 \qquad (6.18)$$

- para pilares em balanço:

$$\alpha_b = 0{,}8 + 0{,}2\frac{M_C}{M_A} \geqslant 0{,}85 \qquad (6.19)$$

em que:

$0{,}85 \leqslant \alpha_b \leqslant 1{,}0$;

M_A = momento fletor de 1ª ordem no engaste;

M_C = momento fletor de 1ª ordem no meio do pilar em balanço.

- para pilares biapoiados ou em balanço com momentos menores que o momento mínimo (dado pela Eq. 6.14):

$$\alpha_b = 1 \qquad (6.20)$$

6.7.2 Método do pilar-padrão com curvatura aproximada

Utilizado quando o índice de esbeltez do pilar é de no máximo 90, sua seção é constante e a armadura ao longo do eixo é simétrica e constante.

Quando $\lambda_1 \leqslant \lambda \leqslant 90$, considera-se uma excentricidade de 2ª ordem e_2 dada pela Eq. 6.21:

$$e_2 = \frac{l_e^2}{10} \cdot \frac{1}{r} \qquad (6.21)$$

em que:

l_e = comprimento de flambagem;

$1/r$ = curvatura na seção crítica, obtida pela Eq. 6.22:

$$\frac{1}{r} = \frac{0{,}005}{h(v + 0{,}5)} \leqslant \frac{0{,}005}{h} \qquad (6.22)$$

em que:

h = altura da seção na direção considerada;

v = força normal adimensional, obtida pela Eq. 6.23:

$$v = \frac{N_d}{A_c \cdot f_{cd}} \qquad (6.23)$$

em que:

N_d = força normal solicitante de cálculo;

A_c = área da seção transversal do pilar;

f_{cd} = resistência de cálculo à compressão do concreto.

Com base na excentricidade de 2ª ordem e_2, chega-se ao cálculo do momento total máximo utilizando-se a Eq. 6.24:

$$M_{d,total} = \alpha_b \cdot M_{1d,A} + N_d \cdot e_2 \geqslant M_{1d,A} \qquad (6.24)$$

em que:

α_b = definido no item 6.7.1;

$M_{1d,A}$ = valor de cálculo de 1ª ordem do momento M_A, com $M_{1d,A} \geqslant M_{1d,mín}$;

N_d = força normal solicitante de cálculo;

e_2 = excentricidade de 2ª ordem.

Quando $90 < \lambda \leqslant 200$, classifica-se o pilar como esbelto, sendo necessário realizar o cálculo por um processo rigoroso.

6.8 Cálculo dos pilares

Para cálculo dos pilares, deve-se realizar uma classificação quanto à sua posição em planta, o que leva, consequentemente, a distintos esforços solicitantes, possibilitando diferentes situações de projeto e de cálculo para cada uma das categorias.

São três as classificações possíveis quanto à posição: pilares intermediários, pilares de extremidade e pilares de canto.

6.8.1 Pilar intermediário

Os pilares intermediários (Fig. 6.8) encontram-se submetidos às forças axiais de compressão. Para projeto, considera-se que o pilar intermediário é solicitado por compressão normal centrada, ou seja, a excentricidade inicial é igual a zero.

Apesar de a força normal atuar no centroide da seção transversal, a NBR 6118 (ABNT, 2014) solicita uma verificação na seção por meio da equação:

$$M_{d,total} = M_{1d,mín} + N_d \cdot e_2 \quad (6.25)$$

em que:

$M_{1d,mín}$ = momento mínimo de 1ª ordem (Eq. 6.14);

N_d = força normal solicitante de cálculo;

e_2 = excentricidade de 2ª ordem (Eq. 6.21).

Para excentricidade total em cada direção, tem-se:

- quando $\lambda_{1x} \leqslant \lambda_x \leqslant 90$:

$$e_x = (0{,}015 + 0{,}03h_x) + e_{2x} \quad (6.26)$$

- quando $\lambda_{1y} \leqslant \lambda_y \leqslant 90$:

$$e_y = (0{,}015 + 0{,}03h_y) + e_{2y} \quad (6.27)$$

Fig. 6.8 Pilar intermediário

em que h_x e h_y são alturas da seção transversal na direção considerada, em metros.

6.8.2 Pilar de extremidade

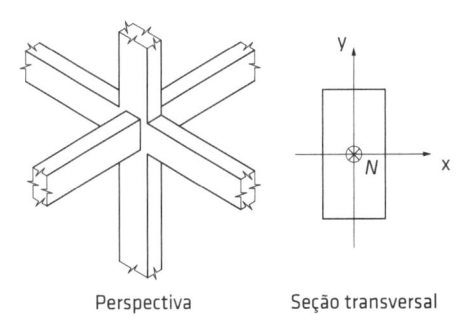

Os pilares de extremidade ou de borda (Fig. 6.9) localizam-se nas bordas dos edifícios e encontram-se submetidos às forças normais de compressão e às ações dos momentos transmitidos pelas vigas que possuem extremidades externas nesses pilares. Para projeto, considera-se que o pilar de extremidade é solicitado por flexão normal composta (flexocompressão), havendo excentricidade inicial segundo uma das ordenadas da seção transversal do pilar.

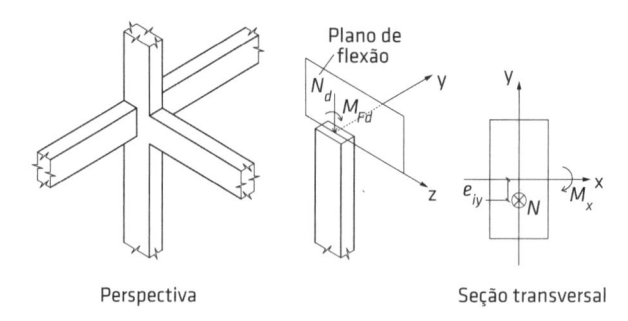

Fig. 6.9 Pilar de extremidade

Para o cálculo dos pilares de extremidade, tem-se:
i) *direção X* (eixo sem excentricidade), para a qual se utiliza a Eq. 6.28:

$$M_{d,tot} = M_{1d,mín} + N_d \cdot e_{2x} \qquad (6.28)$$

ii) *direção Y* (eixo com excentricidade inicial)

Inicialmente não se sabe qual seção do pilar é mais solicitada, devendo-se dimensionar verificando extremidades e seção intermediária.

- Para a extremidade utiliza-se a Eq. 6.29:

$$M_{1d,A} = 1{,}4 M_A \qquad (6.29)$$

em que:
$M_A \geqslant M_B$
$M_{1d,A} \geqslant M_{1d,mín}$

- Para a seção intermediária utiliza-se a Eq. 6.30:

$$M_{d,total} = N_d \left(e^* + e_{imp} \right) + N_d \cdot e_{2y} \qquad (6.30)$$

em que:
$N_d(e^* + e_{imp}) \geqslant M_{1d,mín}$
e_{2y} = excentricidade de 2ª ordem (Eq. 6.21);
e^* é obtido pela Eq. 6.31:

$$e^* = 0{,}60 \left(\frac{M_A}{N} \right) + 0{,}40 \left(\frac{M_B}{N} \right) \geqslant 0{,}40 \left(\frac{M_A}{N} \right) \qquad (6.31)$$

em que:
M_A e M_B = momentos fletores de 1ª ordem nos extremos do pilar;
M_A = maior valor absoluto ao longo do pilar;
M_B = positivo se tracionar a mesma face que M_A, e negativo, em caso contrário.

O e_{imp} é obtido pela Eq. 6.32:

$$e_{imp} = \theta_1 \left(\frac{H}{2}\right) \rightarrow \text{não utilizado em pilares em balanço } (e_{imp} = \theta_1 \cdot H) \quad (6.32)$$

em que θ_1 é encontrado pela Eq. 6.33:

$$\theta_1 = \frac{1}{100\sqrt{H}} \leq \frac{1}{200} \quad (6.33)$$

sendo H o comprimento do pilar, em metros.

6.8.3 Pilar de canto

Os pilares de canto (Fig. 6.10), situados nos cantos dos edifícios, estão submetidos às forças normais de compressão e às ações dos momentos transmitidos pelas vigas, que apresentam planos médios perpendiculares às faces dos pilares e são interrompidas nas bordas do pilar. Para projeto, considera-se que o pilar de canto é solicitado por flexão oblíqua composta, apresentando excentricidades iniciais nos dois eixos das ordenadas da seção transversal do pilar.

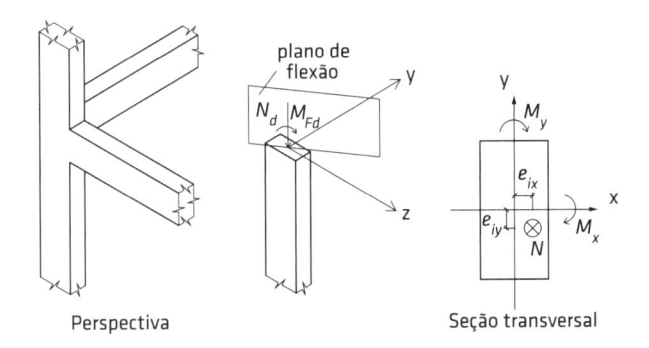

Fig. 6.10 Pilar de canto

Nesse caso, há excentricidades iniciais nos dois eixos. Assim como para a flexão normal composta, não se sabe qual a seção mais solicitada, devendo-se realizar a verificação nas extremidades e seção intermediária. Para cálculo, utilizam-se as fórmulas a seguir.

i] *Extremidade do topo*
- Utiliza-se a Eq. 6.34 para a direção X:

$$M_{1d,A} = 1,4 M_A \quad (6.34)$$

em que:
M_A = momento na direção X em torno do eixo Y;
$M_{1d,A} \geq M_{1d,mín}$.
- Utiliza-se para a direção Y o mesmo cálculo realizado para a direção X, trocando-se, no entanto, X por Y e Y por X.

ii] *Extremidade da base*
   O cálculo é análogo ao realizado para a extremidade de topo.

iii] *Seção intermediária*

Para o cálculo da seção intermediária do pilar de canto, utilizam-se os mesmos cálculos realizados para a seção intermediária do pilar de extremidade (visto para a direção Y), sendo este cálculo, no entanto, agora realizado para as direções X e Y devido ao fato de esse pilar apresentar excentricidades iniciais nas duas direções.

Após calculados os momentos para as três situações (extremidade-topo, extremidade-base e seção intermediária), calculam-se as armaduras e adota-se a maior delas.

6.8.4 Ábaco

O dimensionamento dos pilares pode ser realizado por meio de equações (apresentadas nos itens 6.8.1, 6.8.2 e 6.8.3 e Formulários A5, A6 e A7) ou por ábacos que possibilitam a determinação da taxa de armadura na seção do pilar de maneira rápida e simples, em virtude dos esforços normais e momentos fletores, como o ábaco de Montoya (Musso Júnior, 2011).

Para realizar a leitura no ábaco, são utilizados dois valores: v, que se refere à força normal adimensional (Eq. 6.23), e o momento fletor de cálculo (μ_{xd} ou μ_{yd}), encontrado por meio das Eq. 6.35 e 6.36:

- direção X:

$$\mu_{xd} = v \cdot \frac{e_x}{h_x} = \frac{N_d \cdot e_x}{A_c \cdot f_{cd} \cdot h_x} = \frac{M_{xd}}{A_c \cdot f_{cd} \cdot h_x} \qquad (6.35)$$

- direção Y:

$$\mu_{yd} = v \cdot \frac{e_y}{h_y} = \frac{N_d \cdot e_y}{A_c \cdot f_{cd} \cdot h_y} = \frac{M_{yd}}{A_c \cdot f_{cd} \cdot h_y} \qquad (6.36)$$

em que:

v = força normal adimensional;
e_x ou e_y = excentricidade total em cada direção;
h_x ou h_y = altura da seção transversal na direção considerada;
N_d = força normal solicitante de cálculo;
A_c = área da seção transversal do pilar;
f_{cd} = resistência de cálculo à compressão do concreto;
M_{xd} ou M_{yd} = momento de cálculo em torno do eixo X ou Y.

Por meio da entrada desses dois valores, chega-se ao valor de ω que se refere à área de aço parametrizada, chegando-se, por fim, à área de aço por meio da Eq. 6.37:

$$A_s = \frac{\omega \cdot A_c \cdot f_{cd}}{f_{yd}} \qquad (6.37)$$

em que:

ω = área de aço parametrizada;
A_c = área da seção transversal do pilar;
f_{cd} = resistência de cálculo à compressão do concreto;
f_{yd} = tensão de escoamento de cálculo.

capítulo 7
Fundações

A fundação é um elemento estrutural responsável por transmitir a carga da estrutura ao solo. Para escolha do tipo mais adequado, devem-se levar em conta as condições do solo e as cargas atuantes na fundação a ser executada, com o objetivo de transmitir as cargas ao solo sem ocasionar a ruptura deste.

Entre os tipos de fundações, têm-se: as superficiais, também chamadas diretas ou rasas, que são utilizadas quando as camadas de solo imediatamente abaixo da fundação têm a capacidade de suportar as cargas, e as profundas, também conhecidas como indiretas, empregadas quando as camadas mais resistentes encontram-se a uma certa profundidade, sendo a fundação apoiada nelas.

O cálculo dos elementos de fundações baseia-se na NBR 6122 (ABNT, 2010), denominada Projeto e execução de fundações — procedimento, sendo alguns dos cálculos desses elementos demonstrados neste capítulo.

7.1 Fundações superficiais

De acordo com a NBR 6122 (ABNT, 2010), nas fundações superficiais, as cargas são transmitidas ao solo, predominantemente, pelas tensões sob a base da fundação, estando esta a uma profundidade de, no máximo, o dobro da menor dimensão do elemento de fundação.

São geralmente mais baratas e de execução mais simples que as demais fundações. Esses elementos estruturais geralmente estão a uma profundidade de até 2,0 m e são utilizados quando o solo apresenta SPT (Standard Penetration Test) de pelo menos sete golpes nessas camadas superficiais.

Entre as fundações superficiais, têm-se: sapatas isoladas, associadas ou corridas, blocos, radier e vigas de fundação, sendo cada tipo utilizado de acordo com as condições do terreno (Figs. 7.1 e 7.2).

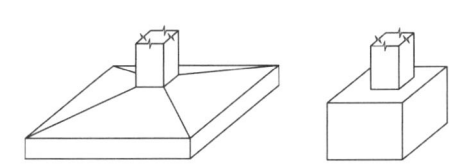

Fig. 7.1 Sapata e bloco

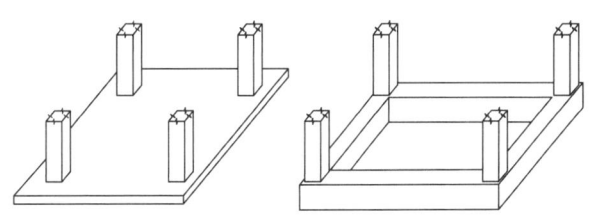

Fig. 7.2 Radier e vigas de fundação

As sapatas são elementos de concreto armado que apresentam espessura constante ou variável e base geralmente retangular, quadrada ou trapezoidal. São elementos que trabalham à flexão e possuem pequena altura quando comparada às dimensões da base. As sapatas podem ser isoladas, quando as cargas transmitidas ao solo são pontuais ou concentradas e as tensões de tração são resistidas pelo aço e não pelo concreto; associadas, quando são comuns a vários pilares que apresentam centros gravitacionais desalinhados; ou corridas, quando absorvem as cargas em toda uma extensão linear.

Os blocos são elementos em concreto simples ou ciclópico, dimensionados de forma que as tensões de tração sejam resistidas pelo concreto e não pelas armaduras. Apresentam base retangular, quadrada, trapezoidal ou triangular e faces verticais, escalonadas ou inclinadas. Nesses elementos, as cargas são transmitidas ao solo praticamente de forma pontual.

Os radiers são elementos de fundação que abrangem todos os pilares ao mesmo tempo, distribuindo as cargas oriundas da edificação de maneira uniforme por todo o terreno. São utilizados em solos de menor resistência e executados, geralmente, em concreto armado, protendido, ou concreto reforçado com fibras. Seu uso é indicado para casos em que as sapatas ocupam cerca de 70% ou mais da área coberta pela construção ou quando se visa reduzir de maneira significativa os recalques diferenciais.

As vigas de fundação, também conhecidas como baldrames, são elementos comuns a vários pilares que apresentam centros gravitacionais alinhados. São formadas por vigas de concreto simples, concreto armado ou alvenaria e construídas diretamente no solo dentro de uma pequena vala. São utilizadas, geralmente, em pequenas edificações, com cargas leves e sobre solo firme.

7.2 Fundações profundas

Segundo a NBR 6122 (ABNT, 2010), as fundações profundas são elementos estruturais nos quais as cargas são transmitidas ao solo pela base (resistência de ponta), pelo atrito entre sua superfície lateral e o solo (resistência de fuste), ou pelos dois modos, possuindo profundidade de assentamento superior ao dobro da menor das dimensões em planta do elemento.

Podem ser moldadas *in loco*, quando há a perfuração do solo com equipamento adequado e execução do elemento de fundação, ou pré-moldadas, sendo, então, cravadas no terreno por equipamento específico. São aconselháveis para casos em que a resistência desejada do solo encontra-se a grandes profundidades ou quando não se mostra adequado o emprego de fundações superficiais.

Entre os tipos de fundações profundas mais utilizadas, têm-se: tubulões, estacas e caixões (Fig. 7.3).

Os tubulões são elementos de fundação que apresentam, geralmente, seção transversal circular e em que há a descida de um funcionário pelo fuste pelo menos em uma fase da construção. Podem ser executados a céu aberto ou a ar comprimido (quando a presença de água impede a construção tradicional) e ter ou não a base alargada, sendo feitos de concreto simples ou armado.

As estacas são elementos de fundação nos quais são utilizados, para sua execução, equipamentos e ferramentas, não sendo necessária a descida do operário pelo fuste em nenhuma etapa. Podem ser cravadas, escavadas ou injetadas, sendo executadas em concreto, aço ou madeira.

Os caixões são elementos de fundação profunda que apresentam forma prismática, sendo concretados na superfície do terreno e instalados por escavação interna. Podem ter ou não a base alargada e utilizar ou não ar comprimido durante a execução.

7.3 Dimensionamento das sapatas

Para dimensionamento das sapatas, inicialmente, utiliza-se a Eq. 7.1 para obtenção da área da base da sapata:

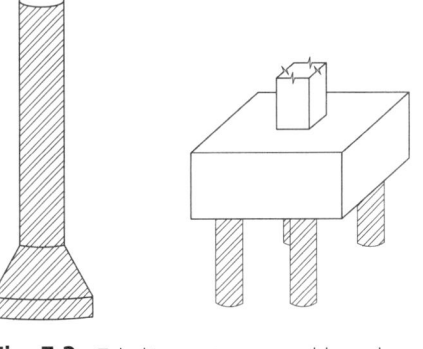

Fig. 7.3 Tubulão e estacas com bloco de coroamento

$$\sigma_{solo} = \frac{F}{S} \rightarrow S = \frac{F}{\sigma_{solo}} \quad (7.1)$$

em que:
σ_{solo} = tensão admissível do solo;
F = força atuante no elemento de fundação;
S = área da base do elemento de fundação.

Com base na equação utilizada para cálculo da tensão, tratando-se de uma sapata de base quadrada, chega-se às dimensões da base por meio da Eq. 7.2:

$$S = B^2 \rightarrow B = \sqrt{S} \quad (7.2)$$

em que:
S = área da base do elemento de fundação;
B = lado da base de forma quadrada da sapata.

Quando a sapata apresentar base retangular (como mostra a Fig. 7.4), após cálculo da área da base da sapata S, são utilizadas as Eqs. 7.3 e 7.4:

$$B = \frac{b-a}{2} + \sqrt{\frac{(b-a)^2}{4} + S} \quad (7.3)$$

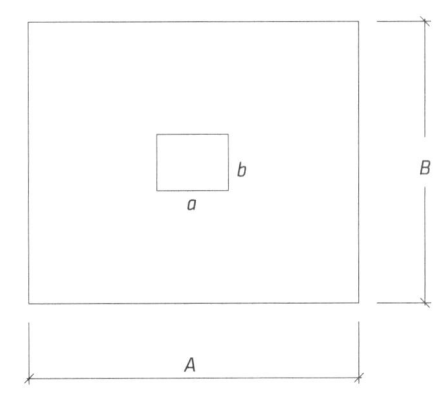

$$A \cdot B = S \rightarrow A = \frac{S}{B} \quad (7.4)$$

Fig. 7.4 Sapata

em que:
A e B = lados da base da sapata retangular;
a e b = lados da seção transversal do pilar que descarrega sobre a sapata;
S = área da base do elemento de fundação.

De acordo com a NBR 6122 (ABNT, 2010), item 7.7.1, as sapatas não devem ter dimensões da base inferiores a 60 cm.

Para determinação da altura h da sapata, tem-se:

$$h \geqslant \begin{cases} \dfrac{A-a}{3} \\ \dfrac{B-b}{3} \end{cases} \quad (7.5)$$

em que:

A e B = lados da base da sapata retangular;
a e b = lados da seção transversal do pilar que descarrega sobre a sapata.

Quando conveniente, permite-se realizar chanfro na altura da sapata visando a economia. A altura útil da seção retangular (d) é obtida pela Eq. 2.11, utilizada no item 2.2 deste livro.

Com base nesses dados iniciais, pode-se realizar o dimensionamento estrutural da sapata utilizando o método da flexão. Para tal, é utilizada a Eq. 7.6:

$$q = \frac{F}{S} \tag{7.6}$$

em que:

q = carga distribuída por metro quadrado no elemento de fundação;
F = força atuante no elemento de fundação;
S = área da base do elemento de fundação.

Após cálculo da carga q distribuída por metro quadrado, deve-se multiplicar o valor da carga pela distância perpendicular à analisada na sapata para obtenção da carga distribuída linear no elemento de fundação.

Para cada sentido (A e B), calcula-se a Eq. 7.7:

$$M_{máx} = \frac{q_L \cdot L^2}{2} \tag{7.7}$$

em que:

q_L = carga distribuída linear no elemento de fundação;
L = metade do lado da base da sapata retangular (A/2 ou B/2).

Chega-se, então, à área de aço da seção retangular por meio das Eqs. 2.8, 2.9, 2.10 e 2.13, já apresentadas no item 2.2.

Por fim, compara-se a armação obtida com a mínima e adota-se a mais adequada, conforme a Eq. 7.8.

$$A_{s,mín} = \rho_{mín} \cdot bh \tag{7.8}$$

em que $\rho_{mín}$ = taxa mínima de armadura de flexão (ver Tabs. 2.3 e 2.4).

Para espaçamento, nos dois sentidos (A e B), tem-se a Eq. 7.9:

$$s = \frac{A}{n} \quad e \quad s = \frac{B}{n} \tag{7.9}$$

em que:

s = espaçamento das barras;
A e B = lados da base da sapata retangular;
n = número de barras encontradas no dimensionamento.

As dobras das barras são obtidas pela tabela de dobras (Tab. A12 - Parte I), relacionando-as com a bitola utilizada.

7.4 Dimensionamento dos tubulões

De acordo com o item 8.2.2.6.1 da NBR 6122 (ABNT, 2010), os tubulões com base alargada devem apresentar a forma de tronco de cone, possuindo um cilindro, denominado rodapé, de pelo menos 20 cm de altura. Para o fuste, geralmente adota-se diâmetro mínimo de 70 cm para que seja possível o deslocamento do operário pelo seu interior.

Primeiramente, calcula-se a área da base do tubulão utilizando-se a mesma equação demonstrada para as sapatas (Eq. 7.1). Após esse cálculo, chega-se ao diâmetro da base circular pela Eq. 7.10:

$$\phi_b = \sqrt{\frac{4F}{\pi \cdot \sigma_{solo}}} \qquad (7.10)$$

em que:
ϕ_b = diâmetro da base circular do tubulão;
F = força atuante no elemento de fundação;
σ_{solo} = tensão admissível do solo.

Se a base for em forma de falsa elipse, utiliza-se para comprimento do retângulo da falsa elipse (x):

$$\frac{\pi \cdot b^2}{4} + bx = \frac{F}{\sigma_{solo}} \qquad (7.11)$$

em que:
b = lado menor da falsa elipse (ver Fig. 7.5);
x = comprimento do retângulo da falsa elipse;
F = força atuante no elemento de fundação;
σ_{solo} = tensão admissível do solo.

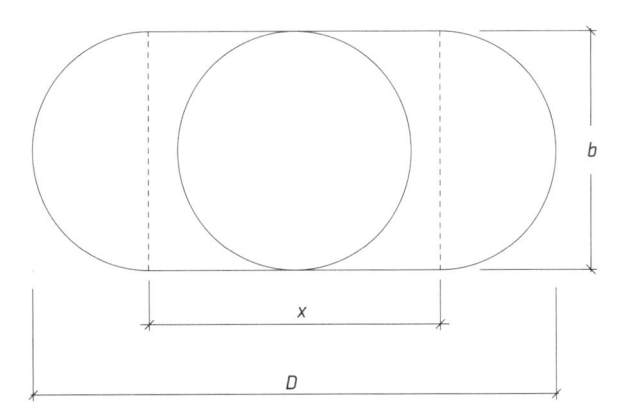

Fig. 7.5 Tubulão com base em falsa elipse

Para área do fuste do tubulão A_f, tem-se a Eq. 7.12:

$$A_f = \frac{F}{\sigma_c} \qquad (7.12)$$

em que σ_c pode ser obtido pela Eq. 7.13:

$$\sigma_c = \frac{0{,}85 f_{ck}}{\gamma_c \cdot \gamma_f} \qquad (7.13)$$

e f_{ck} é expresso em kgf/cm².

Para diâmetro do fuste, tem-se a Eq. 7.14:

$$\phi_f = \sqrt{\frac{4F}{\pi \cdot \sigma_c}} \qquad (7.14)$$

Com base no cálculo do diâmetro do fuste ϕ_f, pode-se calcular a área do fuste A_f pela Eq. 7.15:

$$A_f = \frac{\pi \cdot \phi_f^2}{4} \qquad (7.15)$$

Para tubulões a céu aberto, de acordo com item 8.2.2.6.1 da NBR 6122 (ABNT, 2010), as bases não devem ter altura do alargamento H superior a 1,8 m e deve-se utilizar ângulo $\alpha = 60°$.

Para cálculo dessa altura em tubulões de base circular, segue-se a Eq. 7.16:

$$H = \frac{\phi_b - \phi_f}{2} \cdot tg(60°) \qquad (7.16)$$

Para tubulões de base em falsa elipse, tem-se a Eq. 7.17:

$$H = \frac{D - \phi_f}{2} \cdot tg(60°) \qquad (7.17)$$

em que:
D = lado maior da falsa elipse, obtido pela Eq. 7.18:

$$D = x + b \qquad (7.18)$$

em que:
x = comprimento do retângulo da falsa elipse;
b = base da falsa elipse, sendo equivalente ao diâmetro da base circular (ϕ_b) do tubulão em falsa elipse (Eq. 7.10) quando possível, ou diâmetro adotado para a falsa elipse de acordo com espaço disponível.

Para cálculo do volume dos tubulões V (Fig. 7.6), tem-se a Eq. 7.19:

$$V = V_1 + V_2 + V_3 \qquad (7.19)$$

Para tubulão com base circular, utiliza-se a Eq. 7.20:

$$V = \left[\pi \cdot r^2 \cdot L_f\right] + \left[\frac{\pi \cdot H}{3}\left(R^2 + r^2 + R \cdot r\right)\right] + \left[\pi \cdot R^2 \cdot h_{rodapé}\right] \qquad (7.20)$$

Fig. 7.6 Volumes do tubulão

Enquanto para tubulão com base em falsa elipse, utiliza-se a Eq. 7.21:

$$V = \left[\pi \cdot r^2 \cdot L_f\right] + \left[\frac{\pi \cdot H}{3}\left(R^2 + r^2 + R \cdot r\right)\right] + \left[h_{rodapé} \cdot \pi\left(R^2 + 2R \cdot r\right) + \frac{x \cdot H}{2}(R + r)\right] \qquad (7.21)$$

em que:
r = raio do fuste do tubulão com base circular ou em falsa elipse;
R = raio da base do tubulão com base circular ou metade da base da falsa elipse (b/2);
H = altura do alargamento;

$h_{rodapé}$ = altura do rodapé da base alargada do tubulão;
x = comprimento do retângulo da falsa elipse;
L_f é obtido pela Eq. 7.22:

$$L_f = \text{comprimento total do tubulão} - H - h_{bloco} - h_{rodapé} \qquad (7.22)$$

sendo h_{bloco} a altura do bloco de coroamento.

A ferragem mínima, em caso de compressão, pode ser obtida por meio da área do fuste. A cada 400 cm² de área de fuste, adota-se 1 cm² de aço.

7.5 Dimensionamento das estacas

Para dimensionamento das estacas, podem ser utilizados diversos métodos, entre eles o semiempírico de Décourt e Quaresma (1978), que será abordado neste livro.

De acordo com a NBR 6122 (ABNT, 2010, p. 21), item 7.3.3, os métodos semiempíricos "relacionam resultados de ensaios (tais como o SPT, CPT etc.) com tensões admissíveis ou tensões resistentes de projeto".

Esse método foi apresentado em 1978 pelos engenheiros Luciano Décourt e Arthur Quaresma no 6º Congresso Brasileiro de Mecânica dos Solos e Engenharia de Fundações, que demonstraram o processo para determinação da capacidade de carga das estacas por meio da utilização de dados de sondagens (SPT).

O método se baseia no cálculo das resistências de ponta e lateral. A resistência de ponta é encontrada pela Eq. 7.23:

$$R_p = A_p \cdot r_p \qquad (7.23)$$

em que:
R_p = resistência de ponta, em kN;
A_p = área da seção transversal da ponta da estaca, em metros quadrados (circular = $(\pi \cdot D^2)/4$);
r_p (expresso em kPa) é obtido por meio da Eq. 7.24:

$$r_p = C\left(\overline{N}_{SPT}\right)_p \qquad (7.24)$$

em que:
$\left(\overline{N}_{SPT}\right)_p$ = valor médio do SPT da ponta obtido entre: N na profundidade da ponta da estaca, N imediatamente superior e N imediatamente inferior;
C é obtido pela Tab. 7.1.

Tab. 7.1 Valores de C

Solo	C (kPa)
Argila	120
Silte argiloso	200
Silte arenoso	250
Areia	400

Fonte: adaptado de Décourt e Quaresma (1978).

Determinada a resistência de ponta, calcula-se a resistência lateral. Para tal, utiliza-se a Eq. 7.25:

$$R_\ell = U \cdot L \cdot r_\ell \qquad (7.25)$$

em que:

R_ℓ = resistência lateral, em kN;

U = perímetro da seção transversal do fuste, em metros (circular = $2\pi \cdot r$);

L = comprimento do fuste da estaca, em metros;

r_ℓ (expresso em kPa) é obtido por meio da Eq. 7.26:

$$r_\ell = 10\left(\frac{\left(\overline{N}_{SPT}\right)_\ell}{3} + 1\right) \qquad (7.26)$$

em que $\left(\overline{N}_{SPT}\right)_\ell$ é o valor médio do SPT ao longo do fuste, seguindo-se para os valores de N utilizados:

$$se \begin{cases} N < 3 \rightarrow \text{adotar } N = 3 \\ N > 50 \rightarrow \text{adotar } N = 50 \end{cases} \qquad (7.27)$$

Para valor final da capacidade de carga, tem-se a Eq. 7.28:

$$R = \alpha \cdot R_p + \beta \cdot R_\ell \qquad (7.28)$$

em que:

R = capacidade de carga total;

R_p = resistência de ponta;

R_ℓ = resistência lateral;

α = coeficiente de correção da resistência de ponta definido pela Tab. 7.2;

β = coeficiente de correção da resistência lateral definido pela Tab. 7.3.

Tab. 7.2 Valores de α

Solo/estaca	Cravada	Escavada (em geral)	Escavada (com bentonita)	Hélice contínua	Raiz	Injetadas (alta pressão)
Argilas	1,0	0,85	0,85	0,30	0,85	1,0
Solos residuais	1,0	0,60	0,60	0,30	0,60	1,0
Areia	1,0	0,50	0,50	0,30	0,50	1,0

Fonte: adaptado de Quaresma et al. (1996).

Para determinação do número necessário de estacas, divide-se a carga do pilar pela capacidade de carga da estaca, devendo-se utilizar estacas semelhantes quanto ao tipo e diâmetro sob um mesmo bloco de coroamento. Para um conjunto de estacas, deve-se ter o centro de gravidade coincidente com o do pilar que descarrega sobre esse bloco.

Para projeto, seguem-se estas distâncias entre eixos das estacas:

$$d \geq \begin{cases} 2,5\phi & \rightarrow \text{ estacas pré-moldadas} \\ 3\phi & \rightarrow \text{ estacas moldadas } in\ loco \\ 60\,\text{cm} & \rightarrow \text{ qualquer tipo de estaca} \end{cases} \quad (7.29)$$

sendo ϕ o diâmetro da estaca.

Tab. 7.3 Valores de β

Solo/estaca	Cravada	Escavada (em geral)	Escavada (com bentonita)	Hélice contínua	Raiz	Injetadas (alta pressão)
Argilas	1,0	0,80	0,90	1,0	1,5	3,0
Solos residuais	1,0	0,65	0,75	1,0	1,5	3,0
Areia	1,0	0,50	0,60	1,0	1,5	3,0

Fonte: adaptado de Quaresma et al. (1996).

Quanto ao arranjo das estacas no solo, são mais comumente utilizados os modelos ilustrados na Fig. 7.7:

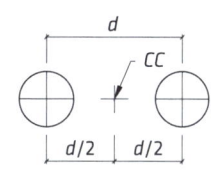

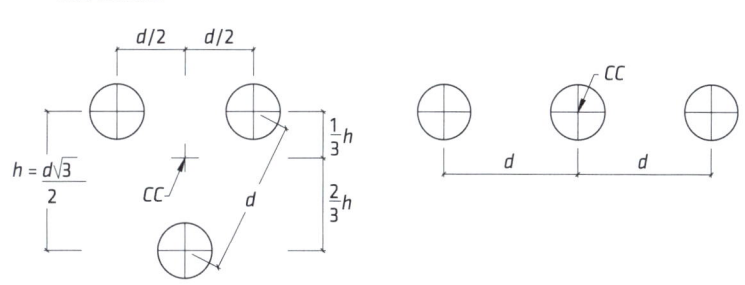

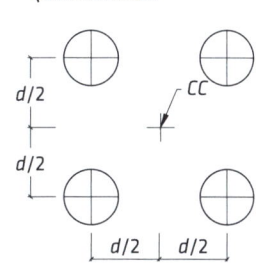

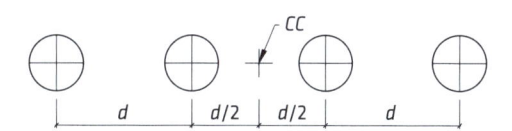

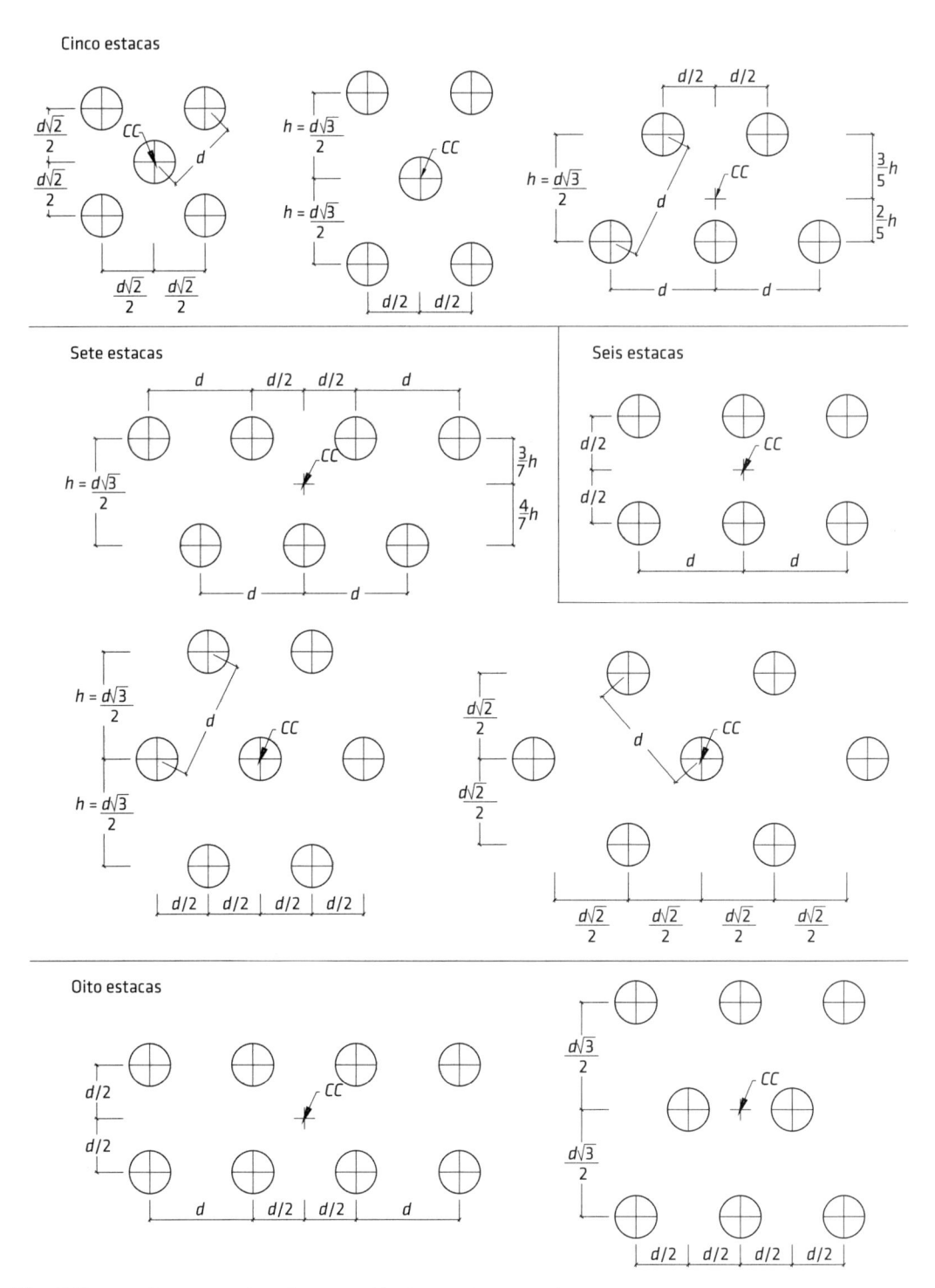

Fig. 7.7 Arranjos geométricos de estacas (de duas a oito estacas)
Fonte: adaptado de Piancastelli (2013).

Parte 2
Caso prático: *projeto de um edifício em concreto armado*

capítulo 8
Apresentação do edifício

Nesta segunda parte do livro, será calculado analiticamente o pavimento-tipo de um edifício residencial de forma a possibilitar a definição dos elementos estruturais necessários à construção desse edifício.

Os cálculos efetuados foram baseados nas normas ABNT (1980b, 2010, 2014), sendo utilizadas tabelas (Anexos "Tabelas"), teorias e equações necessárias aos devidos dimensionamentos e já tratadas neste livro.

Neste capítulo, será apresentado o edifício a ser calculado. Trata-se de uma edificação residencial que possui três pavimentos-tipo, com dois apartamentos por pavimento e uma garagem no andar térreo. Para finalidade didática, será analisado o pavimento tipo do edifício.

Cada apartamento possui uma sala de jantar/estar, cozinha, área de serviço, instalação sanitária, um banheiro, dois quartos e uma varanda, sendo considerado, para o dimensionamento:

- f_{ck} = 30 MPa, para todos os elementos estruturais;
- peso próprio do concreto = 2.500 kgf/m^3;
- peso próprio da alvenaria = 1.300 kgf/m^3;
- carga do revestimento = 100 kgf/m^2;
- carga acidental da sala, cozinha, banheiro, instalação sanitária, quarto e varanda = 150 kgf/m^2;
- carga acidental da área de serviço e circulação = 200 kgf/m^2;
- tensão admissível do solo = 20.000 kgf/m^2 = 2,0 kgf/cm^2;
- cobrimentos (CAA II) = 2,5 cm para lajes e 3,0 cm para vigas, pilares e fundações (Tab. 1.6).

8.1 Plantas e cortes do pavimento-tipo

Nas Figs. 8.1, 8.2, 8.3 e 8.4, são apresentadas informações sobre o edifício a ser calculado.

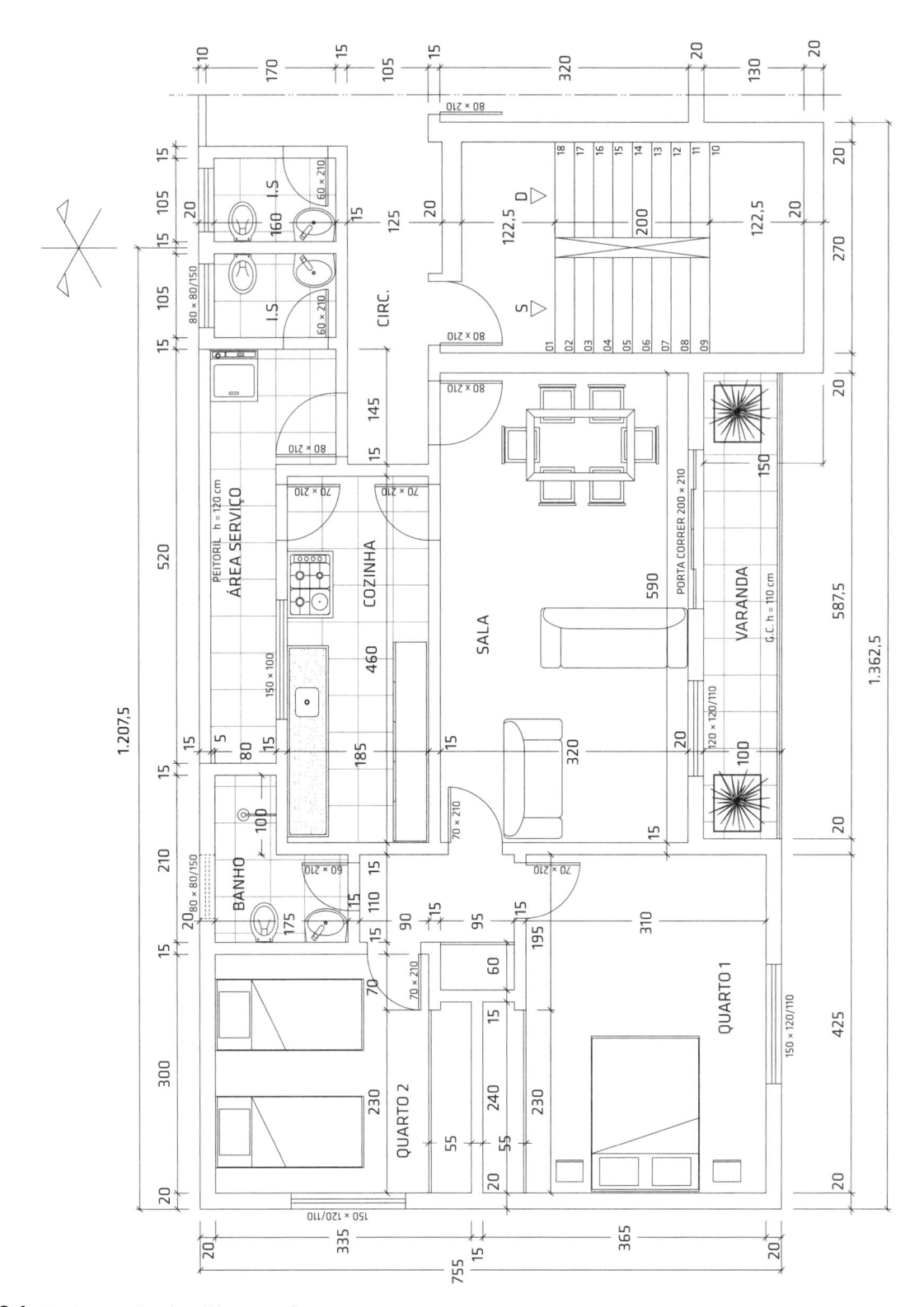

Fig. 8.1 Pavimento-tipo (medidas em cm)
Fonte: adaptado de Rabelo (2003).

CAPÍTULO 8 | APRESENTAÇÃO DO EDIFÍCIO

Fig. 8.2 Formas do pavimento-tipo (medidas em cm)
Fonte: adaptado de Rabelo (2003).

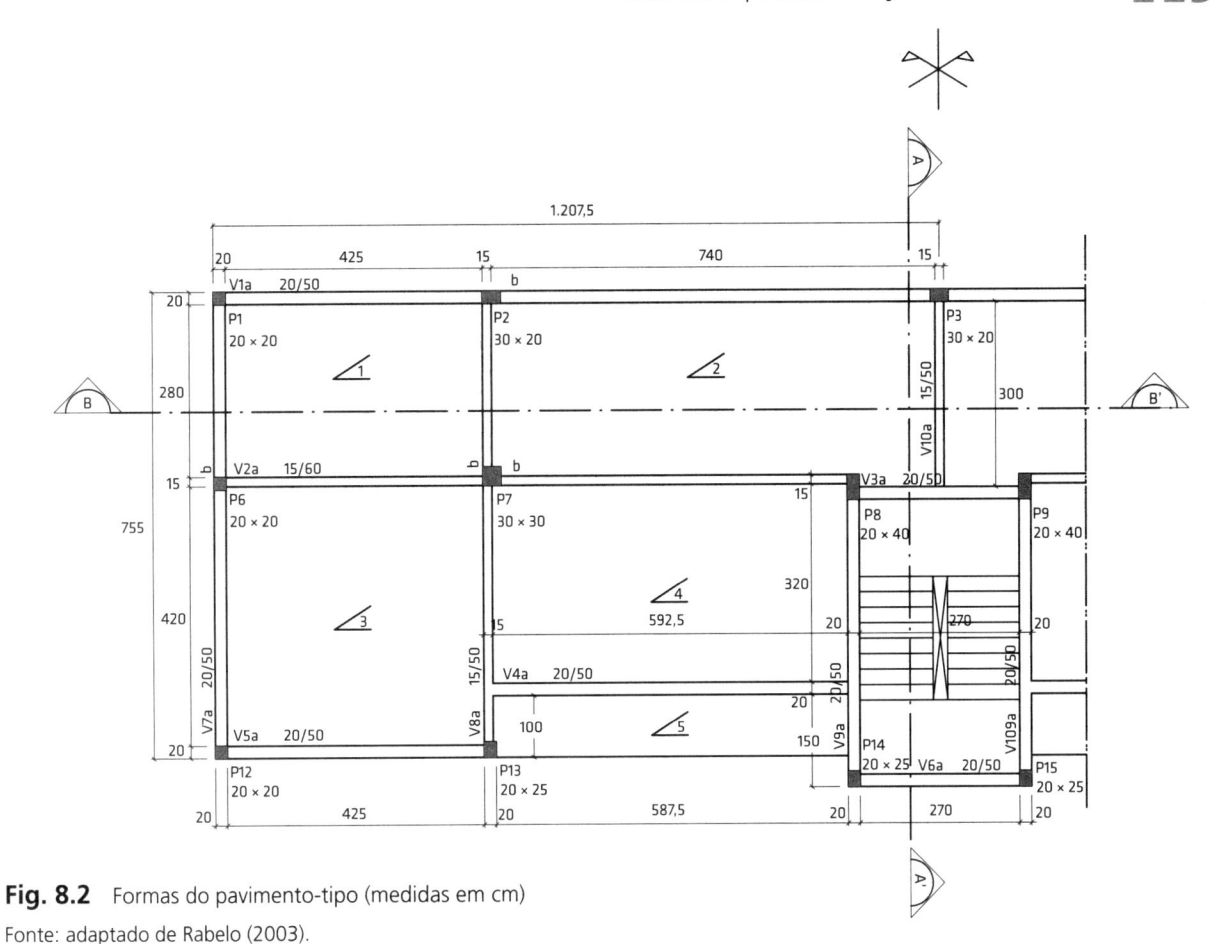

Fig. 8.3 Corte AA' do pavimento-tipo (medidas em cm)

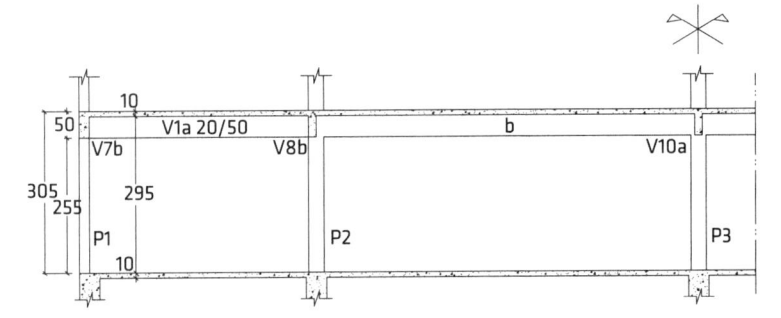

Fig. 8.4 Corte BB' do pavimento-tipo (medidas em cm)

capítulo 9
Lajes

Neste capítulo, será realizado o dimensionamento das lajes do edifício.

9.1 Laje 1 (L1)

Para cálculo da carga proveniente das alvenarias internas, a critério dos autores, não foram excluídos os vãos referentes às portas e janelas. Para a laje 1 (Fig. 9.1), utilizando-se a Eq. 5.6, tem-se:

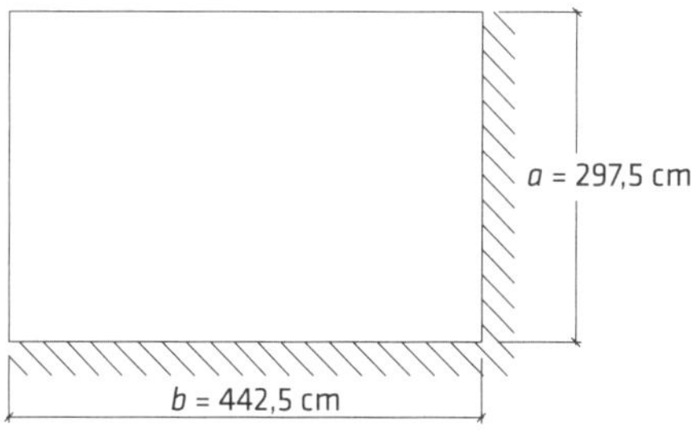

$$p_{alv} = \frac{e \cdot H \cdot L \cdot \rho_{alv}}{A_{laje}} = \frac{0{,}15 \times 2{,}95 \times 3{,}9 \times 1.300}{2{,}975 \times 4{,}425} = 170\,\text{kgf/m}^2$$

$$L = (1{,}75 + 0{,}15 + 0{,}90 + 1{,}10) = 3{,}90\,\text{m}$$

Fig. 9.1 Condições de contorno da laje 1

$a = 297{,}5$ cm
$b = 442{,}5$ cm

Quanto ao peso próprio da laje, tem-se, pela Eq. 5.4:

$$pp = h \cdot \rho_c = 0{,}10 \times 2.500 = 250\,\text{kgf/m}^2$$

As cargas atuantes na laje são:

- peso próprio = 250 kgf/m²
- alvenaria = 170 kgf/m²   Carga permanente → $g = 520\,\text{kgf/m}^2$
- revestimento = 100 kgf/m²

sobrecarga = 150 kgf/m² →   Carga acidental → $q = 150\,\text{kgf/m}^2$

$p = g + q = 520 + 150 = 670\,\text{kgf/m}^2$ → Carga total

Obs.: Valores estimados para revestimento e sobrecarga de acordo com o item 5.1.3.

9.1.1 Reações e momentos

Primeiramente, classifica-se a laje em armada em uma ou duas direções utilizando-se a Eq. 5.3:

$$\frac{b}{a} = \frac{4{,}425}{2{,}975} \approx 1{,}50 \rightarrow \text{laje armada nas duas direções}$$

Para cálculo das reações da laje 1, armada nas duas direções, será utilizada a Tab. A1, da qual se obtém:

$$\text{laje tipo C}, \frac{b}{a} \approx 1{,}50$$

$$\begin{cases} r'_a = 0{,}183 \\ r''_a = 0{,}317 \\ r'_b = 0{,}244 \\ r''_b = 0{,}423 \end{cases}$$

Aplicando-se esses valores à Eq. 5.19, têm-se os seguintes resultados (ilustrados na Fig. 9.2):

$$R'_a = r'_a \cdot p \cdot a = 0{,}183 \times 670 \times 2{,}975 = 365\,\text{kgf/m}$$
$$R''_a = r''_a \cdot p \cdot a = 0{,}317 \times 670 \times 2{,}975 = 632\,\text{kgf/m}$$
$$R'_b = r'_b \cdot p \cdot a = 0{,}244 \times 670 \times 2{,}975 = 486\,\text{kgf/m}$$
$$R''_b = r''_b \cdot p \cdot a = 0{,}423 \times 670 \times 2{,}975 = 843\,\text{kgf/m}$$

Fig. 9.2 Reações verticais da laje 1 (kgf/m)

Utilizando-se a Tab. A3, têm-se, para momentos fletores da laje armada em duas direções (como mostra a Fig. 9.3), os seguintes dados:

$$\text{laje tipo C}, \frac{b}{a} \approx 1{,}50$$

$$\begin{cases} m_a = 21{,}1 \\ m_b = 44{,}4 \\ n_a = 9{,}6 \\ n_b = 12{,}4 \end{cases}$$

Aplicando-se esses valores às Eqs. 5.20 e 5.21, tem-se:

$$M_a = \frac{(p \cdot a^2)}{m_a} = \frac{(670 \times 2{,}975^2)}{21{,}1} = 281\,\text{kgf} \cdot \text{m}$$

$$M_b = \frac{(p \cdot a^2)}{m_b} = \frac{(670 \times 2{,}975^2)}{44{,}4} = 134\,\text{kgf} \cdot \text{m}$$

$$X_a = \frac{(p \cdot a^2)}{n_a} = \frac{(670 \times 2{,}975^2)}{9{,}6} = 618\,\text{kgf} \cdot \text{m}$$

$$X_b = \frac{(p \cdot a^2)}{n_b} = \frac{(670 \times 2{,}975^2)}{12{,}4} = 478\,\text{kgf} \cdot \text{m}$$

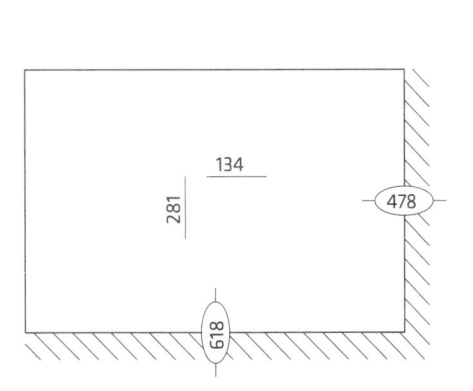

Fig. 9.3 Momentos fletores da laje 1 (kgf · m)

9.1.2 Verificação do estádio

Para cálculo do momento de fissuração, utiliza-se:

- Eq. 5.29:

$$M_r = \alpha \cdot f_{ct} \cdot \frac{I_c}{y_t} = 1{,}5 \times 29{,}0 \times \frac{8.333}{5} = 72.497\,\text{kgf} \cdot \text{cm} = 725\,\text{kgf} \cdot \text{m}$$

- Eq. 1.11:

$$f_{ct,m} = 0{,}3 f_{ck}^{2/3} = 0{,}3 \times 30^{2/3} = 2{,}90\,\text{MPa} = 29{,}0\,\text{kgf/cm}^2$$

- Eq. 5.30:

$$y_t = \frac{h}{2} = \frac{10}{2} = 5\,\text{cm}$$

- Eq. 5.31:

$$I_c = \frac{b \cdot h^3}{12} = \frac{100 \times 10^3}{12} = 8.333\,\text{cm}^4$$

Para cálculo do momento de serviço, segue-se a Eq. 5.26:

$$M_{serv} = \frac{p_i \cdot l^2}{m_l} = \frac{565 \times 2{,}975^2}{21{,}1} = 237\,\text{kgf} \cdot \text{m}$$

e a Eq. 5.28:

$$p_i = g + \psi_2 \cdot q = 520 + (0{,}30 \times 150) = 565\,\text{kgf/m}^2$$

Após calculados os momentos de fissuração e de serviço, faz-se uma comparação entre eles. Analisando-se os resultados dessa laje, tem-se que M_{serv} (237 kgf · m) < M_r (725 kgf · m), concluindo-se, então, que a laje está trabalhando no estádio I (condição da Eq. 5.24), no qual o concreto trabalha, simultaneamente, à tração e à compressão (concreto não fissurado).

9.1.3 Flecha

Como a laje é armada nas duas direções, para cálculo da flecha imediata, segue-se a Eq. 5.46:

$$f_i = \frac{p_i \cdot a^4}{E_{cs} \cdot h^3} x = \frac{565 \times 2{,}975^4}{(26.838 \times 10^5) 0{,}1^3} \times 0{,}045 = 0{,}00074\,\text{m} = 0{,}074\,\text{cm}$$

Com base na Tab. A4, chega-se aos dados:

$$\text{laje tipo C,}\ \frac{b}{a} \approx 1{,}50$$

$$x = 0{,}045$$

Aplicando-se a Eq. 1.3, tem-se:

$$E_{cs} = \alpha_i \cdot E_{ci} = 0{,}875 \times 30.672 = 26.838\,\text{MPa} = 26{,}838 \times 10^5\,\text{kgf/m}^2$$

Utilizando-se a Eq. 1.4, tem-se:

$$\alpha_i = 0{,}8 + 0{,}2 \frac{f_{ck}}{80} = 0{,}8 + 0{,}2 \times \frac{30}{80} = 0{,}875$$

Já ao se aplicar a Eq. 1.1, tem-se:

$$E_{ci} = \alpha_E 5600 \sqrt{f_{ck}} = 1{,}0 \times 5.600 \sqrt{30} = 30.672{,}46\,\text{MPa}$$

considerando-se $\alpha_E = 1{,}0$ (granito e gnaisse).

Após calculada a flecha imediata, calcula-se a flecha diferida no tempo por meio da Eq. 5.42:

$$f_{t=\infty} = f_i(2,46) = 0,074(2,46) = 0,18\,\text{cm}$$

Calcula-se, então, a flecha admissível por meio da Eq. 5.43:

$$f_{adm} = \frac{l}{250} = \frac{297,5}{250} = 1,19\,\text{cm}$$

Por fim, compara-se a flecha diferida no tempo com a admissível:

$$f_{t=\infty} = 0,18\,\text{cm} < f_{adm} = 1,19\,\text{cm} \rightarrow OK!$$

9.2 Laje 2 (L2)

A Fig. 9.4 ilustra a laje 2 e a sua distribuição de cargas.

Sobrecarga média = (150 + 200 + 150 + 150 + 200)/5 = 170 kgf/m²

Para a laje 2, utilizando-se a Eq. 5.6, tem-se:

$$p_{alv} = \frac{e \cdot H \cdot L \cdot \rho_{alv}}{A_{laje}} = \frac{0,15 \times 2,95 \times 11,65 \times 1.300}{7,55 \times 2,975} = 298\,\text{kgf/m}^2$$

$$L = (4,60 + 0,15 + 1,45 + 0,15 + 1,05 + 0,80 + 1,85 + 1,60) = 11,65\,\text{m}$$

Quanto ao peso próprio da laje, tem-se, pela Eq. 5.4:

$$pp = h \cdot p_c = 0,10 \times 2.500 = 250\,\text{kgf/m}^2$$

Cargas atuantes na laje:

$\left.\begin{array}{l}\text{peso próprio} = 250\,\text{kgf/m}^2 \\ \text{alvenaria} = 298\,\text{kgf/m}^2 \\ \text{revestimento} = 100\,\text{kgf/m}^2\end{array}\right\} \rightarrow$ Carga permanente $\rightarrow g = 648\,\text{kgf/m}^2$

sobrecarga = 170 kgf/m² $\rightarrow$ Carga acidental $\rightarrow q = 170\,\text{kgf/m}^2$

$p = g + q = 648 + 170 = 818\,\text{kgf/m}^2 \rightarrow$ Carga total

Obs.: Valores estimados para revestimento e sobrecarga.

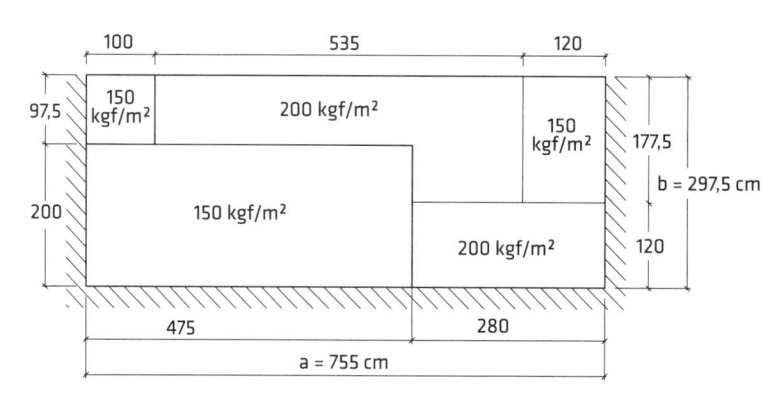

Fig. 9.4 Distribuição de cargas na laje 2 (cotas em cm)

9.2.1 Reações e momentos

Utilizando-se a Eq. 5.3, tem-se:

$$\frac{b}{a} = \frac{2{,}975}{7{,}55} \approx 0{,}40 < 0{,}50 \rightarrow \text{laje armada em uma direção}$$

O cálculo das reações de apoio será realizado por meio da análise das áreas de influência da laje, como explicado no item 5.1.4, subitem "Cálculo das reações de apoio". Essas áreas estão definidas na Fig. 9.5.

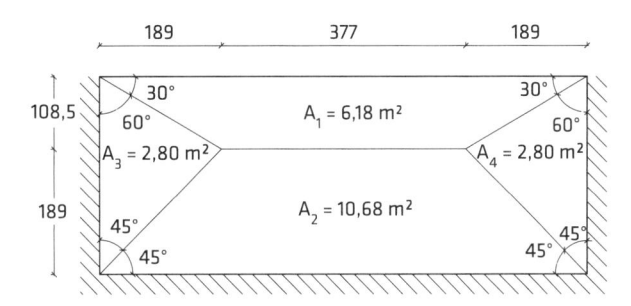

Fig. 9.5 Áreas de influência da laje 2 (cotas em cm)

Utilizando-se a Eq. 5.7, tem-se:

$$R'_a = \frac{p \cdot A_i}{l} = \frac{818 \times 6{,}18}{7{,}55} = 670\,\text{kgf/m}$$

$$R''_a = \frac{p \cdot A_i}{l} = \frac{818 \times 10{,}68}{7{,}55} = 1.157\,\text{kgf/m}$$

$$R''_b = \frac{p \cdot A_i}{l} = \frac{818 \times 2{,}80}{2{,}975} = 770\,\text{kgf/m}$$

A Fig. 9.6 mostra as reações verticais da laje 2:

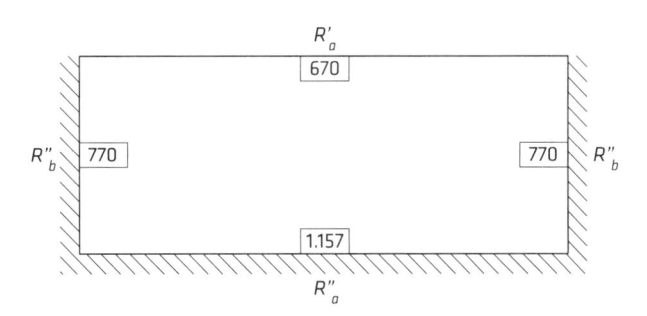

Fig. 9.6 Reações verticais da laje 2 (kgf/m)

Utilizando-se a Eq. 5.11 para cálculo do momento fletor positivo de lajes armadas em uma direção do tipo apoiada-engastada sob regime elástico, tem-se, para a direção b:

$$M_b = \frac{p \cdot l^2}{14{,}22} = \frac{(818 \times 2{,}975^2)}{14{,}22} = 509\,\text{kgf} \cdot \text{m}$$

Como se deve utilizar armadura mínima para a direção a, segue-se a Eq. 5.8:

$$M_{mín} = \frac{M_b}{5} = \frac{509}{5} = 102\,\text{kgf} \cdot \text{m}$$

Para momento fletor negativo, tem-se as Eqs. 5.12 e 5.9:

$$X_b = \frac{p \cdot l^2}{8} = \frac{(818 \times 2{,}975^2)}{8} = 905\,\text{kgf} \cdot \text{m}$$

$$X_{min} \approx 0{,}70 X_b = 0{,}70 \times 905 = 634\,\text{kgf} \cdot \text{m}$$

A Fig. 9.7 ilustra os momentos fletores da laje 2 com os valores encontrados.

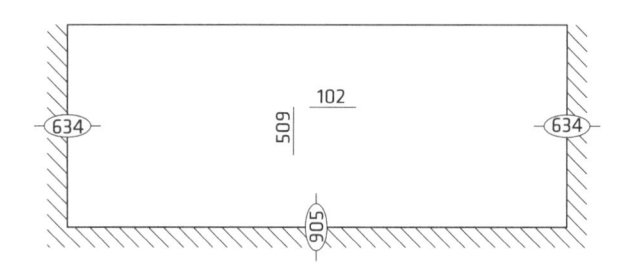

Fig. 9.7 Momentos fletores da laje 2 (kgf · m)

9.2.2 Verificação do estádio

Conforme calculado para L1 → $M_r = 725\,\text{kgf} \cdot \text{m}$.

Para cálculo do momento de serviço, segue-se a Eq. 5.26:

$$M_{serv} = \frac{p_i \cdot l^2}{m_l} = \frac{699 \times 2{,}975^2}{14{,}22} = 435\,\text{kgf} \cdot \text{m}$$

Aplicando-se a Eq. 5.28, tem-se:

$$p_i = g + \psi_2 \cdot q = 648 + (0{,}30 \times 170) = 699\,\text{kgf/m}^2$$

Conforme a condição da Eq. 5.27, tem-se laje armada em uma direção, apoiada-engastada, regime elástico → $m_l = 14{,}22$.

Como M_{serv} (435 kgf · m) < M_r (725 kgf · m), conclui-se que a laje está trabalhando no estádio I (condição da Eq. 5.24), ou seja, trata-se de um concreto não fissurado.

9.2.3 Flecha

Como a laje é armada em uma direção, tem-se para a flecha imediata (Eq. 5.32):

$$f_i = \frac{p_i \cdot l^4}{384(EI)_{eq}} K = \frac{699 \times 2{,}975^4}{384(2{,}236 \times 10^5)} \times 2 = 0{,}00128\,\text{m} = 0{,}128\,\text{cm}$$

Para cálculo da rigidez equivalente $(EI)_{eq}$ no estádio I, tem-se, pela Eq. 5.33:

$$(EI)_{eq} = E_{cs} \cdot I_c = (26{.}838 \times 10^5)(0{,}8333 \times 10^{-4}) = 2{,}236 \times 10^5\,\text{kgf} \cdot \text{m}^2$$

De acordo com os cálculos efetuados para a laje 1, tem-se:

$$E_{cs} = 26{.}838 \times 10^5\,\text{kgf/m}^2$$

$$I_c = 8{.}333\,\text{cm}^4 = 0{,}8333 \times 10^{-4}\,\text{m}^4$$

Após calculada a flecha imediata, calcula-se a flecha diferida no tempo por meio da Eq. 5.42:

$$f_{t=\infty} = f_i(2,46) = 0,128(2,46) = 0,31\,\text{cm}$$

Calcula-se, então, a flecha admissível por meio da Eq. 5.43:

$$f_{adm} = \frac{l}{250} = \frac{297,5}{250} = 1,19\,\text{cm}$$

Comparando-se a flecha diferida no tempo com a admissível, tem-se:

$$f_{t=\infty} = 0,31\,\text{cm} < f_{adm} = 1,19\,\text{cm} \to OK!$$

9.3 Laje 3 (L3)

Para a laje 3 (Fig. 9.8), utilizando-se a Eq. 5.6, tem-se:

$$p_{alv} = \frac{e \cdot H \cdot L \cdot \rho_{alv}}{A_{laje}} = \frac{0,15 \times 2,95 \times 5,30 \times 1.300}{4,375 \times 4,425} = 157\,\text{kgf/m}^2$$

$$L = (2,40 + 1,95 + 0,95) = 5,30\,\text{m}$$

Quanto ao peso próprio da laje, tem-se, pela Eq. 5.4:

$$pp = h \cdot \rho_c = 0,10 \times 2.500 = 250\,\text{kgf/m}^2$$

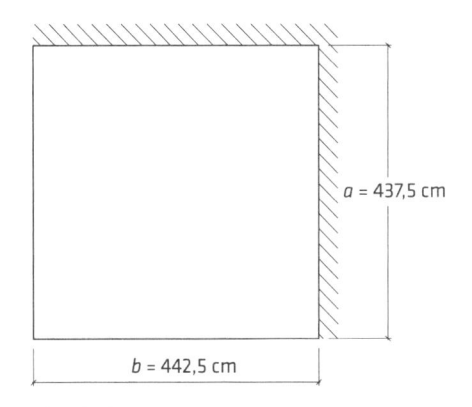

Fig. 9.8 Condições de contorno da laje 3

Cargas atuantes na laje:

$$\left.\begin{array}{l}\text{peso próprio} = 250\,\text{kgf/m}^2 \\ \text{alvenaria} = 157\,\text{kgf/m}^2 \\ \text{revestimento} = 100\,\text{kgf/m}^2\end{array}\right\} \to \text{Carga permanente} \to g = 507\,\text{kgf/m}^2$$

sobrecarga = 150 kgf/m² → Carga acidental → $q = 150\,\text{kgf/m}^2$

$p = g + q = 507 + 150 = 657\,\text{kgf/m}^2$ → Carga total

Obs.: Valores estimados para revestimento e sobrecarga.

9.3.1 Reações e momentos

Utilizando-se a Eq. 5.3, tem-se:

$$\frac{b}{a} = \frac{4,425}{4,375} \approx 1,0 \to \text{laje armada nas duas direções}$$

Para cálculo das reações da laje 3 (ilustradas na Fig. 9.9), armada nas duas direções, será utilizada a Tab. A1, da qual se obtém:

$$\text{laje tipo C}, \frac{b}{a} \approx 1,0$$

$$\begin{cases} r'_a = 0,183 \\ r''_a = 0,317 \\ r'_b = 0,183 \\ r''_b = 0,317 \end{cases}$$

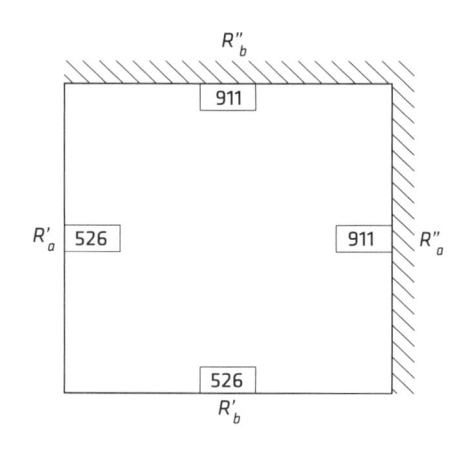

Fig. 9.9 Reações verticais da laje 3 (kgf/m)

Aplicando-se os valores indicados à Eq. 5.19, tem-se:

$$R'_a = r'_a \cdot p \cdot a = 0{,}183 \times 657 \times 4{,}375 = 526\,\text{kgf/m}$$
$$R''_a = r''_a \cdot p \cdot a = 0{,}317 \times 657 \times 4{,}375 = 911\,\text{kgf/m}$$
$$R'_b = r'_b \cdot p \cdot a = 0{,}183 \times 657 \times 4{,}375 = 526\,\text{kgf/m}$$
$$R''_b = r''_b \cdot p \cdot a = 0{,}317 \times 657 \times 4{,}375 = 911\,\text{kgf/m}$$

Utilizando-se a Tab. A3, tem-se, para momentos fletores da laje armada em duas direções (Fig. 9.10):

$$\text{laje tipo C}, \frac{b}{a} \approx 1{,}0$$

$$\begin{cases} m_a = 37{,}2 \\ m_b = 37{,}2 \\ n_a = 14{,}3 \\ n_b = 14{,}3 \end{cases}$$

Aplicando-se os valores indicados às Eqs. 5.20 e 5.21, tem-se:

$$M_a = \frac{(p \cdot a^2)}{m_a} = \frac{(657 \times 4{,}375^2)}{37{,}2} = 338\,\text{kgf} \cdot \text{m}$$
$$M_b = \frac{(p \cdot a^2)}{m_b} = \frac{(657 \times 4{,}375^2)}{37{,}2} = 338\,\text{kgf} \cdot \text{m}$$
$$X_a = \frac{(p \cdot a^2)}{n_a} = \frac{(657 \times 4{,}375^2)}{14{,}3} = 879\,\text{kgf} \cdot \text{m}$$
$$X_b = \frac{(p \cdot a^2)}{n_b} = \frac{(657 \times 4{,}375^2)}{14{,}3} = 879\,\text{kgf} \cdot \text{m}$$

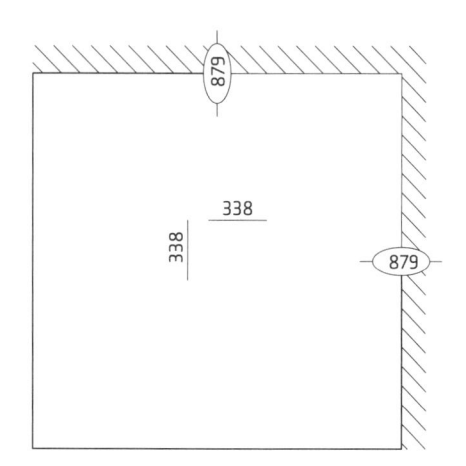

Fig. 9.10 Momentos fletores da laje 3 (kgf · m)

9.3.2 Verificação do estádio

Conforme calculado para L1 → $M_r = 725\,\text{kgf} \cdot \text{m}$.

Para cálculo do momento de serviço, segue-se a Eq. 5.26:

$$M_{serv} = \frac{p_i \cdot l^2}{m_l} = \frac{552 \times 4{,}375^2}{37{,}2} = 284\,\text{kgf} \cdot \text{m}$$

Utilizando-se a Eq. 5.28, tem-se:

$$p_i = g + \psi_2 \cdot q = 507 + (0{,}30 \times 150) = 552\,\text{kgf/m}^2$$

Como M_{serv} (284 kgf · m) < M_r (725 kgf · m), conclui-se que a laje está trabalhando no estádio I (condição da Eq. 5.24), ou seja, trata-se de um concreto não fissurado.

9.3.3 Flecha

Como a laje é armada nas duas direções, para cálculo da flecha imediata, segue-se a Eq. 5.46:

$$f_i = \frac{p_i \cdot a^4}{E_{cs} \cdot h^3} x = \frac{552 \times 4{,}375^4}{(26.838 \times 10^5)0{,}1^3} \times 0{,}025 = 0{,}00188\,\text{m} = 0{,}188\,\text{cm}$$

Com base na Tab. A4, tem-se:

$$\text{laje tipo C}, \frac{b}{a} \approx 1{,}0$$

$$x = 0{,}025$$

De acordo com os cálculos efetuados para a laje 1, tem-se:

$$E_{cs} = 26{.}838 \times 10^5 \, \text{kgf/m}^2$$

Após calculada a flecha imediata, calcula-se a flecha diferida no tempo por meio da Eq. 5.42:

$$f_{t=\infty} = f_i(2{,}46) = 0{,}188(2{,}46) = 0{,}46 \, \text{cm}$$

Calcula-se, então, a flecha admissível por meio da Eq. 5.43:

$$f_{adm} = \frac{l}{250} = \frac{437{,}5}{250} = 1{,}75 \, \text{cm}$$

Por fim, compara-se a flecha diferida no tempo com a admissível:

$$f_{t=\infty} = 0{,}46 \, \text{cm} < f_{adm} = 1{,}75 \, \text{cm} \rightarrow OK!$$

9.4 Laje 4 (L4)

A Fig. 9.11 mostra as medidas do contorno da laje 4. Como a laje 5 (adjacente à laje 4) apresenta comprimento no sentido perpendicular ao de análise inferior a 1/3 do comprimento da laje 5 (110 cm < 1/3 × 337,5 cm), de acordo com o item 5.1.1, considera-se que a laje 4 está apoiada nessa borda e a laje 5 engastada.

Como na região da laje 4 não há paredes internas, consequentemente não há cargas referentes à alvenaria para essa laje, sendo, primeiramente, calculada a carga referente ao peso próprio.

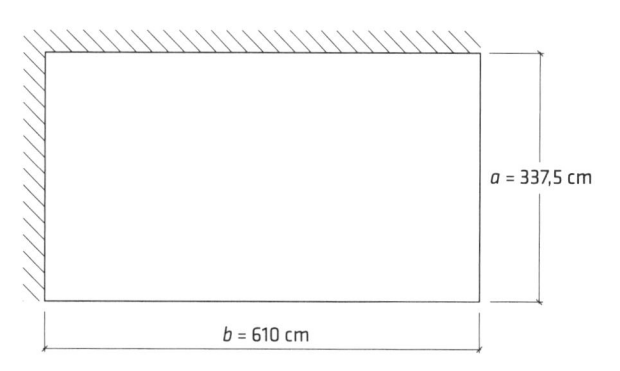

Fig. 9.11 Condições de contorno da laje 4

Quanto ao peso próprio da laje, tem-se, pela Eq. 5.4:

$$pp = h \cdot \rho_c = 0{,}10 \times 2{.}500 = 250 \, \text{kgf/m}^2$$

Cargas atuantes na laje:

$$\left. \begin{array}{l} \text{peso próprio} = 250 \, \text{kgf/m}^2 \\ \text{revestimento} = 100 \, \text{kgf/m}^2 \end{array} \right\} \rightarrow \text{Carga permanente} \rightarrow g = 350 \, \text{kgf/m}^2$$

sobrecarga = 150 kgf/m² → Carga acidental → $q = 150 \, \text{kgf/m}^2$

$p = g + q = 350 + 150 = 500 \, \text{kgf/m}^2$ → Carga total

Obs.: Valores estimados para revestimento e sobrecarga.

9.4.1 Reações e momentos

Utilizando-se a Eq. 5.3, tem-se:

$$\frac{b}{a} = \frac{6{,}10}{3{,}375} = 1{,}81 \approx 1{,}80 \rightarrow \text{laje armada nas duas direções}$$

Para cálculo das reações da laje 4 (Fig. 9.12), armada nas duas direções, será utilizada a Tab. A1, da qual se obtém:

$$\text{laje tipo C, } \frac{b}{a} \approx 1{,}80$$

$$\begin{cases} r'_a = 0{,}183 \\ r''_a = 0{,}317 \\ r'_b = 0{,}264 \\ r''_b = 0{,}458 \end{cases}$$

Aplicando-se esses valores à Eq. 5.19, tem-se:

$$R'_a = r'_a \cdot p \cdot a = 0{,}183 \times 500 \times 3{,}375 = 309 \,\text{kgf/m}$$
$$R''_a = r''_a \cdot p \cdot a = 0{,}317 \times 500 \times 3{,}375 = 535 \,\text{kgf/m}$$
$$R'_b = r'_b \cdot p \cdot a = 0{,}264 \times 500 \times 3{,}375 = 446 \,\text{kgf/m}$$
$$R''_b = r''_b \cdot p \cdot a = 0{,}458 \times 500 \times 3{,}375 = 773 \,\text{kgf/m}$$

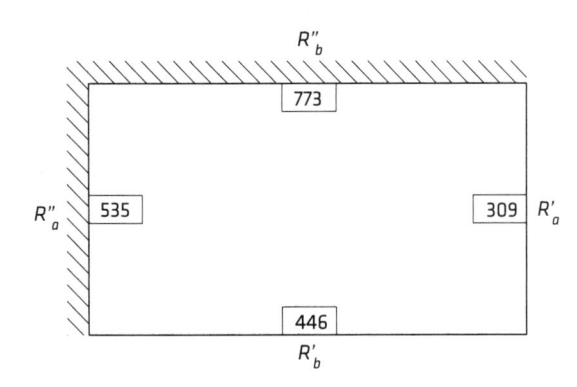

Fig. 9.12 Reações verticais da laje 4 (kgf/m)

Utilizando-se a Tab. A3, tem-se, para momentos fletores da laje armada em duas direções (Fig. 9.13):

$$\text{laje tipo C, } \frac{b}{a} \approx 1{,}80$$

$$\begin{cases} m_a = 18{,}5 \\ m_b = 56{,}1 \\ n_a = 8{,}7 \\ n_b = 12{,}2 \end{cases}$$

Aplicando-se esses valores às Eqs. 5.20 e 5.21, tem-se:

$$M_a = \frac{(p \cdot a^2)}{m_a} = \frac{(500 \times 3{,}375^2)}{18{,}5} = 308 \,\text{kgf} \cdot \text{m}$$
$$M_b = \frac{(p \cdot a^2)}{m_b} = \frac{(500 \times 3{,}375^2)}{56{,}1} = 102 \,\text{kgf} \cdot \text{m}$$
$$X_a = \frac{(p \cdot a^2)}{n_a} = \frac{(500 \times 3{,}375^2)}{8{,}7} = 655 \,\text{kgf} \cdot \text{m}$$
$$X_b = \frac{(p \cdot a^2)}{n_b} = \frac{(500 \times 3{,}375^2)}{12{,}2} = 467 \,\text{kgf} \cdot \text{m}$$

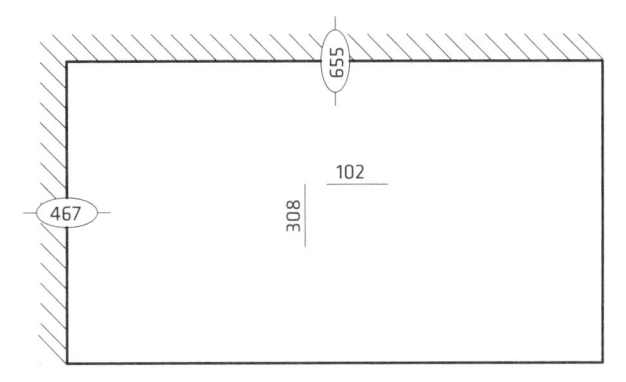

Fig. 9.13 Momentos fletores da laje 4 (kgf · m)

9.4.2 Verificação do estádio

Conforme calculado para L1 → $M_r = 725$ kgf · m.

Para cálculo do momento de serviço, segue-se a Eq. 5.26:

$$M_{serv} = \frac{p_i \cdot l^2}{m_l} = \frac{395 \times 3{,}375^2}{18{,}5} = 243 \text{ kgf} \cdot \text{m}$$

Aplicando-se a Eq. 5.28, tem-se:

$$p_i = g + \psi_2 \cdot q = 350 + (0{,}30 \times 150) = 395 \text{ kgf/m}^2$$

Como M_{serv} (243 kgf · m) < M_r (725 kgf · m), conclui-se que a laje está trabalhando no estádio I (condição da Eq. 5.24), ou seja, trata-se de um concreto não fissurado.

9.4.3 Flecha

Como a laje é armada nas duas direções, para cálculo da flecha imediata, segue-se a Eq. 5.46:

$$f_i = \frac{p_i \cdot a^4}{E_{cs} \cdot h^3} x = \frac{395 \times 3{,}375^4}{(26.838 \times 10^5) 0{,}1^3} \times 0{,}050 = 0{,}00095 \text{ m} = 0{,}095 \text{ cm}$$

Com base na Tab. A4, tem-se:

$$\text{laje tipo C}, \frac{b}{a} \approx 1{,}80$$

$$x = 0{,}050$$

De acordo com os cálculos efetuados para a laje 1, tem-se:

$$E_{cs} = 26.838 \times 10^5 \text{ kgf/m}^2$$

Após calculada a flecha imediata, calcula-se a flecha diferida no tempo por meio da Eq. 5.42:

$$f_{t=\infty} = f_i(2{,}46) = 0{,}095(2{,}46) = 0{,}23 \text{ cm}$$

Calcula-se, então, a flecha admissível por meio da Eq. 5.43:

$$f_{adm} = \frac{l}{250} = \frac{337{,}5}{250} = 1{,}35 \text{ cm}$$

Por fim, compara-se a flecha diferida no tempo com a admissível:

$$f_{t=\infty} = 0,23\,\text{cm} < f_{adm} = 1,35\,\text{cm} \rightarrow OK!$$

9.5 Laje 5 (L5)

Devido ao fato de se tratar de uma laje em balanço, a laje 5 (Fig. 9.14) apresenta método de cálculo diferente dos demais, o qual é realizado de acordo com o item 5.1.11.

Assim como a L4, a L5 também não possui alvenaria interna. No que diz respeito ao carregamento da L5 quanto ao seu peso próprio, tem-se (Eq. 5.4):

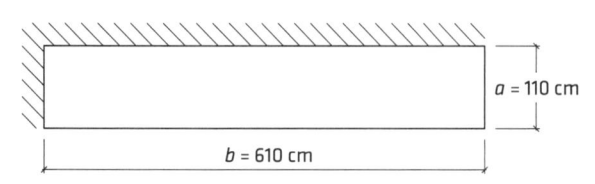

Fig. 9.14 Condições de contorno da laje 5

$$pp = h \cdot p_c = 0,10 \times 2.500 = 250\,\text{kgf/m}^2$$

Cargas atuantes na laje:

$$\left.\begin{array}{l} \text{peso próprio} = 250\,\text{kgf/m}^2 \\ \text{revestimento} = 100\,\text{kgf/m}^2 \end{array}\right\} \rightarrow \text{Carga permanente} \rightarrow g = 350\,\text{kgf/m}^2$$

$$\text{sobrecarga} = 150\,\text{kgf/m}^2 \rightarrow \quad \text{Carga acidental} \rightarrow q = 150\,\text{kgf/m}^2$$

$$p = g + q = 350 + 150 = 500\,\text{kgf/m}^2 \rightarrow \text{Carga total}$$

Obs.: Valores estimados para revestimento e sobrecarga.

9.5.1 Reações e momentos

Utilizando-se a Eq. 5.3, tem-se:

$$\frac{b}{a} = \frac{6,10}{1,10} \approx 5,55 \rightarrow \text{laje armada em uma direção}$$

O cálculo das reações de apoio será realizado por meio da análise da área de influência, sendo as áreas definidas na Fig. 9.15.

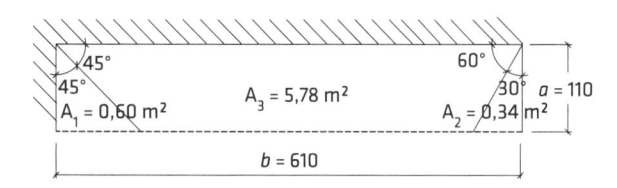

Fig. 9.15 Áreas de influência da laje 5 (cotas em cm)

Utilizando-se a Eq. 5.7, tem-se:

$$R'_a = \frac{p \cdot A_i}{l} = \frac{500 \times 0,34}{1,10} = 155\,\text{kgf/m}$$

$$R''_a = \frac{p \cdot A_i}{l} = \frac{500 \times 0,60}{1,10} = 273\,\text{kgf/m}$$

$$R''_b = \frac{p \cdot A_i}{l} = \frac{500 \times 5,78}{6,10} = 474\,\text{kgf/m}$$

Na Fig. 9.16, pode-se ver as reações verticais da laje 5. Para cálculo dos esforços solicitantes da laje 5, que se trata de uma laje em balanço armada em uma direção, será realizado o cálculo considerando-se a laje como uma viga isostática, conforme apresentada na Fig. 9.17.

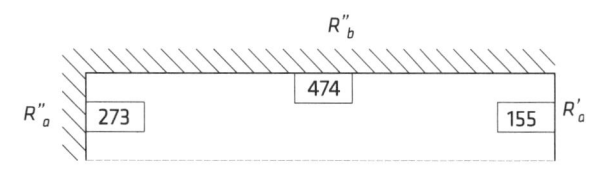

Fig. 9.16 Reações verticais da laje 5 (kgf/m)

Por se referir a uma laje em balanço, de acordo com a NBR 6120 (ABNT, 1980b), devem ser consideradas cargas adicionais atuantes, como mostrado a seguir:

$$\begin{cases} P = 2\,\text{kN/m} = 200\,\text{kgf/m} \\ X = 0{,}8\,\text{kN/m} \times 1{,}1\,\text{m}\,(\text{altura do G.C.}) \\ = 0{,}88\,\text{kN}\cdot\text{m/m} = 88\,\text{kgf}\cdot\text{m/m} \end{cases}$$

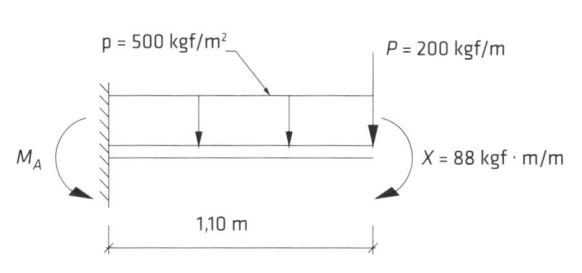

Fig. 9.17 Laje em balanço como viga isostática

Cálculo do momento:

$$M_A = \frac{p \cdot l^2}{2} + P \cdot l + X = \left(\frac{500 \times 1{,}1^2}{2}\right) + (200 \times 1{,}1) + 88 \approx 611\,\text{kgf}\cdot\text{m}$$

A Fig. 9.18 mostra o momento fletor da laje 5.

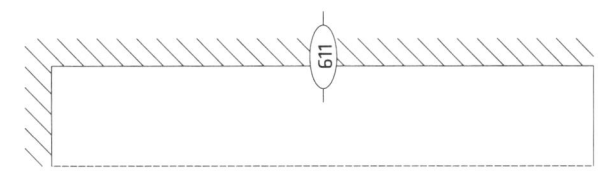

Fig. 9.18 Momento fletor da laje 5 (kgf · m)

9.5.2 Verificação do estádio

Conforme calculado para L1 → $M_r = 725\,\text{kgf}\cdot\text{m}$.

Para cálculo do momento de serviço, segue-se:

$$M_{serv} = \frac{g \cdot l^2}{2} + 0{,}3\left(\frac{q \cdot l^2}{2}\right) + 0{,}3\,(P \cdot l) + 0{,}3\,(X)$$

$$M_{serv} = \frac{350 \times 1{,}1^2}{2} + 0{,}3\left(\frac{150 \times 1{,}1^2}{2}\right) + 0{,}3\,(200 \times 1{,}1) + 0{,}3\,(88) = 332\,\text{kgf}\cdot\text{m}$$

Como M_{serv} (332 kgf · m) < M_r (725 kgf · m), conclui-se que a laje está trabalhando no estádio I (condição da Eq. 5.24), ou seja, trata-se de um concreto não fissurado.

9.5.3 Flecha

Utilizando-se a Eq. 5.79 para cálculo da flecha na laje em balanço, tem-se:

$$f_i = f_1 + f_2 + f_3$$

Para cálculo das parcelas f_1, f_2 e f_3, tem-se:

i] parcela f_1 (carga uniformemente distribuída)

Utilizando-se a Eq. 5.80, tem-se:

$$f_1 = \frac{p_i \cdot l^4}{8 E_{cs} \cdot I} = \frac{395 \times 1{,}1^4}{8\,(26{,}838 \times 10^5)(0{,}8333 \times 10^{-4})} = 0{,}000323\,\text{m} = 0{,}0323\,\text{cm}$$

De acordo com os cálculos efetuados para a laje 1, tem-se:

$$E_{cs} = 26{,}838 \times 10^5\,\text{kgf/m}^2$$

$$I_c = 8{,}333\,\text{cm}^4 = 0{,}8333 \times 10^{-4}\,\text{m}^4$$

Utilizando-se a Eq. 5.28, tem-se:

$$p_i = g + \psi_2 \cdot q = 350 + (0{,}30 \times 150) = 395\,\text{kgf/m}^2$$

ii] parcela f_2 (carga linear na ponta do balanço)

Utilizando-se a Eq. 5.81, tem-se:

$$f_2 = \frac{P_i \cdot l^3}{3E_{cs} \cdot I} = \frac{60 \times 1{,}1^3}{3(26{,}838 \times 10^5)(0{,}8333 \times 10^{-4})} = 0{,}000119\,\text{m} = 0{,}0119\,\text{cm}$$

De acordo com cálculos efetuados para a laje 1, tem-se:

$$E_{cs} = 26{,}838 \times 10^5\,\text{kgf/m}^2$$

$$I_c = 8{,}333\,\text{cm}^4 = 0{,}8333 \times 10^{-4}\,\text{m}^4$$

Utilizando-se a Eq. 5.82, tem-se:

$$P_i = G + \psi_2 \cdot Q = 0 + 0{,}3 \times 200 = 60\,\text{kgf}$$

em que:

G = cargas concentradas permanentes = 0 (foi desconsiderado o peso do guarda-corpo para esse exemplo);

Q = cargas concentradas acidentais = 2,0 kN (NBR 6120 (ABNT, 1980b)) = 200 kgf;

ψ_2 = coeficiente de minoração do momento = 0,3 (edifício residencial).

iii] parcela f_3 (momento fletor na ponta do balanço)

Utilizando-se a Eq. 5.83, tem-se:

$$f_3 = \frac{X_i \cdot l^2}{2E_{cs} \cdot I} = \frac{26{,}4 \times 1{,}1^2}{2(26{,}838 \times 10^5)(0{,}8333 \times 10^{-4})} = 0{,}000071\,\text{m} = 0{,}0071\,\text{cm}$$

De acordo com cálculos efetuados para a laje 1, tem-se:

$$E_{cs} = 26{,}838 \times 10^5\,\text{kgf/m}^2$$

$$I_c = 8{,}333\,\text{cm}^4 = 0{,}8333 \times 10^{-4}\,\text{m}^4$$

Utilizando-se a Eq. 5.84, tem-se:

$$X_i = X_{g,carga} + \psi_2 \cdot X_{q,carga} = 0 + 0{,}3 \times 88 = 26{,}4\,\text{kgf} \cdot \text{m}$$

$$X_{q,carga} = 1{,}10\,\text{m} \times 0{,}8\,\text{kN (NBR 6120 (ABNT, 1980b))} = 0{,}88\,\text{kN} \cdot \text{m} = 88\,\text{kgf} \cdot \text{m}$$

Voltando à Eq. 5.79, tem-se, para flecha imediata na laje em balanço:

$$f_i = f_1 + f_2 + f_3 = 0{,}0323 + 0{,}0119 + 0{,}0071 = 0{,}051\,\text{cm}$$

Após calculada a flecha imediata, calcula-se a flecha diferida no tempo por meio da Eq. 5.42:

$$f_{t=\infty} = f_i(2{,}46) = 0{,}051(2{,}46) = 0{,}13\,\text{cm}$$

Calcula-se, então, a flecha admissível por meio da Eq. 5.85:

$$f_{adm} = \frac{l}{125} = \frac{110}{125} = 0{,}88\,\text{cm}$$

Por fim, compara-se a flecha diferida no tempo com a admissível:

$$f_{t=\infty} = 0,13\,\text{cm} < f_{adm} = 0,88\,\text{cm} \rightarrow OK!$$

9.6 Reações de apoio do apartamento-tipo

Com base nas reações de apoio calculadas nas lajes 1 a 5, tem-se, resumidamente, o exposto na Fig. 9.19:

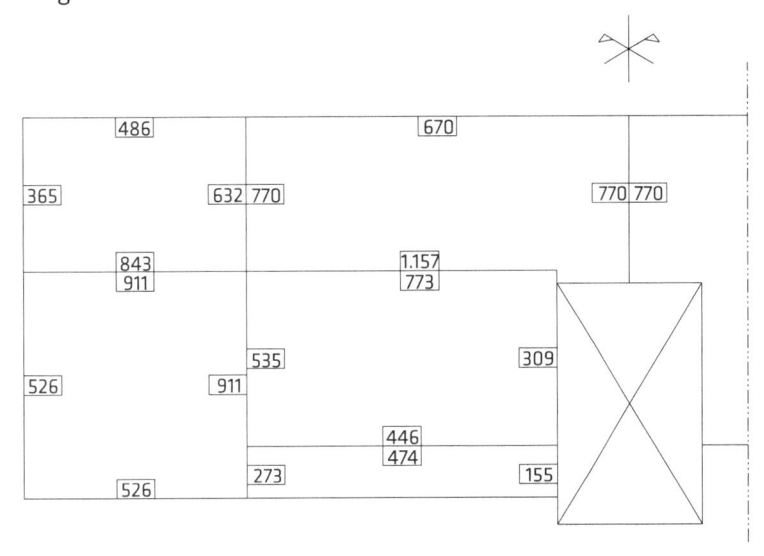

Fig. 9.19 Reações de apoio das lajes do apartamento-tipo (kgf/m)

9.7 Momentos fletores do apartamento-tipo

Na Fig. 9.20, tem-se um resumo dos momentos fletores positivos e negativos calculados nas lajes do apartamento-tipo.

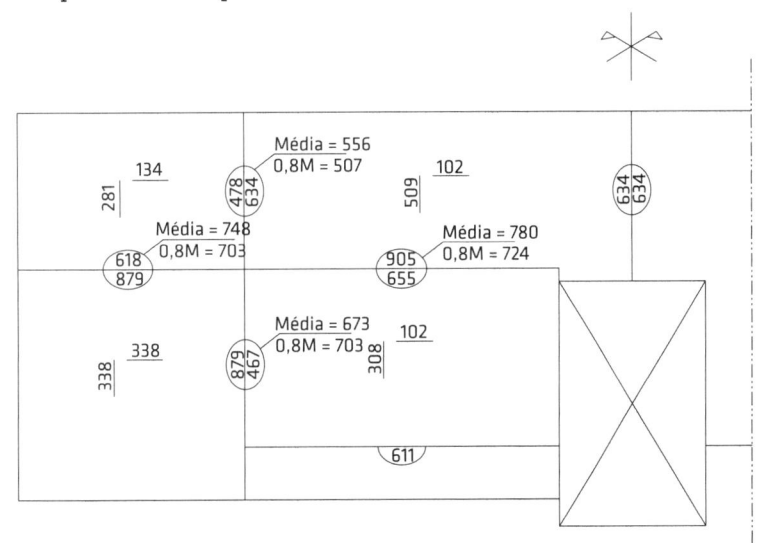

Fig. 9.20 Momentos iniciais das lajes do apartamento-tipo (kgf · m)

9.7.1 Momentos negativos

Devido aos momentos diferentes entre as lajes, é realizada a compatibilização dos momentos fletores utilizando-se a Eq. 5.88.

- Lajes 1-2:

$$X_{adotado} \geqslant \begin{cases} \frac{X_1+X_2}{2} \\ 0{,}8X_1 \end{cases} \rightarrow \begin{cases} \frac{634+478}{2} = 556\,\text{kgf}\cdot\text{m} \\ 0{,}8 \times 634 = 507\,\text{kgf}\cdot\text{m} \end{cases} \rightarrow 556\,\text{kgf}\cdot\text{m}$$

- Lajes 3-4:

Nota: Será adotado o mesmo momento entre as lajes 3 e 4 e entre as lajes 3 e 5, estando essa hipótese a favor da segurança.

$$X_{adotado} \geqslant \begin{cases} \frac{X_1+X_2}{2} \\ 0{,}8X_1 \end{cases} \rightarrow \begin{cases} \frac{879+467}{2} = 673\,\text{kgf}\cdot\text{m} \\ 0{,}8 \times 879 = 703\,\text{kgf}\cdot\text{m} \end{cases} \rightarrow 703\,\text{kgf}\cdot\text{m}$$

- Lajes 1-3:

$$X_{adotado} \geqslant \begin{cases} \frac{X_1+X_2}{2} \\ 0{,}8X_1 \end{cases} \rightarrow \begin{cases} \frac{879+618}{2} = 748\,\text{kgf}\cdot\text{m} \\ 0{,}8 \times 879 = 703\,\text{kgf}\cdot\text{m} \end{cases} \rightarrow 748\,\text{kgf}\cdot\text{m}$$

- Lajes 2-4:

$$X_{adotado} \geqslant \begin{cases} \frac{X_1+X_2}{2} \\ 0{,}8X_1 \end{cases} \rightarrow \begin{cases} \frac{905+655}{2} = 780\,\text{kgf}\cdot\text{m} \\ 0{,}8 \times 905 = 724\,\text{kgf}\cdot\text{m} \end{cases} \rightarrow 780\,\text{kgf}\cdot\text{m}$$

- Lajes 4-5:

Para efeito desta publicação, será adotado o momento negativo da L5 atuando sem a compatibilização dos momentos fletores. Ressalta-se que essa hipótese está a favor da segurança.

9.7.2 Momentos positivos

Para as lajes que tiveram seus momentos negativos diminuídos, tem-se a compensação nos momentos positivos por meio da Eq. 5.89 (Fig. 9.21).

- Laje 2:

$$M_x \rightarrow M_{adotado} = M_{inicial} + 0{,}3\,(X_{inicial} - X_{adotado}) = 102 + 0{,}3\,(634-556) = 125\,\text{kgf}\cdot\text{m}$$

$$M_y \rightarrow M_{adotado} = M_{inicial} + 0{,}3\,(X_{inicial} - X_{adotado}) = 509 + 0{,}3\,(905-780) = 546\,\text{kgf}\cdot\text{m}$$

- Laje 3:

$$M_x \rightarrow M_{adotado} = M_{inicial} + 0{,}3\,(X_{inicial} - X_{adotado}) = 338 + 0{,}3\,(879-703) = 391\,\text{kgf}\cdot\text{m}$$

$$M_y \rightarrow M_{adotado} = M_{inicial} + 0{,}3\,(X_{inicial} - X_{adotado}) = 338 + 0{,}3\,(879-748) = 377\,\text{kgf}\cdot\text{m}$$

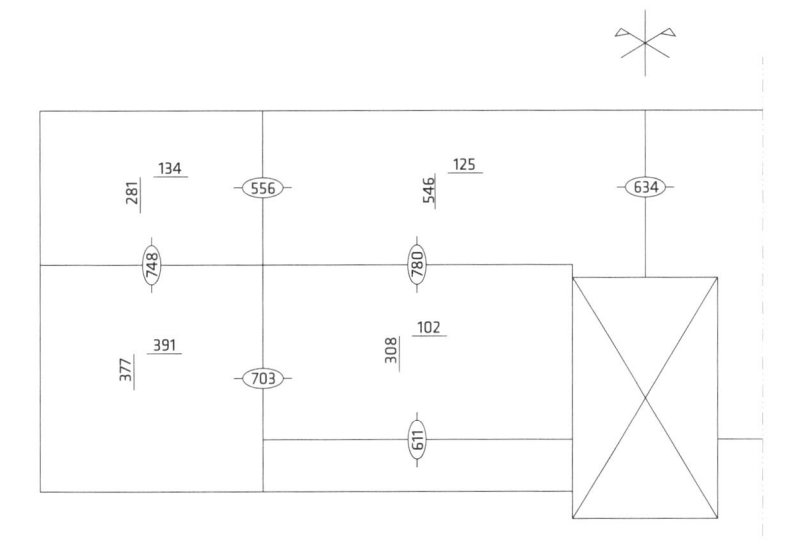

Fig. 9.21 Momentos compensados das lajes do apartamento-tipo (kgf · m)

9.8 Cálculo das armaduras negativas das lajes

Para o dimensionamento das armaduras negativas das lajes, será utilizado $d' = 2,5$ cm e serão realizados os cálculos considerando-se os aços CA-50 e CA-60 para escolha da melhor opção.

9.8.1 Lajes 1-2

Utilizando-se a Eq. 2.13, tem-se:

$$K = \frac{M_d}{f_c \cdot b \cdot d^2} = \frac{(556 \times 100)\,1,4}{182,14 \times 100 \times 7,5^2} = 0,0760$$

$$K < K_L(0,295) \rightarrow K' = K$$

Aplicando-se a Eq. 2.9, tem-se:

Aço CA-50:

$$A_s = A_{s1} = \frac{f_c \cdot b \cdot d}{f_{yd}}\left(1 - \sqrt{1-2K'}\right) = \frac{182,14 \times 100 \times 7,5}{4.348}\left(1 - \sqrt{1 - 2 \times 0,0760}\right) = 2,49\,\text{cm}^2/\text{m}$$

Aço CA-60:

$$A_s = A_{s1} = \frac{f_c \cdot b \cdot d}{f_{yd}}\left(1 - \sqrt{1-2K'}\right) = \frac{182,14 \times 100 \times 7,5}{5.217}\left(1 - \sqrt{1 - 2 \times 0,0760}\right) = 2,07\,\text{cm}^2/\text{m}$$

Utilizando-se a Eq. 2.24, tem-se:

$$A_{s,mín} = \rho_{mín} \cdot A_c = 0,15\%\,(100 \times 10) = 1,5\,\text{cm}^2/\text{m}$$

$$\rightarrow A_{s,adotado}\,(\text{CA-50}) = 2,49\,\text{cm}^2/\text{m} \rightarrow \phi\,6,3\,\text{c}/12\,(\text{ver. Tab. A12 - Parte II})$$

9.8.2 Lajes 2-2

Utilizando-se a Eq. 2.13, tem-se:

$$K = \frac{M_d}{f_c \cdot b \cdot d^2} = \frac{(634 \times 100)\,1,4}{182,14 \times 100 \times 7,5^2} = 0,0866$$

$$K < K_L(0,295) \rightarrow K' = K$$

Aplicando-se a Eq. 2.9, tem-se:

Aço CA-50:
$$A_s = A_{s1} = \frac{f_c \cdot b \cdot d}{f_{yd}}\left(1 - \sqrt{1 - 2K'}\right) = \frac{182,14 \times 100 \times 7,5}{4.348}\left(1 - \sqrt{1 - 2 \times 0,0866}\right) = 2,85\,\text{cm}^2/\text{m}$$

Aço CA-60:
$$A_s = A_{s1} = \frac{f_c \cdot b \cdot d}{f_{yd}}\left(1 - \sqrt{1 - 2K'}\right) = \frac{182,14 \times 100 \times 7,5}{5.217}\left(1 - \sqrt{1 - 2 \times 0,0866}\right) = 2,38\,\text{cm}^2/\text{m}$$

Utilizando-se a Eq. 2.24, tem-se:
$$A_{s,\text{mín}} = \rho_{\text{mín}} \cdot A_c = 0,15\%\,(100 \times 10) = 1,5\,\text{cm}^2/\text{m}$$

$$\rightarrow A_{s,\text{adotado}}\,(\text{CA-50}) = 2,85\,\text{cm}^2/\text{m} \rightarrow \phi\,8\,\text{c/17}$$

9.8.3 Lajes 3-4/3-5

Utilizando-se a Eq. 2.13, tem-se:
$$K = \frac{M_d}{f_c \cdot b \cdot d^2} = \frac{(703 \times 100)\,1,4}{182,14 \times 100 \times 7,5^2} = 0,0961$$
$$K < K_L(0,295) \rightarrow K' = K$$

Aplicando-se a Eq. 2.9, tem-se:

Aço CA-50:
$$A_s = A_{s1} = \frac{f_c \cdot b \cdot d}{f_{yd}}\left(1 - \sqrt{1 - 2K'}\right) = \frac{182,14 \times 100 \times 7,5}{4.348}\left(1 - \sqrt{1 - 2 \times 0,0961}\right) = 3,18\,\text{cm}^2/\text{m}$$

Aço CA-60:
$$A_s = A_{s1} = \frac{f_c \cdot b \cdot d}{f_{yd}}\left(1 - \sqrt{1 - 2K'}\right) = \frac{182,14 \times 100 \times 7,5}{5.217}\left(1 - \sqrt{1 - 2 \times 0,0961}\right) = 2,65\,\text{cm}^2/\text{m}$$

Utilizando-se a Eq. 2.24, tem-se:
$$A_{s,\text{mín}} = \rho_{\text{mín}} \cdot A_c = 0,15\%\,(100 \times 10) = 1,5\,\text{cm}^2/\text{m}$$

$$\rightarrow A_{s,\text{adotado}}\,(\text{CA-50}) = 3,18\,\text{cm}^2/\text{m} \rightarrow \phi\,8\,\text{c/15}$$

9.8.4 Lajes 1-3

Utilizando-se a Eq. 2.13, tem-se:
$$K = \frac{M_d}{f_c \cdot b \cdot d^2} = \frac{(748 \times 100)\,1,4}{182,14 \times 100 \times 7,5^2} = 0,1022$$
$$K < K_L(0,295) \rightarrow K' = K$$

Utilizando-se a Eq. 2.9, tem-se:

Aço CA-50:
$$A_s = A_{s1} = \frac{f_c \cdot b \cdot d}{f_{yd}}\left(1 - \sqrt{1 - 2K'}\right) = \frac{182,14 \times 100 \times 7,5}{4.348}\left(1 - \sqrt{1 - 2 \times 0,1022}\right) = 3,39\,\text{cm}^2/\text{m}$$

Aço CA-60:
$$A_s = A_{s1} = \frac{f_c \cdot b \cdot d}{f_{yd}}\left(1 - \sqrt{1-2K'}\right) = \frac{182{,}14 \times 100 \times 7{,}5}{5.217}\left(1 - \sqrt{1 - 2 \times 0{,}1022}\right) = 2{,}83\,\text{cm}^2/\text{m}$$

Utilizando-se a Eq. 2.24, tem-se:
$$A_{s,mín} = \rho_{mín} \cdot A_c = 0{,}15\%\,(100 \times 10) = 1{,}5\,\text{cm}^2/\text{m}$$

$$\to A_{s,adotado}\,(\text{CA-50}) = 3{,}39\,\text{cm}^2/\text{m} \to \phi\,8\,\text{c}/14$$

9.8.5 Lajes 2-4

Utilizando-se a Eq. 2.13, tem-se:
$$K = \frac{M_d}{f_c \cdot b \cdot d^2} = \frac{(780 \times 100)\,1{,}4}{182{,}14 \times 100 \times 7{,}5^2} = 0{,}1066$$

$$K < K_L(0{,}295) \to K' = K$$

Aplicando-se a Eq. 2.9, tem-se:

Aço CA-50:
$$A_s = A_{s1} = \frac{f_c \cdot b \cdot d}{f_{yd}}\left(1 - \sqrt{1-2K'}\right) = \frac{182{,}14 \times 100 \times 7{,}5}{4.348}\left(1 - \sqrt{1 - 2 \times 0{,}1066}\right) = 3{,}55\,\text{cm}^2/\text{m}$$

Aço CA-60:
$$A_s = A_{s1} = \frac{f_c \cdot b \cdot d}{f_{yd}}\left(1 - \sqrt{1-2K'}\right) = \frac{182{,}14 \times 100 \times 7{,}5}{5.217}\left(1 - \sqrt{1 - 2 \times 0{,}1066}\right) = 2{,}96\,\text{cm}^2/\text{m}$$

Utilizando-se a Eq. 2.24, tem-se:
$$A_{s,mín} = \rho_{mín} \cdot A_c = 0{,}15\%\,(100 \times 10) = 1{,}5\,\text{cm}^2/\text{m}$$

$$\to A_{s,adotado}\,(\text{CA-50}) = 3{,}55\,\text{cm}^2/\text{m} \to \phi\,8\,\text{c}/14$$

9.8.6 Lajes 4-5

Por se tratar de uma laje em balanço com espessura inferior a 19 cm, de acordo com a NBR 6118 (ABNT, 2014), os esforços solicitantes de cálculo devem ser multiplicados por um coeficiente adicional γ_n, conforme a Tab. 5.2, de 1,45 para lajes com 10 cm de espessura. Tem-se, dessa forma:
$$M = 611 \times 1{,}45 = 886\,\text{kgf}\cdot\text{m}$$

Utilizando-se a Eq. 2.13, tem-se:
$$K = \frac{M_d}{f_c \cdot b \cdot d^2} = \frac{(886 \times 100)\,1{,}4}{182{,}14 \times 100 \times 7{,}5^2} = 0{,}1211$$

$$K < K_L(0{,}295) \to K' = K$$

Aplicando-se a Eq. 2.9, tem-se:

Aço CA-50:
$$A_s = A_{s1} = \frac{f_c \cdot b \cdot d}{f_{yd}}\left(1 - \sqrt{1-2K'}\right) = \frac{182{,}14 \times 100 \times 7{,}5}{4.348}\left(1 - \sqrt{1 - 2 \times 0{,}1211}\right) = 4{,}07\,\text{cm}^2/\text{m}$$

Aço CA-60:

$$A_s = A_{s1} = \frac{f_c \cdot b \cdot d}{f_{yd}} \left(1 - \sqrt{1-2K'}\right) = \frac{182,14 \times 100 \times 7,5}{5.217} \left(1 - \sqrt{1-2 \times 0,1211}\right) = 3,39 \, cm^2/m$$

Utilizando-se a Eq. 2.24, tem-se:

$$A_{s,mín} = \rho_{mín} \cdot A_c = 0,15\% (100 \times 10) = 1,5 \, cm^2/m$$

$$\rightarrow A_{s,adotado} \, (CA\text{-}50) = 4,07 \, cm^2/m \rightarrow \phi \, 8 \, c/12$$

9.8.7 Resumo das armaduras negativas e detalhamento

De acordo com os cálculos realizados, e respeitando-se o estipulado nos itens 5.1.9, 5.1.10 e 5.1.11, tem-se as Tabs. 9.1, 9.2 e 9.3.

Tab. 9.1 Resumo das armaduras negativas das lajes do apartamento-tipo

Lajes	Momento (kgf · m)	Aço	A_s (cm²/m)	$A_{s,mín}$ (cm²/m)	Bitola	Quantidade	Comprimento unitário (cm)
1-2	X = 556	CA-50 CA-60	2,49* 2,07	1,5	φ 6,3 c/12 (CA-50)	(280/12) − 1 = 22	(297,5/8) × 3 + 14 = 125
2-2'	X = 634	CA-50 CA-60	2,85* 2,38	1,5	φ 8 c/17 (CA-50)	(280/17) − 1 = 15	(297,5/8) × 3 + 14 = 125
3-4/ 3-5	X = 703	CA-50 CA-60	3,18* 2,65	1,5	φ 8 c/15 (CA-50)	(420/15) − 1 = 27	(437,5/8) × 3 + 14 = 179
1-3	X = 748	CA-50 CA-60	3,39* 2,83	1,5	φ 8 c/14 (CA-50)	(425/14) − 1 = 29	(437,5/8) × 3 + 14 = 179
2-4	X = 780	CA-50 CA-60	3,55* 2,96	1,5	φ 8 c/14 (CA-50)	(592,5/14) − 1 = 41	(337,5/8) × 3 + 14 = 140
4-5	X = 886	CA-50 CA-60	4,07* 3,39	1,5	φ 8 c/12 (CA-50)	(592,5/12) − 1 = 48	(2 × 110) + 14 = 234

* Opção adotada para A_s.
Nota: Para efeito de detalhamento, o $A_{s,mín}$ adotado foi de 1,5 cm²/m e $c_{nom} = 3,0$ cm.

Para detalhamento das armaduras negativas, tem-se a Fig. 9.22:

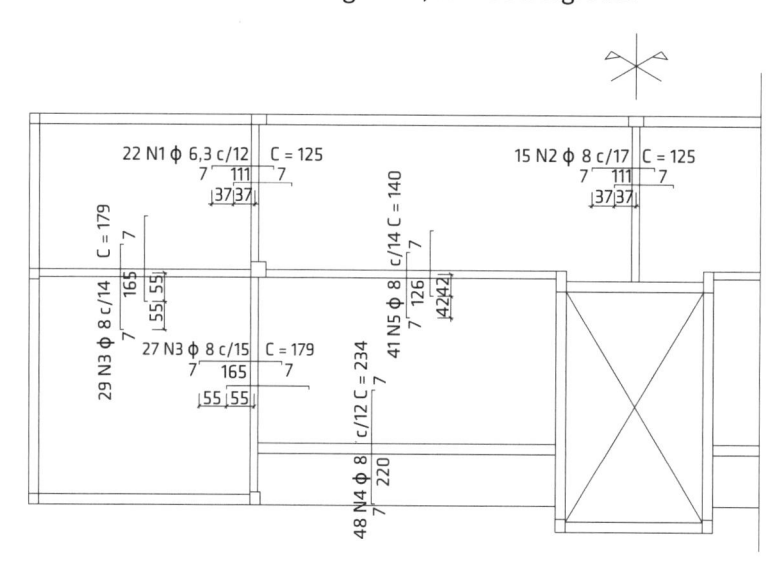

Fig. 9.22 Armaduras negativas das lajes do apartamento-tipo

Tab. 9.2 Lista de ferros (armaduras negativas das lajes do apartamento-tipo)

Posição	Aço	Bitola (mm)	Quantidade	Comprimento (cm)	
				Unitário	Total
1	CA-50	ϕ 6,3	22	125	2.750
2	CA-50	ϕ 8	15	125	1.875
3	CA-50	ϕ 8	56	179	10.024
4	CA-50	ϕ 8	48	234	11.232
5	CA-50	ϕ 8	41	140	5.740

Tab. 9.3 Resumo de aço CA-50 (armaduras negativas das lajes do apartamento-tipo)

Aço	Bitola (mm)	Comprimento (m)	Peso (kg)
CA-50	6,3	28	7
CA-50	8	289	115
Peso total		CA-50 =	122 kg

9.9 Cálculo das armaduras positivas das lajes

Para o dimensionamento das armaduras positivas das lajes, será utilizado $d' = 2,5$ cm e serão realizados os cálculos considerando-se os aços CA-50 e CA-60 para escolha da melhor opção.

9.9.1 Laje 1

- *Direção X*

    Utilizando-se a Eq. 2.13, tem-se:

    $$K = \frac{M_d}{f_c \cdot b \cdot d^2} = \frac{(134 \times 100)1,4}{182,14 \times 100 \times 7,5^2} = 0,0183$$

    $$K < K_L(0,295) \rightarrow K' = K$$

    Utilizando-se a Eq. 2.9, tem-se:

Aço CA-50:

$$A_s = A_{s1} = \frac{f_c \cdot b \cdot d}{f_{yd}}\left(1 - \sqrt{1-2K'}\right) = \frac{182,14 \times 100 \times 7,5}{4.348}\left(1 - \sqrt{1 - 2 \times 0,0183}\right) = 0,58 \, \text{cm}^2/\text{m}$$

Aço CA-60:

$$A_s = A_{s1} = \frac{f_c \cdot b \cdot d}{f_{yd}}\left(1 - \sqrt{1-2K'}\right) = \frac{182,14 \times 100 \times 7,5}{5.217}\left(1 - \sqrt{1 - 2 \times 0,0183}\right) = 0,48 \, \text{cm}^2/\text{m}$$

Utilizando-se a Eq. 2.24, tem-se:

$$A_{s,\text{mín}} = \rho_{\text{mín}} \cdot A_c = 0,15\% \, (100 \times 10) = 1,5 \, \text{cm}^2/\text{m}$$

$\rightarrow A_{s,\text{adotado}}$ (CA-60) $= 1,5 \, \text{cm}^2/\text{m} \rightarrow \phi$ 5 c/13   (Ver Tab. A12 - Parte II).

- Direção Y

Utilizando-se a Eq. 2.13, tem-se:

$$K = \frac{M_d}{f_c \cdot b \cdot d^2} = \frac{(281 \times 100)1{,}4}{182{,}14 \times 100 \times 7{,}5^2} = 0{,}0384$$

$$K < K_L(0{,}295) \rightarrow K' = K$$

Aplicando-se a Eq. 2.9, tem-se:

Aço CA-50:

$$A_s = A_{s1} = \frac{f_c \cdot b \cdot d}{f_{yd}}\left(1 - \sqrt{1 - 2K'}\right) = \frac{182{,}14 \times 100 \times 7{,}5}{4.348}\left(1 - \sqrt{1 - 2 \times 0{,}0384}\right) = 1{,}23\,\text{cm}^2/\text{m}$$

Aço CA-60:

$$A_s = A_{s1} = \frac{f_c \cdot b \cdot d}{f_{yd}}\left(1 - \sqrt{1 - 2K'}\right) = \frac{182{,}14 \times 100 \times 7{,}5}{5.217}\left(1 - \sqrt{1 - 2 \times 0{,}0384}\right) = 1{,}03\,\text{cm}^2/\text{m}$$

Utilizando-se a Eq. 2.24, tem-se:

$$A_{s,mín} = \rho_{mín} \cdot A_c = 0{,}15\%\,(100 \times 10) = 1{,}5\,\text{cm}^2/\text{m}$$

$$\rightarrow A_{s,adotado}\,(\text{CA-60}) = 1{,}5\,\text{cm}^2/\text{m} \rightarrow \phi\,5\,c/13$$

9.9.2 Laje 2

- Direção X

Utilizando-se a Eq. 2.13, tem-se:

$$K = \frac{M_d}{f_c \cdot b \cdot d^2} = \frac{(125 \times 100)1{,}4}{182{,}14 \times 100 \times 7{,}5^2} = 0{,}0171$$

$$K < K_L(0{,}295) \rightarrow K' = K$$

Aplicando-se a Eq. 2.9, tem-se:

Aço CA-50:

$$A_s = A_{s1} = \frac{f_c \cdot b \cdot d}{f_{yd}}\left(1 - \sqrt{1 - 2K'}\right) = \frac{182{,}14 \times 100 \times 7{,}5}{4.348}\left(1 - \sqrt{1 - 2 \times 0{,}0171}\right) = 0{,}54\,\text{cm}^2/\text{m}$$

Aço CA-60:

$$A_s = A_{s1} = \frac{f_c \cdot b \cdot d}{f_{yd}}\left(1 - \sqrt{1 - 2K'}\right) = \frac{182{,}14 \times 100 \times 7{,}5}{5.217}\left(1 - \sqrt{1 - 2 \times 0{,}0171}\right) = 0{,}45\,\text{cm}^2/\text{m}$$

Utilizando-se a Eq. 2.24, tem-se:

$$A_{s,mín} = \rho_{mín} \cdot A_c = 0{,}15\%\,(100 \times 10) = 1{,}5\,\text{cm}^2/\text{m}$$

$$\rightarrow A_{s,adotado}\,(\text{CA-60}) = 1{,}5\,\text{cm}^2/\text{m} \rightarrow \phi\,5\,c/13$$

- Direção Y

Utilizando-se a Eq. 2.13, tem-se:

$$K = \frac{M_d}{f_c \cdot b \cdot d^2} = \frac{(546 \times 100)1{,}4}{182{,}14 \times 100 \times 7{,}5^2} = 0{,}0746$$

$$K < K_L(0{,}295) \rightarrow K' = K$$

Aplicando-se a Eq. 2.9, tem-se:

Aço CA-50:
$$A_s = A_{s1} = \frac{f_c \cdot b \cdot d}{f_{yd}}\left(1 - \sqrt{1 - 2K'}\right) = \frac{182{,}14 \times 100 \times 7{,}5}{4.348}\left(1 - \sqrt{1 - 2 \times 0{,}0746}\right) = 2{,}44\,\text{cm}^2/\text{m}$$

Aço CA-60:
$$A_s = A_{s1} = \frac{f_c \cdot b \cdot d}{f_{yd}}\left(1 - \sqrt{1 - 2K'}\right) = \frac{182{,}14 \times 100 \times 7{,}5}{5.217}\left(1 - \sqrt{1 - 2 \times 0{,}0746}\right) = 2{,}03\,\text{cm}^2/\text{m}$$

Utilizando-se a Eq. 2.24, tem-se:

$$A_{s,\text{mín}} = \rho_{\text{mín}} \cdot A_c = 0{,}15\%\,(100 \times 10) = 1{,}5\,\text{cm}^2/\text{m}$$

$$\rightarrow A_{s,\text{adotado}}\,(\text{CA-50}) = 2{,}44\,\text{cm}^2/\text{m} \rightarrow \phi\,6{,}3\,\text{c}/12$$

9.9.3 Laje 3

- Direção X

Utilizando-se a Eq. 2.13, tem-se:

$$K = \frac{M_d}{f_c \cdot b \cdot d^2} = \frac{(391 \times 100)\,1{,}4}{182{,}14 \times 100 \times 7{,}5^2} = 0{,}0534$$

$$K < K_L(0{,}295) \rightarrow K' = K$$

Aplicando-se a Eq. 2.9, tem-se:

Aço CA-50:
$$A_s = A_{s1} = \frac{f_c \cdot b \cdot d}{f_{yd}}\left(1 - \sqrt{1 - 2K'}\right) = \frac{182{,}14 \times 100 \times 7{,}5}{4.348}\left(1 - \sqrt{1 - 2 \times 0{,}0534}\right) = 1{,}73\,\text{cm}^2/\text{m}$$

Aço CA-60:
$$A_s = A_{s1} = \frac{f_c \cdot b \cdot d}{f_{yd}}\left(1 - \sqrt{1 - 2K'}\right) = \frac{182{,}14 \times 100 \times 7{,}5}{5.217}\left(1 - \sqrt{1 - 2 \times 0{,}0534}\right) = 1{,}44\,\text{cm}^2/\text{m}$$

Por fim, utilizando-se a Eq. 2.24, chega-se a:

$$A_{s,\text{mín}} = \rho_{\text{mín}} \cdot A_c = 0{,}15\%\,(100 \times 10) = 1{,}5\,\text{cm}^2/\text{m}$$

$\rightarrow$ Como se optou por utilizar o aço CA-60, $A_{s,\text{adotado}} = 1{,}5\,\text{cm}^2/\text{m} \rightarrow \phi\,5\,\text{c}/13$

- Direção Y

Utilizando-se a Eq. 2.13, tem-se:

$$K = \frac{M_d}{f_c \cdot b \cdot d^2} = \frac{(377 \times 100)\,1{,}4}{182{,}14 \times 100 \times 7{,}5^2} = 0{,}0515$$

$$K < K_L(0{,}295) \rightarrow K' = K$$

Aplicando-se a Eq. 2.9, tem-se:

Aço CA-50:
$$A_s = A_{s1} = \frac{f_c \cdot b \cdot d}{f_{yd}}\left(1 - \sqrt{1 - 2K'}\right) = \frac{182{,}14 \times 100 \times 7{,}5}{4.348}\left(1 - \sqrt{1 - 2 \times 0{,}0515}\right) = 1{,}66\,\text{cm}^2/\text{m}$$

Aço CA-60:

$$A_s = A_{s1} = \frac{f_c \cdot b \cdot d}{f_{yd}}\left(1 - \sqrt{1 - 2K'}\right) = \frac{182{,}14 \times 100 \times 7{,}5}{5.217}\left(1 - \sqrt{1 - 2 \times 0{,}0515}\right) = 1{,}39\,\text{cm}^2/\text{m}$$

Utilizando-se a Eq. 2.24, chega-se ao seguinte resultado:

$$A_{s,\text{mín}} = \rho_{\text{mín}} \cdot A_c = 0{,}15\%\,(100 \times 10) = 1{,}5\,\text{cm}^2/\text{m}$$

→ Como se optou por utilizar o aço CA-60, $A_{s,\text{adotado}} = 1{,}5\,\text{cm}^2/\text{m} \rightarrow \phi\,5\,\text{c}/13$

9.9.4 Laje 4

- *Direção X*

Utilizando-se a Eq. 2.13, tem-se:

$$K = \frac{M_d}{f_c \cdot b \cdot d^2} = \frac{(102 \times 100)\,1{,}4}{182{,}14 \times 100 \times 7{,}5^2} = 0{,}0139$$

$$K < K_L(0{,}295) \rightarrow K' = K$$

Aplicando-se a Eq. 2.9, tem-se:

Aço CA-50:

$$A_s = A_{s1} = \frac{f_c \cdot b \cdot d}{f_{yd}}\left(1 - \sqrt{1 - 2K'}\right) = \frac{182{,}14 \times 100 \times 7{,}5}{4.348}\left(1 - \sqrt{1 - 2 \times 0{,}0139}\right) = 0{,}44\,\text{cm}^2/\text{m}$$

Aço CA-60:

$$A_s = A_{s1} = \frac{f_c \cdot b \cdot d}{f_{yd}}\left(1 - \sqrt{1 - 2K'}\right) = \frac{182{,}14 \times 100 \times 7{,}5}{5.217}\left(1 - \sqrt{1 - 2 \times 0{,}0139}\right) = 0{,}37\,\text{cm}^2/\text{m}$$

Utilizando-se a Eq. 2.24, tem-se:

$$A_{s,\text{mín}} = \rho_{\text{mín}} \cdot A_c = 0{,}15\%\,(100 \times 10) = 1{,}5\,\text{cm}^2/\text{m}$$

→ $A_{s,\text{adotado}}\,(\text{CA-60}) = 1{,}5\,\text{cm}^2/\text{m} \rightarrow \phi\,5\,\text{c}/13$

- *Direção Y*

Utilizando-se a Eq. 2.13, tem-se:

$$K = \frac{M_d}{f_c \cdot b \cdot d^2} = \frac{(308 \times 100)\,1{,}4}{182{,}14 \times 100 \times 7{,}5^2} = 0{,}0421$$

$$K < K_L(0{,}295) \rightarrow K' = K$$

Aplicando-se a Eq. 2.9, tem-se:

Aço CA-50:

$$A_s = A_{s1} = \frac{f_c \cdot b \cdot d}{f_{yd}}\left(1 - \sqrt{1 - 2K'}\right) = \frac{182{,}14 \times 100 \times 7{,}5}{4.348}\left(1 - \sqrt{1 - 2 \times 0{,}0421}\right) = 1{,}35\,\text{cm}^2/\text{m}$$

Aço CA-60:

$$A_s = A_{s1} = \frac{f_c \cdot b \cdot d}{f_{yd}}\left(1 - \sqrt{1 - 2K'}\right) = \frac{182{,}14 \times 100 \times 7{,}5}{5.217}\left(1 - \sqrt{1 - 2 \times 0{,}0421}\right) = 1{,}13\,\text{cm}^2/\text{m}$$

Utilizando-se a Eq. 2.24, tem-se:

$$A_{s,mín} = \rho_{mín} \cdot A_c = 0,15\% \, (100 \times 10) = 1,5 \, cm^2/m$$

$$\rightarrow A_{s,adotado} \, (CA\text{-}60) = 1,5 \, cm^2/m \rightarrow \phi \, 5 \, c/13$$

9.9.5 Laje 5

Para armaduras positivas secundárias de lajes armadas em uma direção são realizados os cálculos:

- das Eqs. 5.49, 5.54 e 5.55:

$$\rho_s \geq 0,5\rho_{mín} \rightarrow \frac{A_s}{b \cdot h} \geq 0,5 \times 0,15\% \rightarrow A_s \geq 0,5 \times 0,15\% \times 100 \times 10 \rightarrow A_s \geq 0,75 \, cm^2/m$$

$$A_{s,\,sec} \geq \begin{cases} 20\% A_{s,princ} = 0,20 \times 4,07 = 0,81 \, cm^2/m \\ 0,9 \, cm^2/m \end{cases}$$

Obs.: Valor para $A_{s,princ}$ encontrado no item 9.8.6.

Como a L5 se trata de uma laje em balanço armada em uma direção, não há momentos positivos, sendo, portanto, adotada a armadura mínima, obtida pela Eq. 2.24:

$$A_{s,mín} = \rho_{mín} \cdot A_c = 0,15\% \, (100 \times 10) = 1,5 \, cm^2/m$$

$$\rightarrow A_{s,adotado} \, (CA\text{-}60) = 1,5 \, cm^2/m \rightarrow \phi \, 5 \, c/13$$

Nota: Para efeito desta publicação, será adotada para essa edificação uma única armadura mínima de ϕ 5 c/ 13.

9.9.6 Resumo das armaduras positivas e detalhamento

De acordo com os cálculos realizados, e respeitando-se o estipulado nos itens 5.1.9, 5.1.10 e 5.1.11, têm-se as Tabs. 9.4, 9.5, 9.6.

Para detalhamento das armaduras positivas, tem-se a Fig. 9.23.

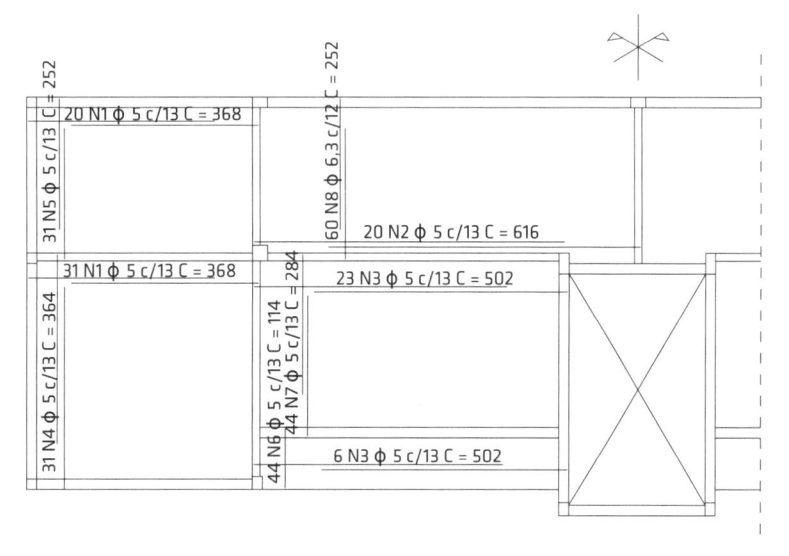

Fig. 9.23 Armaduras positivas das lajes do apartamento-tipo

Tab. 9.4 Resumo das armaduras positivas das lajes do apartamento-tipo

Lajes	Momento (kgf · m)	Aço	A_s (cm²/m)	$A_{s,min}$ (cm²/m)	Bitola (Aço)	Quantidade	Comprimento unitário (cm)
1	$M_x = 134$	CA-50 CA-60	0,58 0,48	1,5*	ϕ 5 c/13 (CA-60)	(280/13) − 1 = 20	0,8 × 460 = 368
1	$M_y = 281$	CA-50 CA-60	1,23 1,03	1,5*	ϕ 5 c/13 (CA-60)	(425/13) − 1 = 31	0,8 × 315 = 252
2	$M_x = 125$	CA-50 CA-60	0,54 0,45	1,5*	ϕ 5 c/13 (CA-60)	(280/13) − 1 = 20	0,8 × 770 = 616
2	$M_y = 546$	CA-50 CA-60	2,44* 2,03	1,5	ϕ 6,3 c/12 (CA-50)	(740/12) − 1 = 60	0,8 × 315 = 252
3	$M_x = 391$	CA-50 CA-60	1,73 1,44	1,5*	ϕ 5 c/13 (CA-60)	(420/13) − 1 = 31	0,8 × 460 = 368
3	$M_y = 377$	CA-50 CA-60	1,66 1,39	1,5*	ϕ 5 c/13 (CA-60)	(425/13) − 1 = 31	0,8 × 455 = 364
4	$M_x = 102$	CA-50 CA-60	0,44 0,37	1,5*	ϕ 5 c/13 (CA-60)	(320/13) − 1 = 23	0,8 × 627,5 = 502
4	$M_y = 308$	CA-50 CA-60	1,35 1,13	1,5*	ϕ 5 c/13 (CA-60)	(592,5/13) − 1 = 44	0,8 × 355 = 284
5	−	CA-60	−	1,5*	ϕ 5 c/13 (CA-60)	(100/13) − 1 = 6	0,8 × 627,5 = 502
5	−	CA-60	−	1,5*	ϕ 5 c/13 (CA-60)	(592,5/13) − 1 = 44	120 − 2 × 3 (c_{nom}) = 114

* Opção adotada para A_s.
Nota: Para efeito de detalhamento, o $A_{s,min}$ adotado foi de 1,5 cm²/m e c_{nom} = 3,0 cm.

Tab. 9.5 Lista de ferros (armaduras positivas das lajes do apartamento-tipo)

Posição	Aço	Bitola (mm)	Quantidade	Comprimento (cm)	
				Unitário	Total
1	CA-60	ϕ 5	51	368	18.768
2	CA-60	ϕ 5	20	616	12.320
3	CA-60	ϕ 5	29	502	14.558
4	CA-60	ϕ 5	31	364	11.284
5	CA-60	ϕ 5	31	252	7.812
6	CA-60	ϕ 5	44	114	5.016
7	CA-60	ϕ 5	44	284	12.496
8	CA-50	ϕ 6,3	60	252	15.120

Tab. 9.6 Resumo de aço CA-50-60 (armaduras positivas das lajes do apartamento-tipo)

Aço	Bitola (mm)	Comprimento (m)	Peso (kg)
CA-60	5	823	127
CA-50	6,3	152	38
Peso total		CA-60 =	127 kg
		CA-50 =	38 kg

/ # capítulo 10
VIGAS

Neste capítulo serão realizados os cálculos para as vigas. Para análise desses elementos, mostra-se necessário que sejam estipuladas as dimensões dos pilares para definição das condições de apoio, processo demonstrado no item 10.1.

Nota: Optou-se, para esse projeto-piloto, não considerar momento de engastamento na direção do pilar com espessura de até 20 cm. Para a definição do carregamento da alvenaria, foi considerado para esta publicação:

- paredes externas e paredes corta-fogo (caixa de escadas):
  espessura acabada = espessura da arquitetura + 5 cm (20 cm + 5 cm = 25 cm);
- paredes internas:
  espessura acabada = espessura da arquitetura (15 cm).

O projetista, em determinadas situações, não sabe qual o tipo de acabamento será dado à parede, nem mesmo sua espessura. Os autores esperam, dessa forma, cobrir a maioria das possibilidades de revestimentos.

10.1 Estimativas das seções dos pilares por áreas de influência

Para que as seções dos pilares possam ser estimadas, primeiramente, deve-se analisar a área de influência referente a cada pilar (Fig. 10.1), para, então, chegar-se à carga que cada um receberá, podendo-se, dessa forma, inferir valores para as seções de cada um deles.

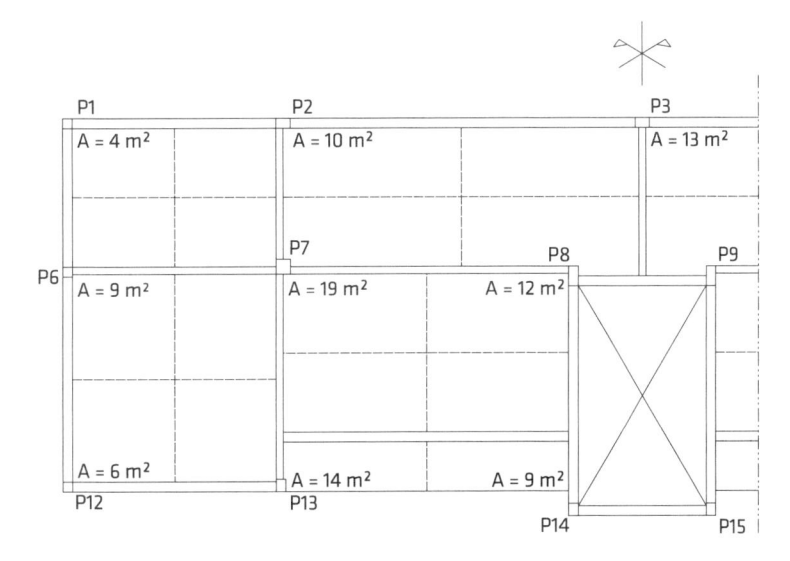

Fig. 10.1 Áreas de influência dos pilares

Na Tab. 10.1, estão relacionadas as áreas de influência de cada pilar referente a um pavimento-tipo e a carga por pilar (N).

Nota: Para esta publicação, considerou-se que todos os pilares de canto terão uma carga por área de influência na ordem de 1 t/m². Já os pilares intermediários e de extremidades, por receberem mais carga do pórtico, terão, por hipótese, uma carga por área de influência na ordem de 1,2 t/m².

Tab. 10.1 Áreas de influência e carga por pilar

Pilar	Área (m²)	Carga (t/m²)	N = área × carga (t)
1 = 5	4	1,0	4
2 = 4	10	1,2	12
3	13	1,2	16
6 = 11	9	1,2	11
7 = 10	19	1,2	23
8 = 9	12	1,2	15 + 8 (caixa d'água)
12 = 17	6	1,0	6
13 = 16	14	1,0	14
14 = 15	9	1,0	9 + 8 (caixa d'água)

Com base nesses dados, chega-se à Tab. 10.2, que contém um resumo das cargas e seções estimadas e adotadas para cada pilar considerando-se os quatro pavimentos (três pavimentos e um pavimento de garagem).

Tab. 10.2 Seções estimadas e adotadas inicialmente para cada pilar

Pilar	N × 4 (t)	N (kgf) / 100 Seção estimada (cm²)	Seção adotada (cm)
1 = 5	16	160	20 × 20
2 = 4	48	480	20 × 30
3	64	640	20 × 30
6 = 11	44	440	20 × 20
7 = 10	92	920	30 × 30
8 = 9	68	680	20 × 40
12 = 17	24	240	20 × 20
13 = 16	56	560	20 × 25
14 = 15	44	440	20 × 25

Nota: A seção mínima adotada é de 20 cm × 20 cm.

10.2 Viga 1 – 20/50

Para análise das vigas, foram retirados diagramas de esforços cortantes e de momentos fletores do programa Ftool. As Figs. 10.2, 10.3, 10.4 e 10.5 mostram algumas das análises feitas.

Fig. 10.2 Esquema dos carregamentos da viga 1

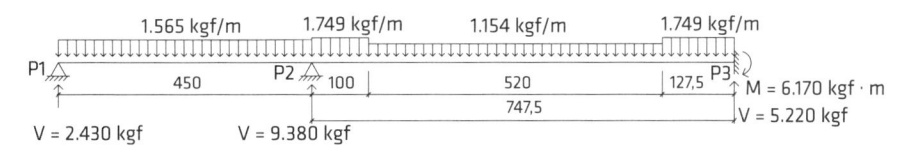

Fig. 10.3 Carregamentos da viga 1

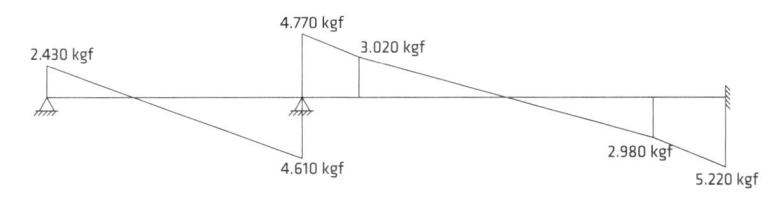

Fig. 10.4 Diagrama de força cortante da viga 1

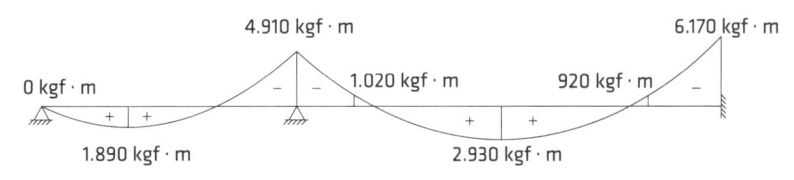

Fig. 10.5 Diagrama de momento fletor da viga 1

Nota: O projetista de estruturas tem a possibilidade de adotar outros modelos estruturais para a edificação em estudo, como: processo de grelhas, pórticos, entre outros. Para esse caso, adotou-se o processo de vigas contínuas.

10.2.1 Cálculo das armaduras

Para o pré-dimensionamento das armaduras das vigas será utilizado $d' = 5$ cm.

Utilizando-se a Eq. 2.24, tem-se:

$$A_{s,mín} = \rho_{mín} \cdot A_c = 0,15\% \, (20 \times 50) = 1,5 \, cm^2$$

i] $M = 1.890 \, kgf \cdot m$

Utilizando-se a Eq. 2.13, tem-se:

$$K = \frac{M_d}{f_c \cdot b \cdot d^2} = \frac{(1.890 \times 100)\,1,4}{182,14 \times 20 \times 45^2} = 0,0359$$

$$K < K_L(0,295) \rightarrow K' = K$$

Já ao aplicar a Eq. 2.9, tem-se:

Aço CA-50:

$$A_s = A_{s1} = \frac{f_c \cdot b \cdot d}{f_{yd}}\left(1 - \sqrt{1 - 2K'}\right) = \frac{182,14 \times 20 \times 45}{4.348}\left(1 - \sqrt{1 - 2 \times 0,0359}\right) = 1,38 \, cm^2$$

$$\rightarrow A_{s,adotado} = A_{s,mín} = 1,5\,\text{cm}^2 \rightarrow 2\,\phi\,10\,\text{mm} \quad \text{(Ver Tab. A12 - Parte I)}$$

ii] $M = 2.930\,\text{kgf}\cdot\text{m}$

Utilizando-se a Eq. 2.13, tem-se:

$$K = \frac{M_d}{f_c \cdot b \cdot d^2} = \frac{(2.930 \times 100)\,1,4}{182,14 \times 20 \times 45^2} = 0,0556$$

$$K < K_L(0,295) \rightarrow K' = K$$

Com a Eq. 2.9, tem-se:

Aço CA-50:

$$A_s = A_{s1} = \frac{f_c \cdot b \cdot d}{f_{yd}}\left(1 - \sqrt{1-2K'}\right) = \frac{182,14 \times 20 \times 45}{4.348}\left(1 - \sqrt{1 - 2 \times 0,0556}\right) = 2,16\,\text{cm}^2$$

$$\rightarrow A_{s,adotado} = 2,16\,\text{cm}^2 \rightarrow 2\,\phi\,12,5\,\text{mm}$$

iii] $X = 4.910\,\text{kgf}\cdot\text{m}$

Utilizando-se a Eq. 2.13, tem-se:

$$K = \frac{M_d}{f_c \cdot b \cdot d^2} = \frac{(4.910 \times 100)\,1,4}{182,14 \times 20 \times 45^2} = 0,0932$$

$$K < K_L(0,295) \rightarrow K' = K$$

Aplicando-se a Eq. 2.9, tem-se:

Aço CA-50:

$$A_s = A_{s1} = \frac{f_c \cdot b \cdot d}{f_{yd}}\left(1 - \sqrt{1-2K'}\right) = \frac{182,14 \times 20 \times 45}{4.348}\left(1 - \sqrt{1 - 2 \times 0,0932}\right) = 3,68\,\text{cm}^2$$

$$\rightarrow A_{s,adotado} = 3,68\,\text{cm}^2 \rightarrow 3\,\phi\,12,5\,\text{mm}$$

iv] $X = 6.170\,\text{kgf}\cdot\text{m}$

Utilizando-se a Eq. 2.13, tem-se:

$$K = \frac{M_d}{f_c \cdot b \cdot d^2} = \frac{(6.170 \times 100) \times 1,4}{182,14 \times 20 \times 45^2} = 0,1171$$

$$K < K_L(0,295) \rightarrow K' = K$$

Aplicando-se a Eq. 2.9:

Aço CA-50:

$$A_s = A_{s1} = \frac{f_c \cdot b \cdot d}{f_{yd}}\left(1 - \sqrt{1-2K'}\right) = \frac{182,14 \times 20 \times 45}{4.348}\left(1 - \sqrt{1 - 2 \times 0,1171}\right) = 4,71\,\text{cm}^2$$

$$\rightarrow A_{s,adotado} = 4,71\,\text{cm}^2 \rightarrow 4\,\phi\,12,5\,\text{mm}$$

Entre os momentos fletores calculados, este último apresenta a maior quantidade de barras, razão pela qual é aconselhável realizar a verificação do número máximo de barras por camada por meio da Eq. 2.28:

$$n_{\phi/camada} \leq \frac{a_h + b_{útil}}{a_h + \phi_L} = \frac{2+13}{2+1,25} = 4,6$$

$$\rightarrow 4\,\phi\,12,5\,\text{mm} \rightarrow OK!$$

Utiliza-se a Eq. 2.27 para cálculo da largura útil da seção da viga retangular ($b_{útil}$):

$$b_{útil} = b_w - 2(c_{nom} + \phi_t) = 20 - 2(3 + 0,5) = 13\,cm$$

Na Tab. 10.3, tem-se um resumo das armaduras calculadas.

Tab. 10.3 Armaduras das vigas

Momento (kgf · m)	A_s (cm²)	$A_{s,mín}$ (cm²)	Bitola
$M = 1.890$	1,38	1,50*	2 ϕ 10
$M = 2.930$	2,16*	1,50	2 ϕ 12,5
$X = 4.910$	3,68*	1,50	3 ϕ 12,5
$X = 6.170$	4,71*	1,50	4 ϕ 12,5

*Opção adotada para A_s.

10.2.2 Verificação do estádio e flecha

i] Primeiro vão (Fig. 10.6)

Para cálculo do momento de fissuração, tem-se, utilizando a Eq. 5.29:

$$M_r = \alpha \cdot f_{ct} \cdot \frac{I_c}{y_t} = 1,5 \times 29,0 \times \frac{208.333}{25}$$
$$= 362.500\,kgf \cdot cm = 3.625\,kgf \cdot m$$

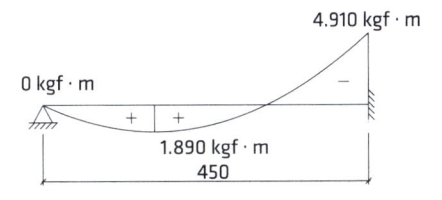

Fig. 10.6 Diagrama de momento fletor da viga 1 – primeiro vão

Aplicando-se a Eq. 1.11, tem-se:

$$f_{ct,m} = 0,3 f_{ck}^{2/3} = 0,3 \times 30^{2/3} = 2,90\,MPa = 29,0\,kgf/cm^2$$

Já pela Eq. 5.30 tem-se:

$$y_t = \frac{h}{2} = \frac{50}{2} = 25\,cm$$

Com a Eq. 5.31, chega-se ao seguinte resultado:

$$I_c = \frac{b \cdot h^3}{12} = \frac{20 \times 50^3}{12} = 208.333\,cm^4$$

Para o cálculo do momento de serviço, segue-se a Eq. 5.25:

$$M_{serv} = M_g + \psi_2 \cdot M_q = 1.512 + 0,3 \times 378 = 1.626\,kgf \cdot m$$

$$\text{Estimado} \begin{cases} M_g = 80\% \times 1.890 = 1.512\,kgf \cdot m \\ M_q = 20\% \times 1.890 = 378\,kgf \cdot m \end{cases}$$

Após calculados os momentos de fissuração e de serviço, faz-se uma comparação entre eles. Analisando-se os resultados dessa viga, tem-se que M_{serv} (1.626 kgf · m) < M_r (3.625 kgf · m), concluindo-se, então, que a viga está trabalhando no estádio I (condição da Eq. 5.24), no qual o concreto trabalha, simultaneamente, à tração e à compressão (concreto não fissurado).

- *Flecha*

Para o cálculo da flecha imediata do primeiro vão da viga, tem-se, pela Eq. 5.32:

$$f_i = \frac{p_i \cdot l^4}{384(EI)_{eq}} K$$

$$l = 4,5\,\text{m}$$

$$K = 2 \rightarrow \text{viga apoiada-engastada}$$

Para o cálculo da rigidez equivalente $(EI)_{eq}$ no estádio I, tem-se, pela Eq. 5.33:

$$(EI)_{eq} = E_{cs} \cdot I_c = (26.838 \times 10^5)(208.333 \times 10^{-8}) = 5{,}591 \times 10^6\,\text{kgf} \cdot \text{m}^2$$

Aplicando-se a Eq. 1.3, tem-se:

$$E_{cs} = \alpha_i \cdot E_{ci} = 0{,}875 \times 30.672 = 26.838\,\text{MPa} = 26.838 \times 10^5\,\text{kgf/m}^2$$

Pela Eq. 1.4, tem-se:

$$\alpha_i = 0{,}8 + 0{,}2\frac{f_{ck}}{80} = 0{,}8 + 0{,}2\frac{30}{80} = 0{,}875$$

Utilizando-se a Eq. 1.1:

$$E_{ci} = \alpha_E \cdot 5600\sqrt{f_{ck}} = 1{,}0 \times 5.600\sqrt{30} = 30.672{,}46\,\text{MPa}$$

considerando-se $\alpha_E = 1{,}0$ (granito e gnaisse).

Para o cálculo de p_i, segue-se a Eq. 5.28:

$$p_i = g + \psi_2 \cdot q$$

Para utilização da fórmula anteriormente citada, devem-se identificar os valores das cargas permanente e acidental. De acordo com a Fig. 10.2, tem-se:

$$q_{1°\,\text{vão}} \begin{cases} q_{alv} = 829\,\text{kgf/m} \\ q_{pp} = 250\,\text{kgf/m} \end{cases} \rightarrow \text{carga permanente} \\ q_{L1} = 486\,\text{kgf/m} \rightarrow \text{carga permanente + carga acidental}$$

Deve-se, então, separar a carga permanente da acidental referente à reação da laje 1 (486 kgf/m). Para tal, têm-se:

Cargas atuantes na laje:

$$p = 670\,\text{kgf/m}^2 \begin{cases} g = 520\,\text{kgf/m}^2 \rightarrow \text{permanente} \\ q = 150\,\text{kgf/m}^2 \rightarrow \text{acidental} \end{cases} \rightarrow \begin{cases} g \approx 0{,}78p \\ q \approx 0{,}22p \end{cases}$$

Obtendo-se, dessa forma, para a reação da laje 1:

$$q_{L1} = 486\,\text{kgf/m} \rightarrow \begin{cases} g = 0{,}78 \times 486 = 379\,\text{kgf/m} \\ q = 0{,}22 \times 486 = 107\,\text{kgf/m} \end{cases}$$

Após a separação das cargas permanente e acidental referentes à reação da laje 1, tem-se:

Carregamento V1, 1º vão
$(1.565\,\text{kgf/m})$
$= \begin{cases} g = q_{alv} + q_{pp} + q_{L1}^{perman} = 829 + 250 + 379 = 1.458\,\text{kgf/m} \\ q = q_{L1}^{acidental} = 107\,\text{kgf/m} \end{cases}$

Voltando à Eq. 5.28:

$$p_i = g + \psi_2 \cdot q = 1.458 + (0{,}30 \times 107) = 1.490\,\text{kgf/m}$$

Por fim, substituindo-se os valores na Eq. 5.32:

$$f_i = \frac{p_i \cdot l^4}{384(EI)_{eq}} K = \frac{1.490 \times 4{,}5^4}{384(5{,}591 \times 10^6)} \times 2 = 0{,}00057\,\text{m} = 0{,}057\,\text{cm}$$

Após calculada a flecha imediata, calcula-se a flecha diferida no tempo por meio da Eq. 5.42:

$$f_{t=\infty} = f_i(2{,}46) = 0{,}057(2{,}46) = 0{,}14\,\text{cm}$$

Calcula-se, então, a flecha admissível por meio da Eq. 5.43:

$$f_{adm} = \frac{l}{250} = \frac{450}{250} = 1{,}80\,\text{cm}$$

Comparando-se a flecha diferida no tempo com a admissível:

$$f_{t=\infty} = 0{,}14\,\text{cm} < f_{adm} = 1{,}80\,\text{cm} \rightarrow OK!$$

ii] Segundo vão (Fig. 10.7)

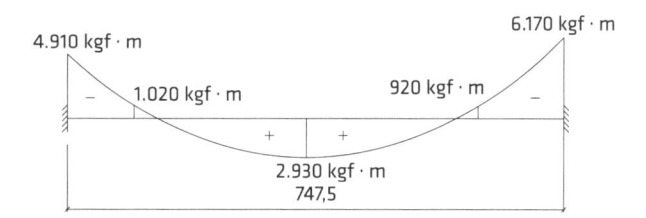

Fig. 10.7 Diagrama de momento fletor da viga 1 – segundo vão

Conforme calculado para o primeiro vão → $M_r = 3.625\,\text{kgf} \cdot \text{m}$.
Para o cálculo do momento de serviço, segue-se a Eq. 5.25:

$$M_{serv} = M_g + \psi_2 \cdot M_q = 2.344 + 0{,}3 \times 586 = 2.520\,\text{kgf} \cdot \text{m}$$

$$\text{Estimado} \begin{cases} M_g = 80\% \times 2.930 = 2.344\,\text{kgf} \cdot \text{m} \\ M_q = 20\% \times 2.930 = 586\,\text{kgf} \cdot \text{m} \end{cases}$$

Como M_{serv} (2.520 kgf · m) < M_r (3.625 kgf · m), conclui-se que a viga está trabalhando no estádio I (condição da Eq. 5.24), ou seja, trata-se de um concreto não fissurado.

- *Flecha*

Para o cálculo da flecha imediata do segundo vão da viga, tem-se, conforme a Eq. 5.32:

$$f_i = \frac{p_i \cdot l^4}{384(EI)_{eq}} K$$

$$l = 7{,}475\,\text{m}$$

$$K = 1 \rightarrow \text{viga engastada-engastada}$$

De acordo com cálculos efetuados para o primeiro vão:

$$(EI)_{eq} = 5{,}591 \times 10^6\,\text{kgf} \cdot \text{m}^2$$

Para o cálculo de p_i, segue-se a Eq. 5.28:

$$p_i = g + \psi_2 \cdot q$$

Para utilizar a equação anteriormente citada, devem-se identificar os valores das cargas permanente e acidental. De acordo com a Fig. 10.2, tem-se:

$$q_{2^\circ\,\text{vão}} \begin{cases} q_{alv} = 415\,\text{kgf/m} \\ q_{pp} = 250\,\text{kgf/m} \end{cases} \rightarrow \text{carga permanente}$$
$$q_{L2} = 670\,\text{kgf/m} \rightarrow \text{carga permanente + carga acidental}$$

$$q_{alv} = \frac{(829 \times 2{,}275) + (234 \times 5{,}20)}{7{,}475} = 415\,\text{kgf/m}$$

Deve-se, então, separar a carga permanente da acidental referente à reação da laje 2 (670 kgf/m). Para tal, têm-se:

Cargas atuantes na laje:

$$p = 818\,\text{kgf/m}^2 \begin{cases} g = 648\,\text{kgf/m}^2 \rightarrow \text{permanente} \\ q = 170\,\text{kgf/m}^2 \rightarrow \text{acidental} \end{cases} \rightarrow \begin{cases} g \approx 0{,}79p \\ q \approx 0{,}21p \end{cases}$$

Obtendo-se, dessa forma, para a reação da laje 2:

$$q_{L2} = 670\,\text{kgf/m} \rightarrow \begin{cases} g = 0{,}79 \times 670 = 529\,\text{kgf/m} \\ q = 0{,}21 \times 670 = 141\,\text{kgf/m} \end{cases}$$

Após a separação das cargas permanente e acidental referentes à reação da laje 2, tem-se:

Carregamento V1, segundo vão $(1.335\,\text{kgf/m})$ $= \begin{cases} g = q_{alv} + q_{pp} + q_{L2}^{perman} = 415 + 250 + 529 = 1.194\,\text{kgf/m} \\ q = q_{L2}^{acidental} = 141\,\text{kgf/m} \end{cases}$

Carregamento total médio:

$$p_T = \frac{(1.749 \times 2{,}275) + (1.154 \times 5{,}20)}{7{,}475} = 1.335\,\text{kgf/m}$$

Voltando à Eq. 5.28:

$$p_i = g + \psi_2 \cdot q = 1.194 + (0{,}30 \times 141) = 1.236\,\text{kgf/m}$$

Por fim, substituindo-se os valores na Eq. 5.32:

$$f_i = \frac{p_i \cdot l^4}{384(EI)_{eq}} K = \frac{1.236 \times 7{,}475^4}{384(5{,}591 \times 10^6)} \times 1 = 0{,}00180\,\text{m} = 0{,}180\,\text{cm}$$

Após calculada a flecha imediata, calcula-se a flecha diferida no tempo por meio da Eq. 5.42:

$$f_{t=\infty} = f_i(2{,}46) = 0{,}180(2{,}46) = 0{,}44\,\text{cm}$$

Calcula-se, então, a flecha admissível por meio da Eq. 5.43:

$$f_{adm} = \frac{l}{250} = \frac{747{,}5}{250} = 2{,}99\,\text{cm}$$

Comparando-se a flecha diferida no tempo com a admissível:

$$f_{t=\infty} = 0{,}44\,\text{cm} < f_{adm} = 2{,}99\,\text{cm} \rightarrow OK!$$

10.2.3 Controle de fissuração

A presença de fissuras deve respeitar as aberturas máximas características (w_k) das fissuras previstas na norma NBR 6118 (ABNT, 2014) para evitar a corrosão das armaduras passivas, devendo-se, primeiramente, determinar a classe de agressividade ambiental, para depois chegar-se ao valor de w_k.

Para o exemplo em estudo, tem-se, de acordo com o Quadro 1.1:

Ambiente urbano, agressividade moderada → CAA II

Segundo o Quadro. 3.1, têm-se, com base na classe de agressividade ambiental, os valores-
-limite da abertura característica das fissuras para garantia da proteção quanto à corrosão, sendo para esse caso:

CAA II, estrutura em concreto armado → $w_k \leq 0{,}3\,\text{mm}$

i] $M = 1.890\,\text{kgf} \cdot \text{m}$

$$A_s \begin{cases} A_{s,calc} = 1{,}38\,\text{cm}^2 \\ A_{s,ef} = 1{,}570\,\text{cm}^2\,(2\,\phi\,10) \end{cases}$$

A abertura máxima característica (w_k) das fissuras para cada parte da área de envolvimento é a menor entre as obtidas pelas Eqs. 3.15 e 3.16:

$$w_k = \frac{\phi_i}{12{,}5\eta_1} \cdot \frac{\sigma_{si}}{E_{si}} \cdot \frac{3\sigma_{si}}{f_{ct,m}} = \frac{1{,}0}{12{,}5 \times 2{,}25} \times \frac{2.730}{(2{,}1 \times 10^6)} \times \frac{3 \times 2.730}{29} = 0{,}013\,\text{cm}$$

$$w_k = \frac{\phi_i}{12{,}5\eta_1} \cdot \frac{\sigma_{si}}{E_{si}} \left(\frac{4}{\rho_{ri}} + 45\right) = \frac{1{,}0}{12{,}5 \times 2{,}25} \times \frac{2.730}{(2{,}1 \times 10^6)} \left(\frac{4}{0{,}00683} + 45\right) = 0{,}029\,\text{cm}$$

$$w_k < \begin{cases} 0{,}13\,\text{mm} \\ 0{,}29\,\text{mm} \end{cases} \rightarrow w_k = 0{,}13\,\text{mm} < 0{,}30\,\text{mm}\,(\text{NBR 6118 (ABNT, 2014)}) \rightarrow OK!$$

Utilizando-se a Eq. 3.17:

$$\sigma_{si} = \frac{f_{yd}}{\gamma_f} \cdot \frac{A_{s,calc}}{A_{s,ef}} = \frac{4.348}{1{,}4} \times \frac{1{,}38}{1{,}57} = 2.730\,\text{kgf/cm}^2$$

Aplicando-se a Eq. 1.11:

$$f_{ct,m} = 0,3 f_{ck}^{2/3} = 0,3 \times 30^{2/3} = 2,90 \, \text{MPa} = 29,0 \, \text{kgf/cm}^2$$

Utilizando-se a Eq. 3.18:

$$\rho_{ri} = \frac{A_{si}}{A_{cri}} = \frac{0,785}{115} = 0,00683$$

$$A_{cri} = (d' + 7,5\phi) \times \left(\frac{b}{2}\right) = (4 + 7,5 \times 1,0) \times \left(\frac{20}{2}\right) = 115 \, \text{cm}^2$$

Utilizando-se a Eq. 2.12:

$$d' = c_{nom} + \phi_t + \frac{\phi_L}{2} = 3 + 0,5 + \frac{1,0}{2} = 4 \, \text{cm}$$

Conforme a Tab. 1.5, tem-se o seguinte valor para η_1:

$$\eta_1 = 2,25$$

Conforme o item "Módulo de elasticidade" da seção 1.4.2:

$$E_{si} = 2,1 \times 10^6 \, \text{kgf/cm}^2$$

A Fig. 10.8 mostra uma viga de dimensões 20 cm × 50 cm com 2 ϕ 10.

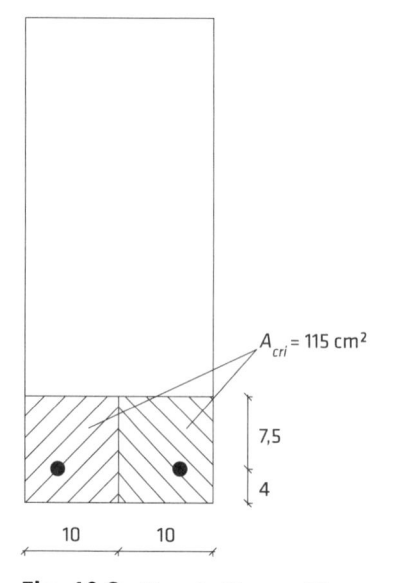

Fig. 10.8 Viga de 20 cm × 50 cm com 2 ϕ 10

ii] $M = 2.930 \, \text{kgf} \cdot \text{m}$

$$A_s \begin{cases} A_{s,calc} = 2,16 \, \text{cm}^2 \\ A_{s,ef} = 2,454 \, \text{cm}^2 (2 \, \phi \, 12,5) \end{cases}$$

A seguir, tem-se a abertura máxima característica w_k das fissuras (Eqs. 3.15 e 3.16):

$$w_k = \frac{\phi_i}{12,5\eta_1} \cdot \frac{\sigma_{si}}{E_{si}} \cdot \frac{3\sigma_{si}}{f_{ct,m}} = \frac{1,25}{12,5 \times 2,25} \times \frac{2.734}{(2,1 \times 10^6)} \times \frac{3 \times 2.734}{29} = 0,016 \, \text{cm}$$

$$w_k = \frac{\phi_i}{12,5\eta_1} \cdot \frac{\sigma_{si}}{E_{si}} \left(\frac{4}{\rho_{ri}} + 45\right) = \frac{1,25}{12,5 \times 2,25} \times \frac{2.734}{(2,1 \times 10^6)} \left(\frac{4}{0,00917} + 45\right) = 0,028 \, \text{cm}$$

$$w_k < \begin{cases} 0,16 \, \text{mm} \\ 0,28 \, \text{mm} \end{cases} \rightarrow w_k = 0,16 \, \text{mm} < 0,30 \, \text{mm} \, (\text{NBR 6118 (ABNT, 2014)}) \rightarrow OK!$$

Utilizando-se a Eq. 3.17:

$$\sigma_{si} = \frac{f_{yd}}{\gamma_f} \cdot \frac{A_{s,calc}}{A_{s,ef}} = \frac{4.348}{1,4} \times \frac{2,16}{2,454} = 2.734 \, \text{kgf/cm}^2$$

Aplicando-se a Eq. 1.11:

$$f_{ct,m} = 0,3 f_{ck}^{2/3} = 0,3 \times 30^{2/3} = 2,90 \, \text{MPa} = 29,0 \, \text{kgf/cm}^2$$

Aplicando-se a Eq. 3.18, tem-se:

$$\rho_{ri} = \frac{A_{si}}{A_{cri}} = \frac{1,227}{133,75} = 0,00917$$

$$A_{cri} = (d' + 7,5\phi) \times \left(\frac{b}{2}\right) = (4 + 7,5 \times 1,0) \times \left(\frac{20}{2}\right) = 133,75 \, \text{cm}^2$$

Utilizando-se a Eq. 2.12:

$$d' = c_{nom} + \phi_t + \frac{\phi_L}{2} = 3 + 0,5 + \frac{1,25}{2} = 4,125 \approx 4\,\text{cm}$$

Conforme a Tab. 1.5, tem-se:

$$\eta_1 = 2,25$$

De acordo com o item "Módulo de elasticidade" da seção 1.4.2:
$E_{si} = 2,1 \times 10^6\,\text{kgf/cm}^2$

A Fig. 10.9 mostra uma viga de 20 cm × 50 cm com 2 ϕ 12,5.

iii] $X = 4.910\,\text{kgf} \cdot \text{m}$

$$A_s \begin{cases} A_{s,calc} = 3,68\,\text{cm}^2 \\ A_{s,ef} = 3,681\,\text{cm}^2 (3\,\phi\,12,5) \end{cases}$$

Abertura máxima característica w_k das fissuras (Eqs. 3.15 e 3.16):

$$w_k = \frac{\phi_i}{12,5\eta_1} \cdot \frac{\sigma_{si}}{E_{si}} \cdot \frac{3\sigma_{si}}{f_{ct,m}}$$
$$= \frac{1,25}{12,5 \times 2,25} \times \frac{3.105}{(2,1 \times 10^6)} \times \frac{3 \times 3.105}{29} = 0,021\,\text{cm}$$

$$w_k = \frac{\phi_i}{12,5\eta_1} \cdot \frac{\sigma_{si}}{E_{si}} \left(\frac{4}{\rho_{ri}} + 45\right)$$
$$= \frac{1,25}{12,5 \times 2,25} \times \frac{3.105}{(2,1 \times 10^6)} \left(\frac{4}{0,01311} + 45\right) = 0,023\,\text{cm}$$

$$w_k < \begin{cases} 0,21\,\text{mm} \\ 0,23\,\text{mm} \end{cases} \rightarrow w_k = 0,21\,\text{mm} < 0,30\,\text{mm}\,(\text{NBR 6118 (ABNT, 2014)}) \rightarrow OK!$$

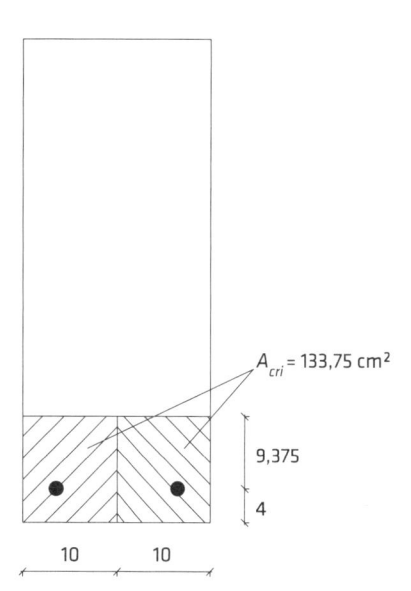

Fig. 10.9 Viga 20 cm × 50 cm com 2 ϕ 12.5

Com a Eq. 3.17:

$$\sigma_{si} = \frac{f_{yd}}{\gamma_f} \cdot \frac{A_{s,calc}}{A_{s,ef}} = \frac{4.348}{1,4} \times \frac{3,68}{3,681} = 3.105\,\text{kgf/cm}^2$$

Aplicando-se a Eq. 1.11, tem-se:

$$f_{ct,m} = 0,3 f_{ck}^{2/3} = 0,3 \times 30^{2/3} = 2,90\,\text{MPa} = 29,0\,\text{kgf/cm}^2$$

Utilizando-se a Eq. 3.18, tem-se:

- barras nas extremidades:

$$\rho_{ri} = \frac{A_{si}}{A_{cri}} = \frac{1,227}{93,62} = 0,01311$$

$$A_{cri} = (d' + 7,5\phi) \times (4 + 3) = (4 + 7,5 \times 1,25) \times (7) = 93,62\,\text{cm}^2$$

Aplicando-se a Eq. 2.12:

$$d' = c_{nom} + \phi_t + \frac{\phi_L}{2} = 3 + 0,5 + \frac{1,25}{2} = 4,125 \approx 4\,\text{cm}$$

- barras centrais:

$$\rho_{ri} = \frac{A_{si}}{A_{cri}} = \frac{1{,}227}{80{,}25} = 0{,}01529$$

$$A_{cri} = (d' + 7{,}5\phi) \times (3+3) = (4 + 7{,}5 \times 1{,}25) \times (6) = 80{,}25\,\text{cm}^2$$

Aplicando-se a Eq. 2.12:

$$d' = c_{nom} + \phi_t + \frac{\phi_L}{2} = 3 + 0{,}5 + \frac{1{,}25}{2} = 4{,}125 \approx 4\,\text{cm}$$

A favor da segurança, adota-se o menor valor para taxa ρ_{ri} já que esta resulta em um maior valor para w_k:

Conforme a Tab. 1.5:

$$\eta_1 = 2{,}25$$

De acordo com o item "Módulo de elasticidade" da seção 1.4.2:

$$E_{si} = 2{,}1 \times 10^6\,\text{kgf/cm}^2$$

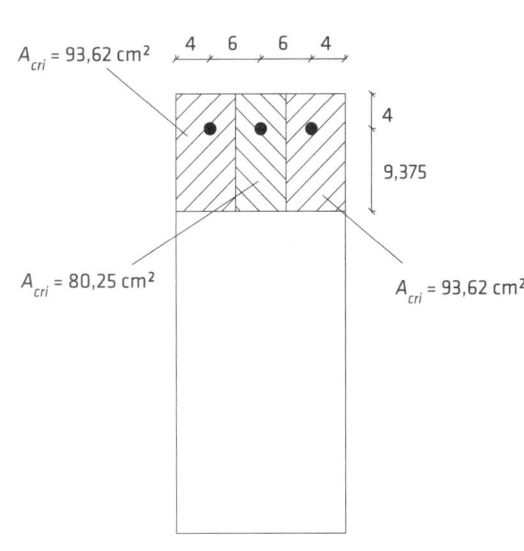

A Fig. 10.10 mostra os valores obtidos para uma viga de 20 cm × 50 cm com 3 ϕ 12,5.

iv] $X = 6.170\,\text{kgf} \cdot \text{m}$

$$A_s \begin{cases} A_{s,calc} = 4{,}71\,\text{cm}^2 \\ A_{s,ef} = 4{,}908\,\text{cm}^2 (4\,\phi\,12{,}5) \end{cases}$$

Abertura máxima característica w_k das fissuras, segundo as Eqs. 3.15 e 3.16):

$$w_k = \frac{\phi_i}{12{,}5\eta_1} \cdot \frac{\sigma_{si}}{E_{si}} \cdot \frac{3\sigma_{si}}{f_{ct,m}}$$

$$= \frac{1{,}25}{12{,}5 \times 2{,}25} \times \frac{2.980}{(2{,}1 \times 10^6)} \times \frac{3 \times 2.980}{29} = 0{,}019\,\text{cm}$$

$$w_k = \frac{\phi_i}{12{,}5\eta_1} \cdot \frac{\sigma_{si}}{E_{si}} \left(\frac{4}{\rho_{ri}} + 45\right)$$

$$= \frac{1{,}25}{12{,}5 \times 2{,}25} \times \frac{2.980}{(2{,}1 \times 10^6)} \left(\frac{4}{0{,}01529} + 45\right) = 0{,}019\,\text{cm}$$

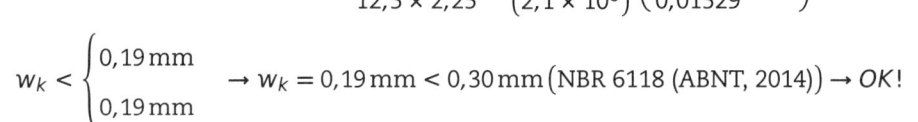

Fig. 10.10 Viga de 20 cm × 50 cm com 3 ϕ 12,5

$A_{cri} = 93{,}62\,\text{cm}^2$
$A_{cri} = 80{,}25\,\text{cm}^2$
$A_{cri} = 93{,}62\,\text{cm}^2$

$$w_k < \begin{cases} 0{,}19\,\text{mm} \\ 0{,}19\,\text{mm} \end{cases} \rightarrow w_k = 0{,}19\,\text{mm} < 0{,}30\,\text{mm}\,(\text{NBR 6118 (ABNT, 2014)}) \rightarrow \text{OK!}$$

Aplicando-se a Eq. 3.17, tem-se:

$$\sigma_{si} = \frac{f_{yd}}{\gamma_f} \cdot \frac{A_{s,calc}}{A_{s,ef}} = \frac{4.348}{1{,}4} \times \frac{4{,}71}{4{,}908} = 2.980\,\text{kgf/cm}^2$$

Utilizando-se a Eq. 1.11:

$$f_{ct,m} = 0{,}3 f_{ck}^{2/3} = 0{,}3 \times 30^{2/3} = 2{,}90\,\text{MPa} = 29{,}0\,\text{kgf/cm}^2$$

Com a Eq. 3.18, tem-se:

- barras nas extremidades:

$$\rho_{ri} = \frac{A_{si}}{A_{cri}} = \frac{1{,}227}{80{,}25} = 0{,}01529$$

$$A_{cri} = (d' + 7.5\phi) \times (4 + 2) = (4 + 7.5 \times 1.25) \times (6) = 80.25 \text{ cm}^2$$

Aplicando-se a Eq. 2.12:

$$d' = c_{nom} + \phi_t + \frac{\phi_L}{2} = 3 + 0.5 + \frac{1.25}{2} = 4.125 \approx 4 \text{ cm}$$

- barras centrais:

$$\rho_{ri} = \frac{A_{si}}{A_{cri}} = \frac{1.227}{53.5} = 0.02293$$

$$A_{cri} = (d' + 7.5\phi) \times (2 + 2) = (4 + 7.5 \times 1.25) \times (4) = 53.5 \text{ cm}^2$$

Aplicando-se a Eq. 2.12:

$$d' = c_{nom} + \phi_t + \frac{\phi_L}{2} = 3 + 0.5 + \frac{1.25}{2} = 4.125 \approx 4 \text{ cm}$$

A favor da segurança, adota-se o menor valor para taxa ρ_{ri} já que esta resulta em um maior valor para w_k.

Com base na Tab. 1.5:

$$\eta_1 = 2.25$$

De acordo com o item "Módulo de elasticidade" da seção 1.4.2:

$E_{si} = 2.1 \times 10^6$ kgf/cm²

A Fig. 10.11 mostra as áreas de concreto de envolvimento de barra ϕ_i da armadura (A_{cri}) da viga em estudo.

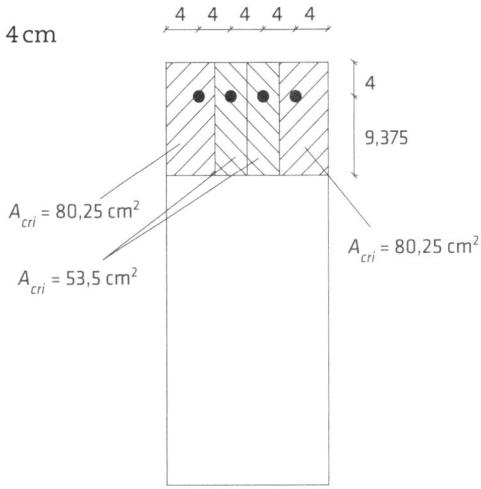

Fig. 10.11 Viga de 20 cm × 50 cm com 4 ϕ 12,5

10.2.4 Cisalhamento

Para os cálculos referentes ao cisalhamento será utilizado $d' = 5$ cm.

i] *Primeiro vão* (...)

A Fig. 10.12 mostra o diagrama de força cortante do primeiro vão da viga 1.

- Lado esquerdo

1] Verificação do concreto

Utilizando-se a Eq. 3.2:

$$\tau_{wd} = \frac{V_d}{b_w \cdot d} = \frac{2.274 \times 1.4}{20 \times 45}$$

$$= 3.54 \text{ kgf/cm}^2 = 0.035 \text{ kN/cm}^2$$

$$V_{face} = V_{apoio} - \left(q \cdot \frac{b}{2}\right)$$

$$= 2.430 - \left(1.565 \times \frac{0.20}{2}\right) = 2.274 \text{ kgf}$$

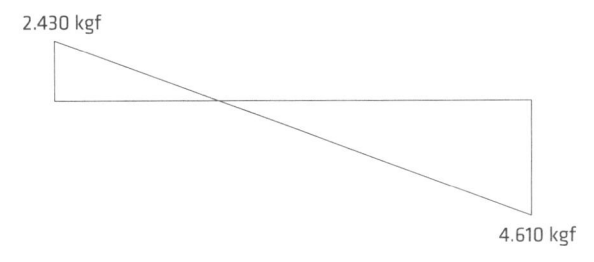

Fig. 10.12 Diagrama de força cortante da viga 1 – primeiro vão

Conforme a Tab. 3.1:

$$\tau_{wd2} = 0.509 \text{ kN/cm}^2$$

Compara-se, então, a tensão máxima (τ_{wd2}) com a tensão convencional de cisalhamento de cálculo (τ_{wd}), de modo a obedecer a condição da Eq. 3.5:

$$\tau_{wd} = 0,035 \, kN/cm^2 \leqslant \tau_{wd2} = 0,509 \, kN/cm^2 \to OK!$$

2] Cálculo da armadura transversal

Conforme a Tab. 3.5:

$$\rho_{w,mín} = 0,116$$

A seguir, tem-se a taxa de armadura transversal (ρ_w) dada pela Eq. 3.7:

$$\rho_w = 100 \left(\frac{\tau_{wd} - \tau_{c0}}{39,15} \right) = 100 \left(\frac{0,035 - 0,087}{39,15} \right) = -0,133 < \rho_{w,mín} \, (0,116)$$

Conforme a Tab. 3.3:

$$\tau_{c0} = 0,087 \, kN/cm^2$$

Como $\rho_w < \rho_{w,mín}$, deve-se calcular a armadura utilizando-se a Eq. 3.10:

$$A_{sw,mín} = \rho_{w,mín} \cdot b_w = 0,116 \times 20 = 2,32 \, cm^2/m$$

- Lado direito

1] Verificação do concreto

Utilizando-se a Eq. 3.2, tem-se:

$$\tau_{wd} = \frac{V_d}{b_w \cdot d} = \frac{4.376 \times 1,4}{20 \times 45} = 6,81 \, kgf/cm^2 = 0,068 \, kN/cm^2$$

$$V_{face} = V_{apoio} - \left(q \cdot \frac{b}{2} \right) = 4.610 - \left(1.565 \times \frac{0,30}{2} \right) = 4.376 \, kgf$$

Conforme a Tab. 3.1, tem-se:

$$\tau_{wd2} = 0,509 \, kN/cm^2$$

Comparação da tensão máxima (τ_{wd2}) com a tensão convencional de cisalhamento de cálculo (τ_{wd}), de modo a obedecer a condição da Eq. 3.5:

$$\tau_{wd} = 0,068 \, kN/cm^2 \leqslant \tau_{wd2} = 0,509 \, kN/cm^2 \to OK!$$

2] Cálculo da armadura transversal

Conforme a Tab. 3.5:

$$\rho_{w,mín} = 0,116$$

A seguir, tem-se a taxa de armadura transversal (ρ_w) dada pela Eq. 3.7:

$$\rho_w = 100 \left(\frac{\tau_{wd} - \tau_{c0}}{39,15} \right) = 100 \left(\frac{0,068 - 0,087}{39,15} \right) = -0,049 < \rho_{w,mín} \, (0,116)$$

Conforme a Tab. 3.3:

$$\tau_{c0} = 0,087 \, kN/cm^2$$

Como $\rho_w < \rho_{w,mín}$, deve-se calcular a armadura utilizando-se a Eq. 3.10:

$$A_{sw,mín} = \rho_{w,mín} \cdot b_w = 0{,}116 \times 20 = 2{,}32\,\text{cm}^2/\text{m}$$

- Estribos utilizados:

De acordo com a condição da Eq. 3.13:

$$\begin{cases} \phi_t \geq 5\,\text{mm} \\ \phi_t \leq \dfrac{b_w}{10} = \dfrac{20}{10} = 2\,\text{cm} = 20\,\text{mm} \end{cases}$$

$$A_{s,adotado} = A_{sw,mín} = 2{,}32\,\text{cm}^2/\text{m}$$

Supondo estribos de duas pernas verticais, tem-se:

$$\frac{A_{s,adotado}}{perna} = \frac{2{,}32}{2} = 1{,}16\,\text{cm}^2/\text{m}$$

Espaçamento (Eq. 3.14):

$$\frac{\tau_{wd}}{\tau_{wd2}} = \frac{0{,}068}{0{,}509} = 0{,}13 \leq 0{,}67 \to s_{máx} = 0{,}6d = 0{,}6 \times 45 = 27\,\text{cm} \leq 30\,\text{cm} \to OK!$$

→ Utilizado no primeiro vão: ϕ 5 c/16   (Ver Tab. A12 - Parte II)

ii] *Segundo vão*

A Fig. 10.13 apresenta o diagrama de força cortante do segundo vão da viga 1.

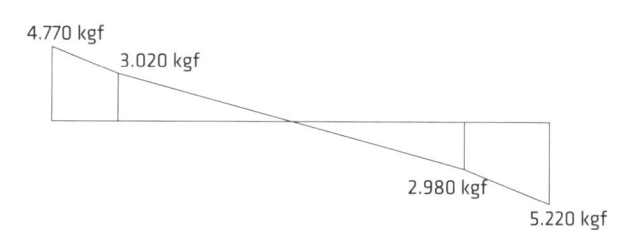

Fig. 10.13 Diagrama de força cortante da viga 1 – segundo vão

- Lado esquerdo
1] Verificação do concreto

Utilizando-se a Eq. 3.2, tem-se:

$$\tau_{wd} = \frac{V_d}{b_w \cdot d} = \frac{4.508 \times 1{,}4}{20 \times 45} = 7{,}01\,\text{kgf/cm}^2 = 0{,}070\,\text{kN/cm}^2$$

$$V_{face} = V_{apoio} - \left(q \cdot \frac{b}{2}\right) = 4.770 - \left(1.749 \times \frac{0{,}30}{2}\right) = 4.508\,\text{kgf}$$

Conforme a Tab. 3.1:

$$\tau_{wd2} = 0{,}509\,\text{kN/cm}^2$$

Comparação da tensão máxima (τ_{wd2}) com a tensão convencional de cisalhamento de cálculo (τ_{wd}), de modo a obedecer a condição da Eq. 3.5:

$$\tau_{wd} = 0{,}070\,\text{kN/cm}^2 \leq \tau_{wd2} = 0{,}509\,\text{kN/cm}^2 \to OK!$$

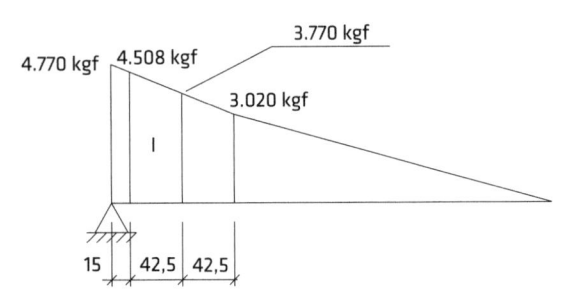

Fig. 10.14 Divisão em trechos do lado esquerdo do segundo vão da viga 1

2] Cálculo da armadura transversal

Na Fig. 10.14, pode-se ver o lado esquerdo do segundo vão da viga 1 dividido em trechos.

Trecho I:

Conforme a Tab. 3.5:

$$\rho_{w,\text{mín}} = 0,116$$

A seguir tem-se a taxa de armadura transversal (ρ_w) dada pela Eq. 3.7:

$$\rho_w = 100\left(\frac{\tau_{wd} - \tau_{c0}}{39,15}\right) = 100\left(\frac{0,070 - 0,087}{39,15}\right) = -0,043 < \rho_{w,\text{mín}}\,(0,116)$$

De acordo com a Tab. 3.3:

$$\tau_{c0} = 0,087\,\text{kN/cm}^2$$

Como $\rho_w < \rho_{w,\text{mín}}$, deve-se calcular a armadura utilizando-se a Eq. 3.10:

$$A_{sw,\text{mín}} = \rho_{w,\text{mín}} \cdot b_w = 0,116 \times 20 = 2,32\,\text{cm}^2/\text{m}$$

- Lado direito

1] Verificação do concreto

Utilizando-se a Eq. 3.2, tem-se:

$$\tau_{wd} = \frac{V_d}{b_w \cdot d} = \frac{4.958 \times 1,4}{20 \times 45} = 7,71\,\text{kgf/cm}^2 = 0,077\,\text{kN/cm}^2$$

$$V_{face} = V_{apoio} - \left(q \cdot \frac{b}{2}\right) = 5.220 - \left(1.749 \times \frac{0,30}{2}\right) = 4.958\,\text{kgf}$$

Conforme a Tab. 3.1:

$$\tau_{wd2} = 0,509\,\text{kN/cm}^2$$

Comparação da tensão máxima (τ_{wd2}) com a tensão convencional de cisalhamento de cálculo (τ_{wd}), de modo a obedecer a condição da Eq. 3.5:

$$\tau_{wd} = 0,077\,\text{kN/cm}^2 \leqslant \tau_{wd2} = 0,509\,\text{kN/cm}^2 \rightarrow OK!$$

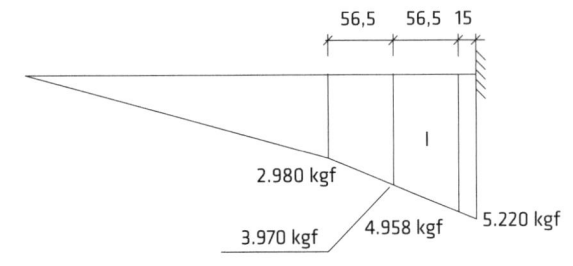

Fig. 10.15 Divisão em trechos do lado direito do segundo vão da viga 1

2] Cálculo da armadura transversal

Na Fig. 10.15, pode-se ver o lado direito do segundo vão da viga 1 dividido em trechos.

Trecho I:

De acordo com a Tab. 3.5:

$$\rho_{w,\text{mín}} = 0,116$$

A seguir, tem-se a taxa de armadura transversal (ρ_w) dada pela Eq. 3.7:

$$\rho_w = 100\left(\frac{\tau_{wd} - \tau_{c0}}{39,15}\right)$$
$$= 100\left(\frac{0,077 - 0,087}{39,15}\right)$$
$$= -0,026 < \rho_{w,mín}\,(0,116)$$

Conforme a Tab. 3.3:

$$\tau_{c0} = 0,087\,\text{kN/cm}^2$$

Como $\rho_w < \rho_{w,mín}$, deve-se calcular a armadura utilizando-se a Eq. 3.10:

$$A_{sw,mín} = \rho_{w,mín} \cdot b_w = 0,116 \times 20 = 2,32\,\text{cm}^2/\text{m}$$

- Estribos utilizados

De acordo com a condição da Eq. 3.13:

$$\begin{cases} \phi_t \geq 5\,\text{mm} \\ \phi_t \leq \frac{b_w}{10} = \frac{20}{10} = 2\,\text{cm} = 20\,\text{mm} \end{cases}$$

$$A_{s,adotado} = A_{sw,mín} = 2,32\,\text{cm}^2/\text{m}$$

Supondo estribos de duas pernas verticais, tem-se:

$$\frac{A_{s,adotado}}{perna} = \frac{2,32}{2} = 1,16\,\text{cm}^2/\text{m}$$

Espaçamento (Eq. 3.14):

$$\frac{\tau_{wd}}{\tau_{wd2}} = \frac{0,077}{0,509} = 0,15 \leq 0,67 \rightarrow s_{máx} = 0,6d = 0,6 \times 45 = 27\,\text{cm} \leq 30\,\text{cm} \rightarrow OK!$$

$$\rightarrow \text{Utilizado no segundo vão: } \phi\,5\,c/16$$

10.2.5 Verificação da aderência e ancoragem

Para os cálculos referentes à aderência e ancoragem será utilizado $d' = 5\,\text{cm}$

i] Cálculo da resistência de aderência

Utilizando-se a Eq. 4.1, tem-se:

$$f_{bd} = \eta_1 \cdot \eta_2 \cdot \eta_3 \cdot f_{ctd} = 2,25 \times 1,0 \times 1,0 \times 14,5 = 32,6\,\text{kgf/cm}^2$$

Conforme a Tab. 1.5:

$$\eta_1 = 2,25$$

Respeitando a condição da Eq. 4.3, tem-se:

$$\eta_2 = 1,0 \rightarrow \text{situação de boa aderência}$$

Considerando a condição da Eq. 4.4, tem-se:

$$\eta_3 = 1,0 \rightarrow \phi < 32\,\text{mm}$$

Aplicando-se a Eq. 4.2:

$$f_{ctd} = \frac{f_{ctk,inf}}{\gamma_c} = \frac{20,3}{1,4} = 14,5\,\text{kgf/cm}^2$$

Utilizando-se a Eq. 1.13:

$$f_{ctk,inf} = 0,7 f_{ct,m} = 0,7 \times 29,0 = 20,3\,\text{kgf/cm}^2$$

Aplicando-se a Eq. 1.11:

$$f_{ct,m} = 0,3 f_{ck}^{2/3} = 0,3 \times 30^{2/3} = 2,90\,\text{MPa} = 29,0\,\text{kgf/cm}^2$$

Conforme a Tab. 1.10:

$$\gamma_c = 1,4$$

ii] Cálculo da ancoragem

Considerando-se para a ancoragem uma barra de diâmetro $\phi = 10\,\text{mm}$ e situação de boa aderência, tem-se, para cálculo do comprimento de ancoragem básico, a Eq. 4.8:

$$l_b = \frac{\phi}{4} \cdot \frac{f_{yd}}{f_{bd}} \geqslant 25\phi$$
$$l_b = \frac{1,0}{4} \times \frac{4.348}{32,6} \approx 34\,\text{cm} \geqslant 25 \times 1,0 = 25\,\text{cm} \rightarrow OK!$$

Conforme a Tab. 1.13:

$$f_{yd} = 4.348\,\text{kgf/cm}^2\,(\text{CA-50})$$

Cálculo da ferragem positiva do primeiro vão (ancoragem em apoios extremos):
Utilizando-se a Eq. 4.13:

$$a_\ell = 0,5d = 0,5 \times 45 \approx 23\,\text{cm}$$

Aplicando-se a Eq. 4.12:

$$F_{Sd} = \frac{a_\ell}{d} \cdot V_d + N_d = \frac{23}{45}(2.430 \times 1,4) + 0 = 1.739\,\text{kgf}$$

Aplicando-se a Eq. 4.14:

$$A_{s,calc} = \frac{F_{Sd}}{f_{yd}} = \frac{1.739}{4.348} = 0,40\,\text{cm}^2$$

Para o comprimento de ancoragem necessário, segue-se a Eq. 4.9:

$$l_{b,nec} = \alpha \cdot l_b \frac{A_{s,calc}}{A_{s,ef}} \geqslant l_{b,min}$$
$$l_{b,nec} = 1,0 \times 34 \times \frac{0,40}{1,57} = 8,66\,\text{cm}$$

De acordo com a condição da Eq. 4.10:

$$\alpha = \{1,0 \rightarrow \text{barras sem gancho}$$

Observando-se o item 10.2.1, tem-se, para $M = 1.890\,\text{kgf} \cdot \text{m}$:

$$A_{s,ef} = 2\,\phi\,10\,\text{mm} = 1,57\,\text{cm}^2$$

Utilizando-se a Eq. 4.11 para cálculo do $l_{b,mín}$:

$$l_{b,mín} \geq \begin{cases} 0,3 l_b = 0,3 \times 34 = 10,2\,cm \\ 10\phi = 10 \times 1,0 = 10\,cm \\ 100\,mm = 10\,cm \end{cases} \rightarrow l_{b,mín} = 10,2\,cm$$

Após realizado o cálculo do $l_{b,nec}$, deve-se verificar se ele obedece à condição:

$$l_{b,nec} \geq l_{b,mín}$$

$$l_{b,nec} = 8,66\,cm \geq l_{b,mín} = 10,2\,cm \rightarrow \text{Não } OK!$$

$$\rightarrow l_{b,nec} = 10,2\,cm$$

Por fim, arredonda-se o valor da ancoragem necessária para o múltiplo de 5 cm imediatamente superior, obtendo-se:

$$\text{Ancoragem} = 15\,cm$$

Para os demais cálculos de ancoragens, deve-se realizar o mesmo raciocínio.

10.3 Cálculo das vigas

Os cálculos das demais vigas deverão ser realizados conforme procedimento apresentado para a viga 1.

A seguir, têm-se os esquemas dos carregamentos das vigas e seus diagramas gerados pelo programa Ftool.

10.3.1 Viga 2 – 15/60

O esquema de carregamentos da viga 2 está representado pela Fig. 10.16, enquanto os carregamentos em si podem ser conferidos na Fig. 10.17.

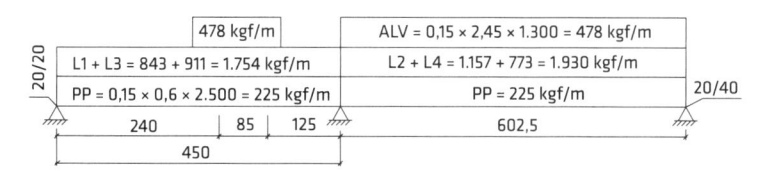

Fig. 10.16 Esquema dos carregamentos da viga 2

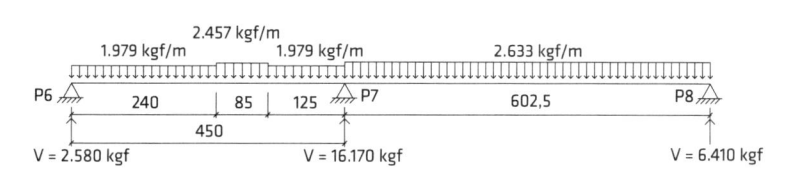

Fig. 10.17 Carregamentos da viga 2

A seguir, têm-se os diagramas de força cortante (Fig. 10.18) e de momento fletor (Fig. 10.19) da viga 2.

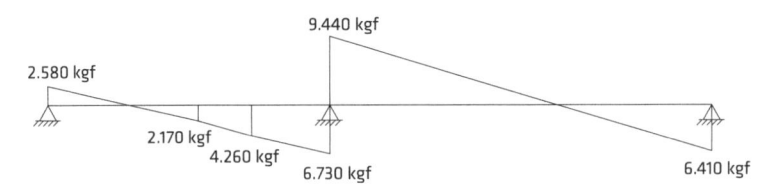

Fig. 10.18 Diagrama de força cortante da viga 2

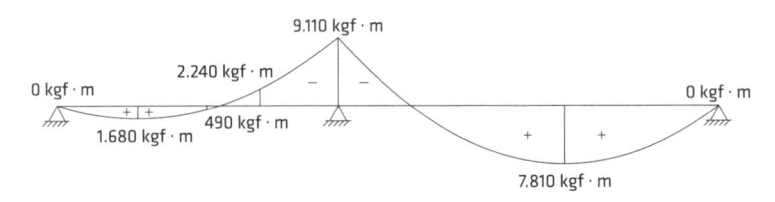

Fig. 10.19 Diagrama de momento fletor da viga 2

10.3.2 Viga 4 – 20/50

A seguir, têm-se: o esquema de carregamentos da viga 4 (Fig. 10.20), os carregamentos em si (Fig. 10.21), bem como os diagramas de força cortante (Fig. 10.22) e de momento fletor (Fig. 10.23) da viga 4.

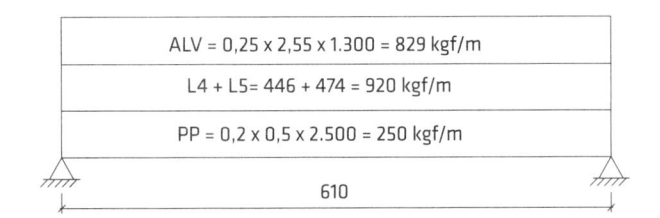

Fig. 10.20 Esquema dos carregamentos da viga 4

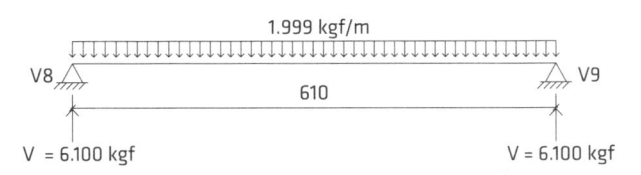

Fig. 10.21 Carregamentos da viga 4

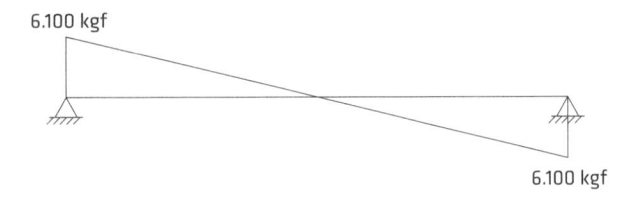

Fig. 10.22 Diagrama de força cortante da viga 4

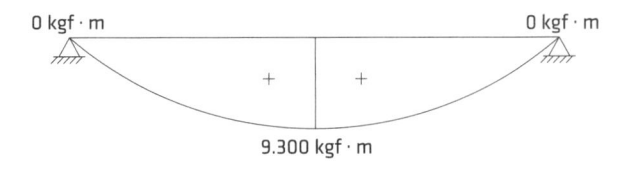

Fig. 10.23 Diagrama de momento fletor da viga 4

10.3.3 Viga 5 – 20/50

A seguir, têm-se: o esquema de carregamentos da viga 5 (Fig. 10.24), os carregamentos em si (Fig. 10.25), bem como os diagramas de força cortante (Fig. 10.26) e de momento fletor (Fig. 10.27) da viga 5.

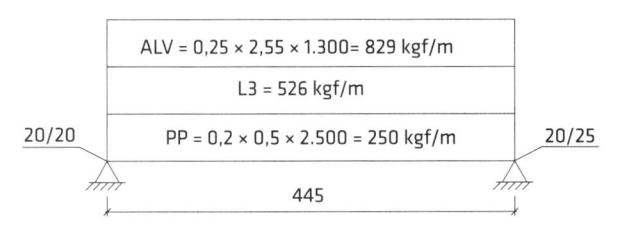

Fig. 10.24 Esquema dos carregamentos da viga 5

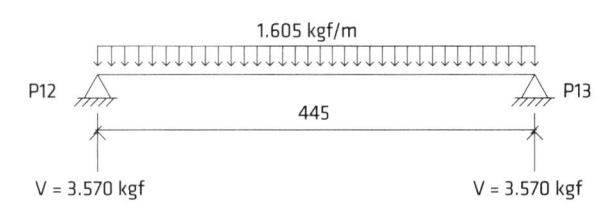

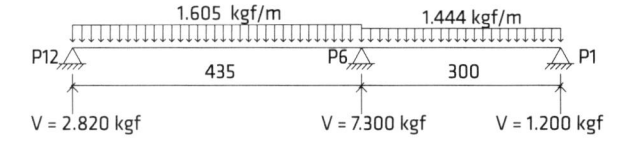

Fig. 10.25 Carregamentos da viga 5

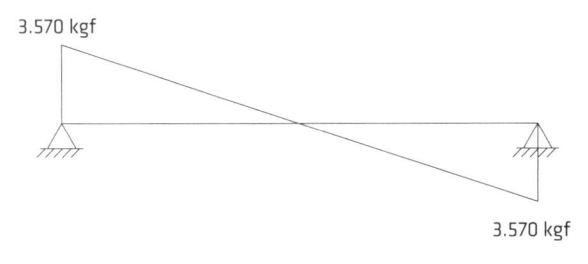

Fig. 10.26 Diagrama de força cortante da viga 5

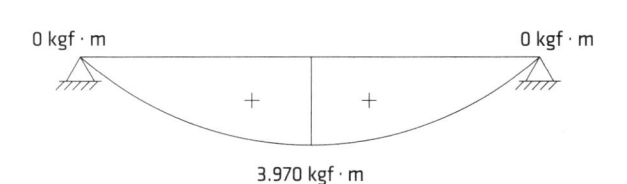

Fig. 10.27 Diagrama de momento fletor da viga 5

10.3.4 Viga 7 – 20/50

A seguir, têm-se: o esquema de carregamentos da viga 7 (Fig. 10.28), os carregamentos em si (Fig. 10.29), bem como os seus diagramas de força cortante (Fig. 10.30) e de momento fletor (Fig. 10.31).

Fig. 10.28 Esquema dos carregamentos da viga 7

Fig. 10.29 Carregamentos da viga 7

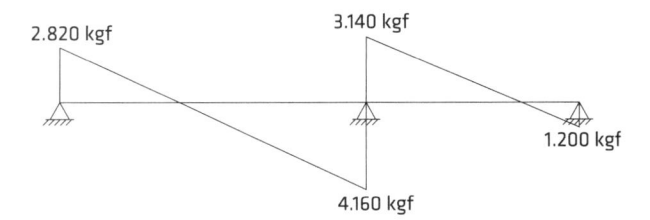

Fig. 10.30 Diagrama de força cortante da viga 7

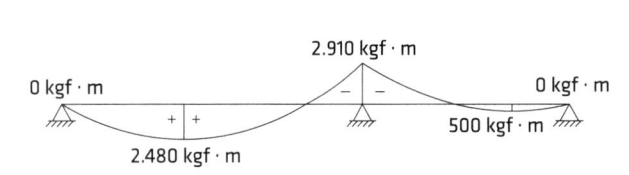

Fig. 10.31 Diagrama de momento fletor da viga 7

10.3.5 Viga 8 – 15/50

A seguir, têm-se: o esquema de carregamentos da viga 8 (Fig. 10.32), os carregamentos em si (Fig. 10.33), bem como os seus diagramas de força cortante (Fig. 10.34) e de momento fletor (Fig. 10.35).

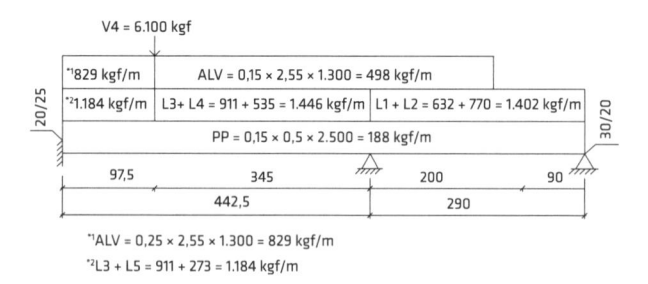

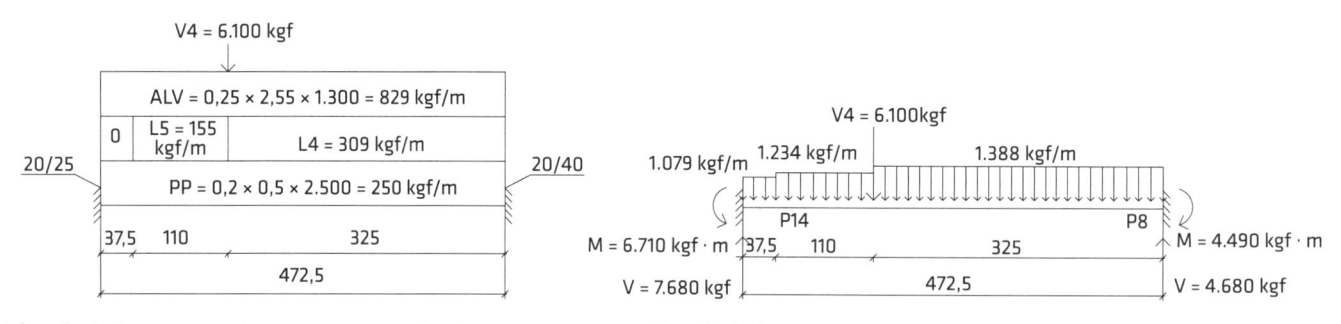

Fig. 10.32 Esquema dos carregamentos da viga 8

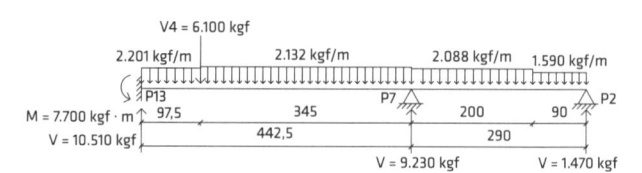

Fig. 10.33 Carregamentos da viga 8

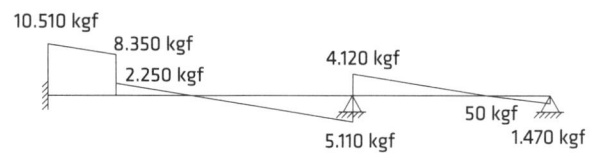

Fig. 10.34 Diagrama de força cortante da viga 8

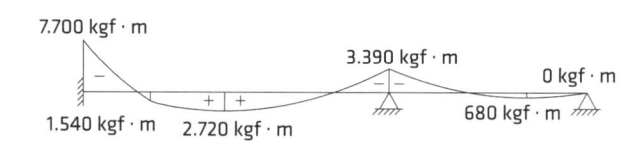

Fig. 10.35 Diagrama de momento fletor da viga 8

10.3.6 Viga 9 – 20/50

A seguir, têm-se: o esquema de carregamentos da viga 9 (Fig. 10.36), os carregamentos em si (Fig. 10.37), bem como os seus diagramas de força cortante (Fig. 10.38) e de momento fletor (Fig. 10.39).

Fig. 10.36 Esquema dos carregamentos da viga 9

Fig. 10.37 Carregamentos da viga 9

Fig. 10.38 Diagrama de força cortante da viga 9

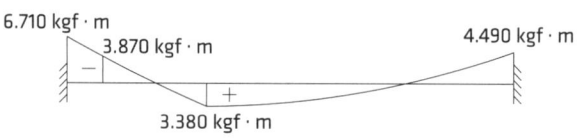

Fig. 10.39 Diagrama de momento fletor da viga 9

10.3.7 Viga 10 – 15/50

A seguir, têm-se: o esquema de carregamentos da viga 10 (Fig. 10.40), os carregamentos em si (Fig. 10.41), bem como os seus diagramas de força cortante (Fig. 10.42) e de momento fletor (Fig. 10.43).

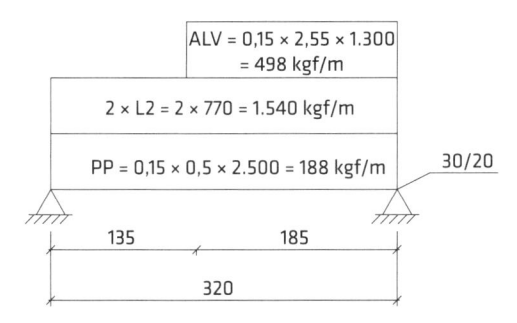

Fig. 10.40 Esquema dos carregamentos da viga 10

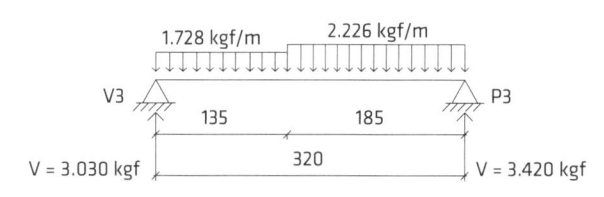

Fig. 10.41 Carregamentos da viga 10

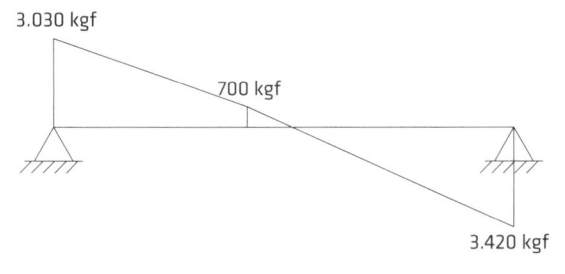

Fig. 10.42 Diagrama de força cortante da viga 10

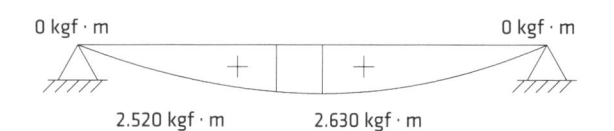

Fig. 10.43 Diagrama de momento fletor da viga 10

10.3.8 Cargas relativas à escada

Para a escada do edifício em estudo, tem-se modelo estrutural equivalente a uma laje armada em uma direção, estando esta apoiada e sob solicitação de cargas verticais. Esse modelo, análogo a uma viga isostática, permite a determinação das solicitações e reações por meio do vão de cálculo.

As vigas V3 e V6 recebem a escada, e, para o cálculo dessas vigas, é preciso que seja analisada a influência da escada sobre elas. Para tal, seguem: planta (Fig. 10.44), corte da escada (Fig. 10.45) e detalhe dos degraus (Fig. 10.46).

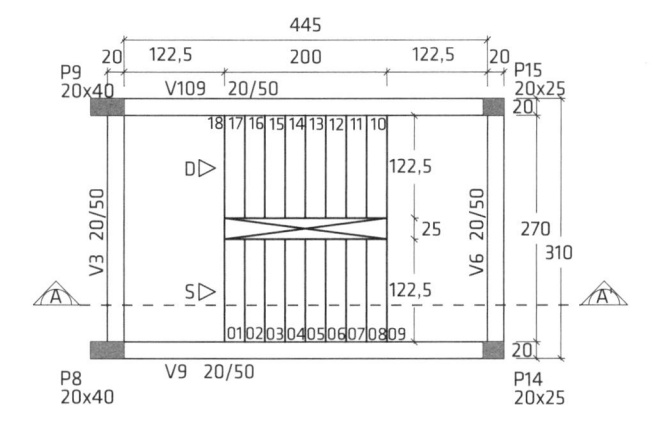

Fig. 10.44 Planta da escada (cotas em cm)

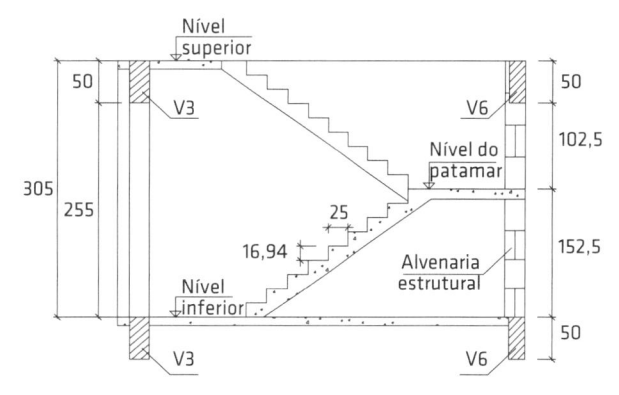

Fig. 10.45 Corte AA da escada (cotas em cm)

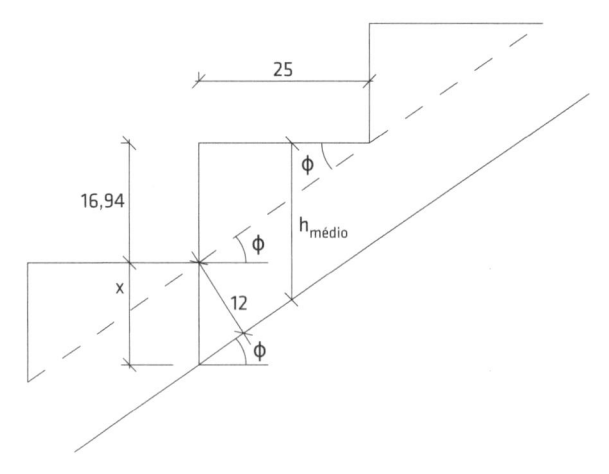

Fig. 10.46 Detalhe dos degraus (cotas em cm)

Analisando-se os desenhos apresentados, chega-se aos dados:

$$\text{Altura de cada espelho} = \frac{305}{18} = 16,94 \text{ cm}$$

$$\text{Vão de cálculo} = \frac{0,20}{2} + 1,225 + 2,0 + 1,225 + \frac{0,20}{2} = 4,65 \text{ m}$$

Altura da laje da escada = 12 cm

$$\text{tg}\,\phi = \frac{16,94}{25,0} = 0,678 \rightarrow \phi = 34,1°$$

$$\text{sen}(90° - 34,1°) = \frac{12\,\text{cm}}{x} \rightarrow x = 14,5$$

$$h_{médio} = \frac{(espelho + x) + x}{2} = \frac{(16,94 + 14,5) + 14,5}{2} = 22,97\,\text{cm} \approx 23\,\text{cm}$$

Peso próprio do trecho com degraus:

$$pp_d = \rho_c \cdot h_{médio} = 2.500 \times 0,23 = 575\,\text{kgf/m}^2 \rightarrow q_{adotado} = 600\,\text{kgf/m}^2$$

Peso próprio do trecho sem degraus:

$$pp' = \rho_c \cdot h = 2.500 \times 0,12 = 300\,\text{kgf/m}^2$$

Para cálculo da carga distribuída e da reação do trecho z no patamar (Fig. 10.47), tem-se:

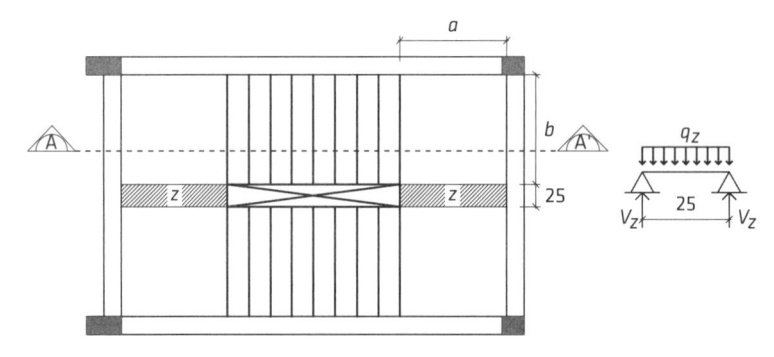

Fig. 10.47 Reação do trecho z no patamar (cota em cm)

$$q_z = pp' + sc + \text{revestimento} = 300 + 250 + 100 = 650\,\text{kgf/m}$$

$$V_z = \frac{q_z \cdot l}{2} = \frac{650 \times 0{,}25}{2} = 81{,}25\,\text{kgf/m}$$

$$\text{Reação} = \frac{V_z \cdot a}{ab} = \frac{(81{,}25 \times 1{,}225)}{1{,}225^2} = 66{,}33\,\text{kgf/m}^2 \rightarrow \text{Adotar } 100\,\text{kgf/m}^2$$

Obs.: Valores estimados para sobrecarga e revestimento.

Para cálculo da carga sobre a escada (Fig. 10.48), tem-se:

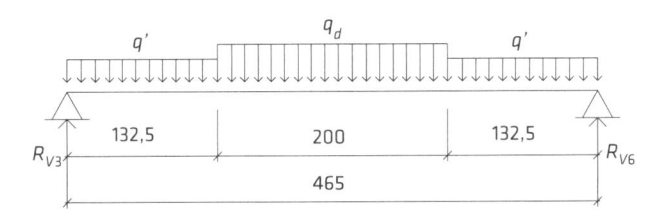

Fig. 10.48 Corte AA':Carregamentos da escada (cotas em cm)

Trecho sem degraus:

$$q' = pp' + sc + \text{revestimento} + \text{reação} = 300 + 250 + 100 + 100 = 750\,\text{kgf/m}$$

Trecho com degraus:

$$q_d = pp_d + sc + \text{revestimento} = 600 + 250 + 100 = 950\,\text{kgf/m}$$

Obs.: Valores estimados para sobrecarga e revestimento.

Reação de apoio:

$$R_{V3} = R_{V6} = \frac{(q' \times 1{,}325 + q_d \times 2{,}0 + q' \times 1{,}325)}{2} = \frac{(750 \times 1{,}325 + 950 \times 2{,}0 + 750 \times 1{,}325)}{2} \approx 1.944\,\text{kgf}$$

10.3.9 Viga 3 – 20/50

A seguir, tem-se: o esquema de carregamentos da viga 3 (Fig. 10.49), os carregamentos em si (Fig. 10.50), bem como os seus diagramas de força cortante (Fig. 10.51) e de momento fletor (Fig. 10.52).

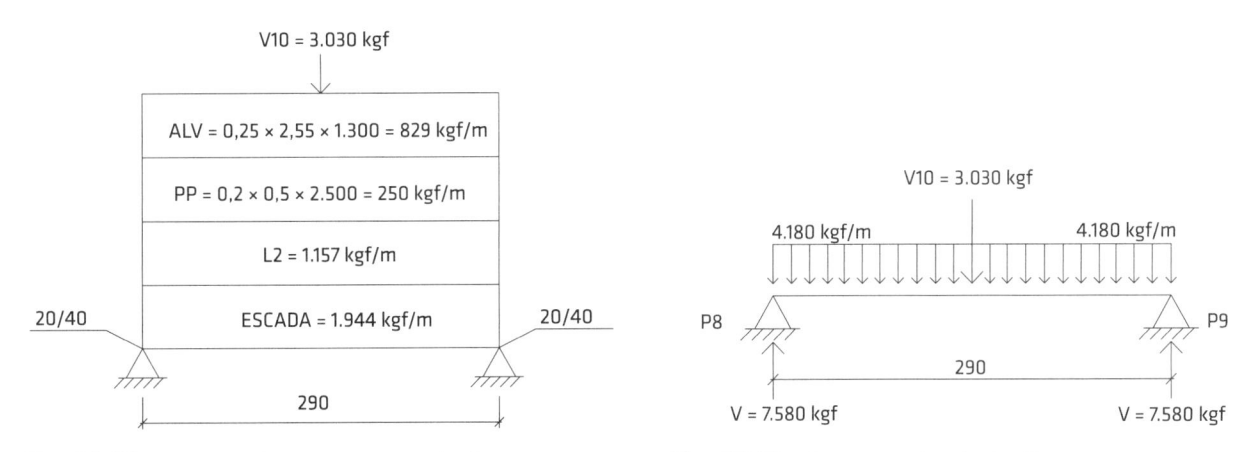

Fig. 10.49 Esquema dos carregamentos da viga 3

Fig. 10.50 Carregamentos da viga 3

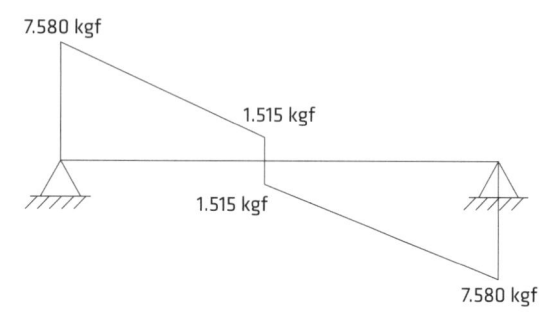

Fig. 10.51 Diagrama de força cortante da viga 3

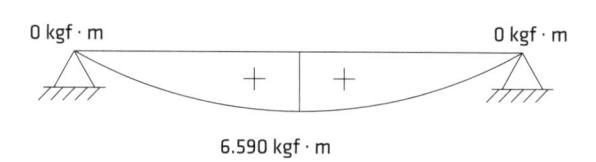

Fig. 10.52 Diagrama de momento fletor da viga 3

10.3.10 Viga 6 – 20/50

A seguir, tem-se: o esquema de carregamentos da viga 6 (Fig. 10.53), os carregamentos em si (Fig. 10.54), bem como os seus diagramas de força cortante (Fig. 10.55) e de momento fletor (Fig. 10.56).

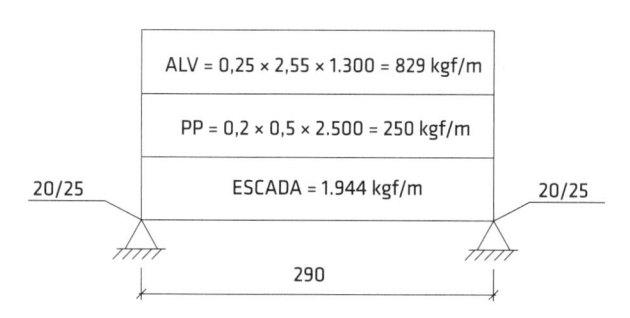

Fig. 10.53 Esquema dos carregamentos da viga 6

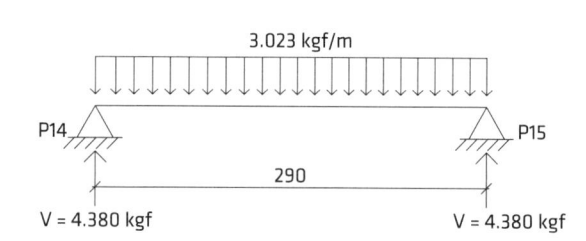

ALV = 0,25 × 2,55 × 1.300 = 829 kgf/m
PP = 0,2 × 0,5 × 2.500 = 250 kgf/m
ESCADA = 1.944 kgf/m

Fig. 10.54 Carregamentos da viga 6

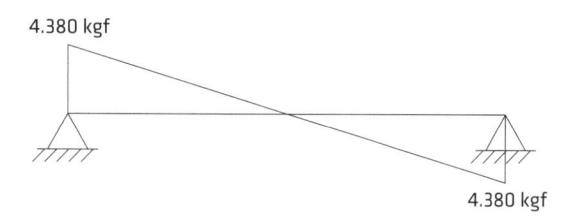

Fig. 10.55 Diagrama de força cortante da viga 6

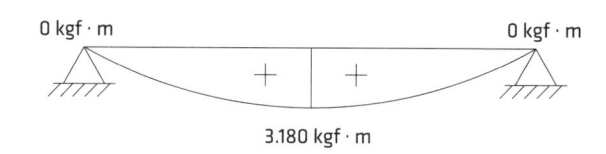

Fig. 10.56 Diagrama de momento fletor da viga 6

capítulo 11
PILARES

Com base nos diagramas obtidos no programa Ftool e representados no Cap. 10, chega-se à Tab. 11.1, que mostra as forças por pavimento e momentos.

Tab. 11.1 Forças e momentos por pavimento

Pilar	Força por pavimento – N (kgf)	M_X (kgf · m)	M_Y (kgf · m)
1 = 5	2.430 + 1.200 = 3.630 (V1) + (V7)	0	0
2 = 4	4.610 + 4.770 + 1.470 = 10.850 (V1) + (V1) + (V8)	0	0
3	5.220 + 5.220 + 3.420 = 13.860 (V1) + (V1) + (V10)	0	0
6 = 11	2.580 + 4.160 + 3.140 = 9.880 (V2) + (V7) + (V7)	0	0
7 = 10	6.730 + 9.440 + 5.110 + 4.120 = 25.400 (V2) + (V2) + (V8) + (V8)	0	0
8 = 9	6.410 + 7580 + 4.680 = 18.670 (V2) + (V3) + (V9)	4.490 (V9)	0
12 = 17	3.570 + 2.820 = 6.390 (V5) + (V7)	0	0
13 = 16	3.570 + 10.510 = 14.080 (V5) + (V8)	7.700 (V8)	0
14 = 15	4.380 + 7.680 = 12.060 (V6) + (V9)	6.710 (V9)	0

A Fig. 11.1 mostra os momentos em torno dos eixos x e y.

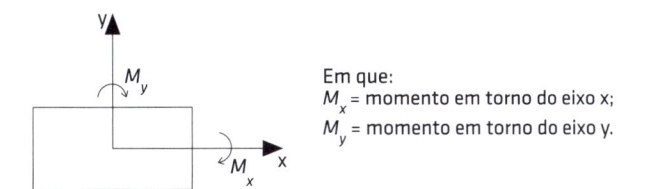

Em que:
M_x = momento em torno do eixo x;
M_y = momento em torno do eixo y.

Fig. 11.1 Momentos em torno dos eixos

11.1 Seções estimadas dos pilares

Com base nos dados apresentados na Tab. 11.1, pode-se construir uma tabela-resumo (Tab. 11.2) da carga por pilar referente aos quatro pavimentos e seções estimadas dos pilares.

Tab. 11.2 Cargas e seções estimadas e adotadas para cada pilar

Pilar	Força referente aos quatro pavimentos = $4N$ (kgf)	$A_c = 4N$ (kgf) / 100 (cm^2)	Seção estimada (cm)
1 = 5	15.000	150	20 × 20
2 = 4	44.000	440	20 × 30
3	56.000	560	20 × 30
6 = 11	40.000	400	20 × 20
7 = 10	102.000	1.020	30 × 30
8 = 9	75.000 + 8.000 = 83.000	830	20 × 40
12 = 17	26.000	260	20 × 20
13 = 16	57.000	570	20 × 25
14 = 15	49.000 + 8.000 = 57.000	570	20 × 25

Nota: Para os pilares 8, 9, 14 e 15 considerou-se uma carga de 8.000 kgf devido à caixa d'água. A seção mínima adotada é de 20 cm × 20 cm.

Faz-se, então, um cálculo que chegue a um valor mais próximo ao real em relação à carga que chega aos pilares que suportam a caixa d'água.

- Caixa d'água

Considerando-se alvenaria de 14 cm de espessura, 1,20 m de altura e área referente à da caixa de escadas, tem-se:

Peso próprio $(pp) = pp_{parede} + pp_{laje}$

$$pp = (0,14 \times 1,20 \times 15,10 \times 2.500) + (4,45 \times 2,70 \times 0,15 \times 2.500)\,2 = 15.087\,\text{kgf}$$

Obs.: Para peso próprio da laje, devem-se considerar a de piso e a de cobertura.

- Volume de água

$$V_A = (4,45 \times 2,70 \times 1,20) \approx 14,418\,\text{m}^3$$
$$\text{Peso} = 14,418 \times 1.000 = 14.418\,\text{kgf}$$

- Barrilete

Considerando-se alvenaria de 25 cm de espessura, 1,5 m de altura e área referente à da caixa de escadas, tem-se:

$$pp = (0,25 \times 1,50 \times 15,10 \times 1.300) \approx 7.362\,\text{kgf}$$

- Total

$$P_{total} = (15.354 + 14.418 + 7.362) \approx 37.134\,\text{kgf}$$

- Carga por pilar que suporta a caixa d'água

$$\frac{N}{\text{pilar}} = \frac{37.134}{4} \approx 9.284 \, \text{kgf}$$

A Tab. 11.3 exibe a força N que chega em cada pilar, por pavimento, e os momentos gerados nos pilares (M_x).

11.2 Cálculo dos pilares

Para cálculo dos pilares, primeiramente, deve-se classificar cada um deles em uma das três categorias: pilares solicitados por compressão normal centrada, por flexão normal composta (flexocompressão) ou por flexão oblíqua composta.

Neste item, será calculado o pilar 7 (P7 = P10), que se trata de um pilar solicitado por compressão normal centrada (Fig. 11.2). Para os demais, devem-se seguir equações demonstradas no Cap. 6.

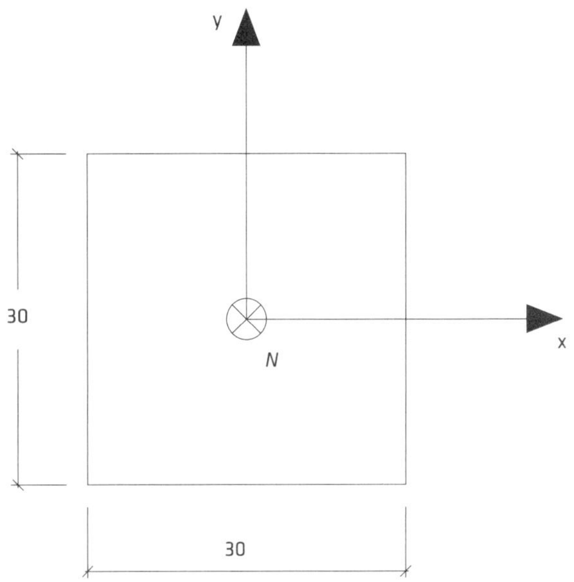

i] Primeiro pavimento ($N = 104.348 \, \text{kgf}$)

Direção x = Direção y (pilar quadrado)

Utilizando-se a Eq. 6.25, tem-se:

$$M_{d,total} = M_{1d,mín} + N_d \cdot e_2$$

Aplicando-se a Eq. 6.14, tem-se:

$$M_{1d,mín} = N_d \, (0{,}015 + 0{,}03h)$$
$$= (104.348 \times 1{,}4)(0{,}015 + 0{,}03 \times 0{,}30)$$
$$= 3.506 \, \text{kgf} \cdot \text{m}$$

Verificação da flambagem:

Fig. 11.2 Pilares 7 e 10

Utilizando-se a Eq. 6.13, tem-se:

$$l_e \leqslant \begin{cases} l_0 + h = 255 + 30 = 285 \, \text{cm} \\ l = \frac{50}{2} + 255 + \frac{50}{2} = 305 \, \text{cm} \end{cases} \rightarrow l_e = 285 \, \text{cm}$$

Nota: Dentre os elementos estruturais que vinculam o pilar, adotou-se a viga de 50 cm de altura para efeito de cálculo do comprimento equivalente, uma vez que ela resulta em um l_e maior do que se fosse utilizada a viga de 60 cm de altura, estando, portanto, a favor da segurança.

Aplicando-se a Eq. 6.12, chega-se a:

$$\lambda = \lambda_x = \lambda_y = \frac{l_e \sqrt{12}}{h} = \frac{285 \sqrt{12}}{30} = 32{,}9 \, \text{cm}$$

Com a Eq. 6.15, obtém-se:

$$35 \leqslant \lambda_1 = \frac{25 + 12{,}5(e_1/h)}{\alpha_b} \leqslant 90$$

$$\lambda_1 = \frac{25 + 12{,}5(0/30)}{1} = 25 \, \text{cm} \rightarrow \lambda_1 = 35 \, \text{cm}$$

Tab. 11.3 Força que chega em cada pilar por pavimento e momento gerado

Nível (m)	P1 = P5	P2 = P4	P3	P6 = P11	P7 = P10	P8 = P9 (Caixa d'água)	P12 = P17	P13 = P16	P14 = P15 (Caixa d'água)
12,20						$N = 9.284$			$N = 9.284$
9,15	$N = 3.935$	$N = 11.308$	$N = 14.318$	$N = 10.185$	$N = 26.087$	$N = 28.564$ $M_x = 4.490$	$N = 6.695$	$N = 14.462$ $M_x = 7.700$	$N = 21.726$ $M_x = 6.710$
6,10	$N = 7.870$	$N = 22.616$	$N = 28.636$	$N = 20.370$	$N = 52.174$	$N = 47.844$ $M_x = 4.490$	$N = 13.390$	$N = 28.924$ $M_x = 7.700$	$N = 34.168$ $M_x = 6.710$
3,05	$N = 11.805$	$N = 33.924$	$N = 42.954$	$N = 30.555$	$N = 78.261$	$N = 67.124$ $M_x = 4.490$	$N = 20.085$	$N = 43.386$ $M_x = 7.700$	$N = 46.610$ $M_x = 6.710$
0,00	$N = 15.740$	$N = 45.232$	$N = 57.272$	$N = 40.740$	$N = 104.348$	$N = 86.404$ $M_x = 4.490$	$N = 26.780$	$N = 57.848$ $M_x = 7.700$	$N = 59.052$ $M_x = 6.710$

N = Reação das vigas + Peso próprio do pilar*
*Peso próprio do pilar:
- Pilar 20 cm × 20 cm = 0,2 × 0,2 × 3,05 × 2.500 = 305 kgf
- Pilar 30 cm × 20 cm = 0,3 × 0,2 × 3,05 × 2.500 = 458 kgf
- Pilar 30 cm × 30 cm = 0,3 × 0,3 × 3,05 × 2.500 = 687 kgf
- Pilar 20 cm × 40 cm = 0,2 × 0,4 × 3,05 × 2.500 = 610 kgf
- Pilar 20 cm × 25 cm = 0,2 × 0,25 × 3,05 × 2.500 = 382 kgf
Obs.: Força N em kgf e momento M_x em kgf · m.

$e_1 = 0 \to$ carga centrada

De acordo com a Eq. 6.20, como momento atuante = 0 (< $M_{1d,\text{mín}}$), tem-se:

$$\alpha_b = 1$$

Como λ (32,9) < λ_1 (35) $\to e_2 = 0$

Voltando à Eq. 6.25, tem-se:

$$M_{d,total} = M_{1d,\text{mín}} + N_d \cdot e_2 = 3.506 + 0 = 3.506 \, \text{kgf} \cdot \text{m}$$

- Flexão normal composta:

Como a compressão normal centrada mostra-se como um caso particular de flexão normal composta, podem-se utilizar, para o cálculo da armadura, os Formulários A5, A6 e A7.

$$\text{Dados:} \begin{cases} f_{ck} = 30 \, \text{MPa} \\ \text{Aço CA-50} \\ b = h = 30 \, \text{cm} \\ d = 25 \, \text{cm} \quad d' = 5 \, \text{cm} \\ N_d = (104.348 \times 1,4) = 146.087 \, \text{kgf} \\ M_d = 3.506 \, \text{kgf} \cdot \text{m} \end{cases}$$

Primeiro caso:

$$K = \frac{N_d(d - h/2) + M_d}{f_c \cdot b \cdot d^2} = \frac{146.087(25 - 30/2) + (3.506 \times 100)}{182,14 \times 30 \times 25^2} = 0,5304$$

$K > K_L (0,295) \to K' = K_L$

$$A_s = A_{s1} + A_{s2}$$

$$\begin{cases} A_{s1} = \dfrac{f_c \cdot b \cdot d(1 - \sqrt{1 - 2K'}) - N_d}{f_{yd}} \\ A_{s1} = \dfrac{182,14 \times 30 \times 25(1 - \sqrt{1 - 2 \times 0,295}) - 146.087}{4.348} = -22,30 \, \text{cm}^2 \end{cases}$$

$$\begin{cases} A_{s2} = \dfrac{f_c \cdot b \cdot d}{f_{yd}} \left(\dfrac{K - K'}{1 - \frac{d'}{d}} \right) \\ A_{s2} = \dfrac{182,14 \times 30 \times 25}{4.348} \times \dfrac{(0,5304 - 0,295)}{1 - \frac{5}{25}} = 9,24 \, \text{cm}^2 \end{cases}$$

$A_s = A_{s1} + A_{s2} = -22,30 + 9,24 = -13,06 \, \text{cm}^2 < 0 \to$ segundo caso

Segundo caso:

$$y = d' + \sqrt{d'^2 + 2 \left[\frac{N_d \left(\frac{h}{2} - d' \right) - M_d}{f_c \cdot b} \right]} \leq h$$

$$y = 5 + \sqrt{5^2 + 2 \left[\frac{146.087 \left(\frac{30}{2} - 5 \right) - (3.506 \times 100)}{182,14 \times 30} \right]} = 25,77 < h$$

Como: $y < h \rightarrow$ segundo caso $\rightarrow$ OK!

$$A'_s \geq \frac{(N_d - f_c \cdot b \cdot y)}{\phi f_{yd}} \geq 0$$

$$\frac{y}{h} = \frac{25,77}{30} = 0,86 \leq 1 \text{ e CA-50} \rightarrow \phi = 1$$

$$A'_s = \frac{(146.087 - 182,14 \times 30 \times 25,77)}{1,0 \times 4.348} = 1,21\,\text{cm}^2$$

$$A_s = 0$$

Utilizando-se a Eq. 6.1, tem-se:

$$A_{s,mín} = \left(0,15\frac{N_d}{f_{yd}}\right) \geq 0,004 A_c$$

$$A_{s,mín} = \left(0,15 \times \frac{146.087}{4.348}\right) \geq 0,004\,(30 \times 30)$$

$$A_{s,mín} = 5,04 \geq 3,60$$

Adotar $A_{s,mín} = 5,04\,\text{cm}^2 \rightarrow 8\,\phi\,10$ (mínimo) (Ver Tab. A12 - Parte I)

- Detalhamento (armaduras simétricas)

Será adotado estribo mínimo de $\phi\,5,0\,\text{mm}$

Respeitando-se a condição da Eq. 6.8, tem-se:

$$e \leq \begin{cases} 200\,\text{mm} = 20\,\text{cm} \\ b = 30\,\text{cm} \\ 12\phi_L = 12 \times 1,0 = 12\,\text{cm}\,(\text{CA-50}) \end{cases}$$

$$\rightarrow e = 12\,\text{cm}$$

$$\rightarrow \begin{cases} \text{Estribos: } \phi\,5\,\text{c}/12 \\ \text{Barras longitudinais: } 8\,\phi\,10 \end{cases}$$

A Fig. 11.3 traz uma representação dos resultados obtidos para o detalhamento.

ii) Segundo pavimento ($N = 78.261\,\text{kgf}$)

Utilizando-se a Eq. 6.25, tem-se:

$$M_{d,total} = M_{1d,mín} + N_d \cdot e_2$$

Aplicando-se a Eq. 6.14, chega-se a:

$$M_{1d,mín} = N_d\,(0,015 + 0,03h)$$
$$= (78.261 \times 1,4)\,(0,015 + 0,03 \times 0,30)$$
$$= 2.630\,\text{kgf} \cdot \text{m}$$

$$e_2 = 0$$

De acordo com a Eq. 6.20, como momento atuante $= 0\,(< M_{1d,mín})$, tem-se:

$$\alpha_b = 1$$

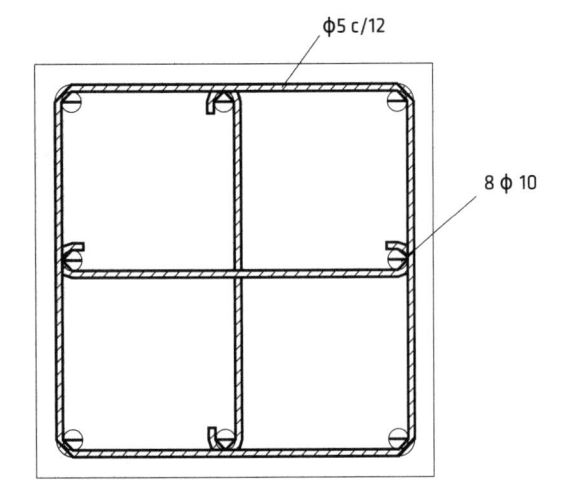

Fig. 11.3 Detalhamento

Voltando à Eq. 6.25, tem-se:

$$M_{d,total} = M_{1d,mín} + N_d \cdot e_2 = 2.630 + 0 = 2.630 \, \text{kgf} \cdot \text{m}$$

- Flexão normal composta:

    Utilizando os Formulários A5, A6 e A7, tem-se:

$$Dados \begin{cases} f_{ck} = 30 \, \text{MPa} \\ \text{Aço CA-50} \\ b = h = 30 \, \text{cm} \\ d = 25 \, \text{cm} \quad d' = 5 \, \text{cm} \\ N_d = (78.261 \times 1,4) = 109.565 \, \text{kgf} \\ M_d = 2.630 \, \text{kgf} \cdot \text{m} \end{cases}$$

Primeiro caso:

$$K = \frac{N_d(d - h/2) + M_d}{f_c \cdot b \cdot d^2} = \frac{109.565(25 - 30/2) + (2.630 \times 100)}{182,14 \times 30 \times 25^2} = 0,3978$$

$K > K_L(0,295) \rightarrow K' = K_L$

$A_s = A_{s1} + A_{s2}$

$$\begin{cases} A_{s1} = \dfrac{f_c \cdot b \cdot d(1 - \sqrt{1 - 2K'}) - N_d}{f_{yd}} \\ A_{s1} = \dfrac{182,14 \times 30 \times 25(1 - \sqrt{1 - 2 \times 0,295}) - 109.565}{4.348} = -13,90 \, \text{cm}^2 \end{cases}$$

$$\begin{cases} A_{s2} = \dfrac{f_c \cdot b \cdot d}{f_{yd}} \left(\dfrac{K - K'}{1 - \frac{d'}{d}} \right) \\ A_{s2} = \dfrac{182,14 \times 30 \times 25}{4.348} \times \dfrac{(0,3978 - 0,295)}{1 - \frac{5}{25}} = 4,04 \, \text{cm}^2 \end{cases}$$

$A_s = A_{s1} + A_{s2} = -13,90 + 4,04 = -9,86 \, \text{cm}^2 < 0 \rightarrow$ segundo caso

Segundo caso:

$$y = d' + \sqrt{d'^2 + 2\left[\frac{N_d\left(\frac{h}{2} - d'\right) - M_d}{f_c \cdot b}\right]} \leqslant h$$

$$y = 5 + \sqrt{5^2 + 2\left[\frac{109.565\left(\frac{30}{2} - 5\right) - (2.630 \times 100)}{182,14 \times 30}\right]} = 23,16 < h$$

Como $y < h \rightarrow$ segundo caso $\rightarrow$ OK!

$$A'_s \geqslant \frac{(N_d - f_c \cdot b \cdot y)}{\phi \cdot f_{yd}} \geqslant 0$$

$$\frac{y}{h} = \frac{23,16}{30} = 0,77 \leqslant 1 \text{ e CA-50} \rightarrow \phi = 1$$

$$A'_s = \frac{(109.565 - 182,14 \times 30 \times 23,16)}{1,0 \times 4.348} = -3,91 \, \text{cm}^2$$

$A_s = 0$

Utilizando-se a Eq. 6.1, tem-se:

$$A_{s,mín} = \left(0{,}15\frac{N_d}{f_{yd}}\right) \geqslant 0{,}004 A_c$$

$$A_{s,mín} = \left(0{,}15 \times \frac{109.565}{4.348}\right) \geqslant 0{,}004\,(30 \times 30)$$

$$A_{s,mín} = 3{,}78 \geqslant 3{,}60$$

Adotar $A_{s,mín} = 3{,}78\,\text{cm}^2 \to 4\,\phi\,12{,}5\,(mínimo)$

iii] Detalhamento (armaduras simétricas)(Fig. 11.4)

Será adotado estribo mínimo de ϕ 5,0 mm.

Conforme a condição da Eq. 6.8:

$$e \leqslant \begin{cases} 200\,\text{mm} = 20\,\text{cm} \\ b = 30\,\text{cm} \\ 12\phi_L = 12 \times 1{,}25 = 15\,\text{cm}\,(\text{CA-50}) \end{cases}$$

$\to e = 15\,\text{cm}$

$\to \begin{cases} \text{Estribos: } \phi\,5\,c/15 \\ \text{Barras longitudinais: } 4\,\phi\,12{,}5 \end{cases}$

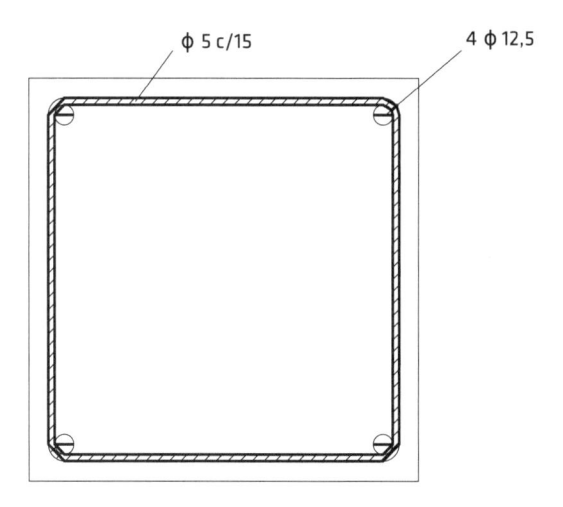

Fig. 11.4 Detalhamento

Como o terceiro e o quarto pavimentos apresentam cargas inferiores ao do segundo pavimento (Tab. 11.3), deve-se utilizar, para ambos, armadura mínima de 4 ϕ 12,5.

capítulo 12
Fundações

Para cálculo dos elementos de fundação, primeiramente, serão estimadas as dimensões desses elementos. Para tal, os pilares serão divididos em quatro grupos de acordo com a carga que chega em cada um deles (Tab. 12.1). Essas cargas já foram calculadas e podem ser encontradas na Tab. 11.3.

Tab. 12.1 Grupos de pilares por cargas transmitidas às sapatas

Cargas que os pilares transmitirão às sapatas	Pilares
q ⩽ 25.000 kgf	P1, P5
25.000 < q ⩽ 50.000 kgf	P2, P4, P6, P11, P12, P17
50.000 < q ⩽ 75.000 kgf	P3, P13, P14, P15, P16
q > 75.000 kgf	P7, P8, P9, P10

Utilizando-se as Eqs. 7.1 e 7.2, tem-se, para dimensões das sapatas:

$$S = \frac{F}{\sigma_{solo}} \text{ e } B = \sqrt{S} \rightarrow B = \sqrt{\frac{F}{\sigma_{solo}}}$$

$$\sigma_{solo} = 2,0 \text{ kgf/cm}^2$$

Para:

$$q = 25.000 \text{ kgf} \rightarrow B = \sqrt{\frac{25.000}{2}} \rightarrow B = 111,8 \text{ cm} \rightarrow 115 \text{ cm}$$

$$q = 50.000 \text{ kgf} \rightarrow B = \sqrt{\frac{50.000}{2}} \rightarrow B = 158,1 \text{ cm} \rightarrow 160 \text{ cm}$$

$$q = 75.000 \text{ kgf} \rightarrow B = \sqrt{\frac{75.000}{2}} \rightarrow B = 193,6 \text{ cm} \rightarrow 195 \text{ cm}$$

$$q = 100.000 \text{ kgf} \rightarrow B = \sqrt{\frac{100.000}{2}} \rightarrow B = 223,6 \text{ cm} \rightarrow 225 \text{ cm}$$

Têm-se, para dimensões das bases das sapatas, os dados da Tab. 12.2.

Para que o projeto apresente uma menor quantidade de dimensões diferentes de sapatas, serão adotadas para as sapatas 1 e 5 as dimensões 160 cm × 160 cm.

Tab. 12.2 Dimensões das sapatas

Sapatas	Dimensões
S1, S5	115 cm × 115 cm
S2, S4, S6, S11, S12, S17	160 cm × 160 cm
S3, S13, S14, S15, S16	195 cm × 195 cm
S7, S8, S9, S10	225 cm × 225 cm

Com base nesses dados iniciais, realiza-se o dimensionamento estrutural da sapata 1 (Fig. 12.1) utilizando-se o método da flexão.

Nota: Para o pré-dimensionamento das armaduras dos elementos de fundação, será utilizado $d' = 5\,\text{cm}$

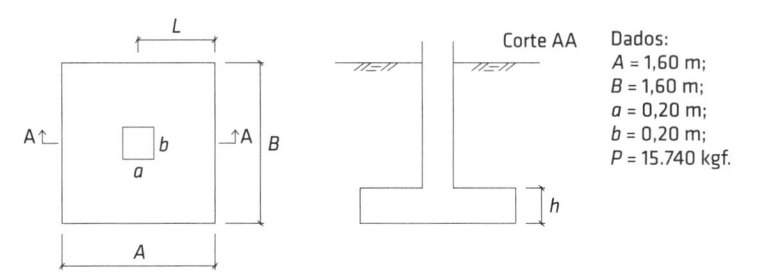

Dados:
$A = 1{,}60$ m;
$B = 1{,}60$ m;
$a = 0{,}20$ m;
$b = 0{,}20$ m;
$P = 15.740$ kgf.

Fig. 12.1 Sapata - planta e corte

Para determinar a altura h da sapata, utiliza-se a Eq. 7.5:

$$h \geqslant \begin{cases} \dfrac{A-a}{3} = \dfrac{1{,}60-0{,}20}{3} = 0{,}47\,\text{m} \\ \dfrac{B-b}{3} = \dfrac{1{,}60-0{,}20}{3} = 0{,}47\,\text{m} \end{cases} \rightarrow h = 0{,}50\,\text{m}$$

Nota: Para maior economia, será feita sapata chanfrada de 30 cm fixos e 20 cm chanfrados, como mostra a Fig. 12.2.

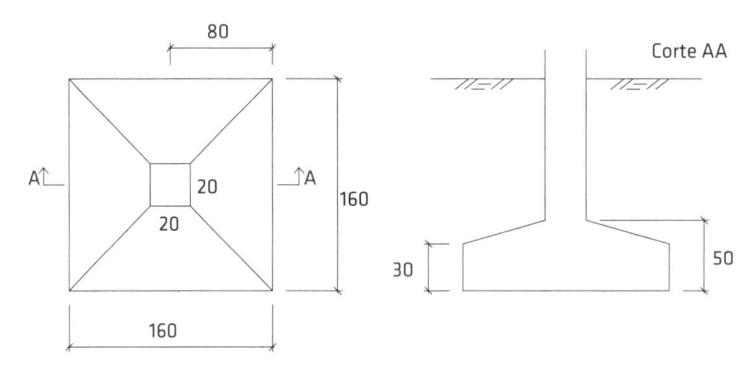

Fig. 12.2 Sapata chanfrada — planta e corte

Para cálculo das armaduras, utiliza-se a Eq. 7.6:

$$q = \frac{F}{S} = \frac{15.740}{1{,}6^2} \approx 6.150\,\text{kgf/m}^2$$

i] Sentido a

Para cálculo da armadura, será feita uma analogia desse elemento com uma viga de largura $b = 160$ cm e altura $h = 50$ cm. Dessa forma, tem-se:

$q = 6.150 \, \text{kgf/m}^2 \rightarrow q_L = 6.150 \times 1,6 = 9.840 \, \text{kgf/m}$

A Fig. 12.3 mostra os esforços e o diagrama de momento máximo da sapata, de acordo com o resultado obtido.

Aplicando-se a Eq. 7.7, tem-se:

$$M_{máx} = \frac{q_L \cdot L^2}{2}$$
$$= \frac{9.840 \times 0,8^2}{2}$$
$$= 3.148,8 \, \text{kgf} \cdot \text{m}$$
$$= 314.880 \, \text{kgf} \cdot \text{cm}$$

Para cálculo do parâmetro K, tem-se, utilizando a Eq. 2.13:

$$K = \frac{M_d}{f_c \cdot b \cdot d^2} = \frac{(314.880 \times 1,4)}{182,14 \times 160 \times 45^2} = 0,0075$$
$$K < K_L(0,295) \rightarrow K' = K$$

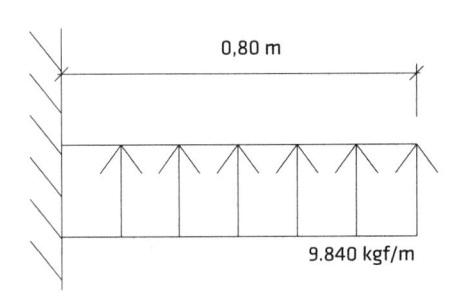

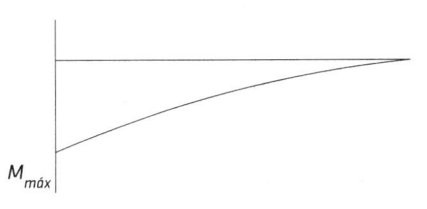

Fig. 12.3 Esforços e diagrama de momento máximo da sapata

Aplicando-se a Eq. 2.9, tem-se:

$$A_s = A_{s1} = \frac{f_c \cdot b \cdot d}{f_{yd}} \left(1 - \sqrt{1 - 2K'}\right)$$
$$= \frac{182,14 \times 160 \times 45}{4.348} \left(1 - \sqrt{1 - 2 \times 0,0075}\right)$$
$$= 2,27 \, \text{cm}^2$$

Utilizando-se a Eq. 7.8, tem-se:

$$A_{s,mín} = \rho_{mín} \cdot bh = 0,15\% \, (160 \times 50) = 12,0 \, \text{cm}^2$$

$\rightarrow A_{s,adotado} = A_{s,mín} = 12,0 \, \text{cm}^2 \rightarrow 16\phi 10 \, \text{mm}$ (Ver Tab. A12 - Parte I)

Aplicando-se a Eq. 7.9, chega-se a:

$$s = \frac{A}{n} = \frac{B}{n} = \frac{160}{16} = 10 \, \text{cm}$$

Com base na Tab. A12 (Parte I), tem-se:

$$\text{Dobra} = 25 \, \text{cm} \, (\phi 10 \, \text{mm})$$

Comprimento:

$$C = 160 - 2c_{nom} + 2 \times \text{dobra} = 160 - (2 \times 3) + (2 \times 25) = 204 \, \text{cm}$$

ii] Sentido b

Como a sapata e o pilar apresentam seções transversais quadradas, o dimensionamento para o sentido b é o mesmo que o realizado para o sentido a.

O detalhamento da sapata pode ser visto na Fig. 12.4.

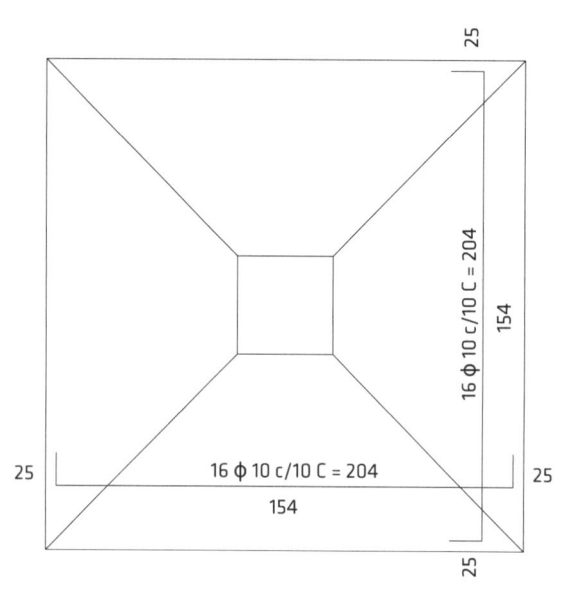

Fig. 12.4 Detalhamento da sapata

Será considerado que todas as sapatas terão embutimento (*D*) de 150 cm. Como para essa sapata tem-se $h = 50$ cm, o rebaixo da face superior será de 1,0 m, conforme corte esquemático mostrado na Fig. 12.5.

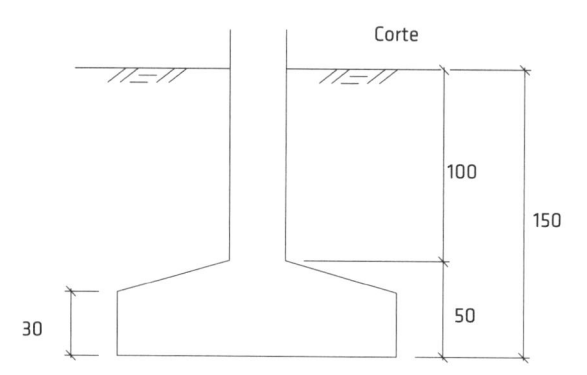

Fig. 12.5 Corte da sapata

Anexo
TABELAS

Tab. A1 Reações de apoio em lajes retangulares, carga uniforme

Tipo de laje	A / F $r_a = 0{,}25$	B			C $r'_a = 0{,}183$ $r''_a = 0{,}317$		D $r_a = 0{,}144$	E		
b/a	r_b	r_a	r'_b	r''_b	r'_b	r''_b	r_b	r'_a	r''_a	r_b
0,50	-	0,165	0,125	0,217	-	-	0,217	0,125	0,217	0,158
0,55	-	0,172	0,138	0,238	-	-	0,238	0,131	0,227	0,174
0,60	-	0,177	0,150	0,260	-	-	0,259	0,136	0,236	0,190
0,65	-	0,181	0,163	0,281	-	-	0,278	0,140	0,242	0,206
0,70	-	0,183	0,175	0,302	-	-	0,294	0,143	0,247	0,222
0,75	-	0,183	0,187	0,325	-	-	0,308	0,144	0,249	0,238
0,80	-	0,183	0,199	0,344	-	-	0,320	0,144	0,250	0,254
0,85	-	0,183	0,208	0,361	-	-	0,330	0,144	0,250	0,268
0,90	-	0,183	0,217	0,376	-	-	0,340	0,144	0,250	0,281
0,95	-	0,183	0,225	0,390	-	-	0,348	0,144	0,250	0,292
1,00	0,250	0,183	0,232	0,402	0,183	0,317	0,356	0,144	0,250	0,303
1,05	0,262	0,183	0,238	0,413	0,192	0,332	0,363	0,144	0,250	0,312
1,10	0,273	0,183	0,244	0,423	0,200	0,346	0,369	0,144	0,250	0,321
1,15	0,283	0,183	0,250	0,432	0,207	0,358	0,374	0,144	0,250	0,329
1,20	0,292	0,183	0,254	0,441	0,214	0,370	0,380	0,144	0,250	0,336
1,25	0,300	0,183	0,259	0,448	0,220	0,380	0,385	0,144	0,250	0,342
1,30	0,308	0,183	0,263	0,455	0,225	0,390	0,389	0,144	0,250	0,348
1,35	0,315	0,183	0,267	0,462	0,230	0,399	0,393	0,144	0,250	0,354
1,40	0,321	0,183	0,270	0,468	0,235	0,408	0,397	0,144	0,250	0,359
1,45	0,328	0,183	0,274	0,474	0,240	0,415	0,400	0,144	0,250	0,364
1,50	0,333	0,183	0,277	0,479	0,244	0,423	0,404	0,144	0,250	0,369
1,55	0,339	0,183	0,280	0,484	0,248	0,429	0,407	0,144	0,250	0,373
1,60	0,344	0,183	0,282	0,489	0,252	0,436	0,410	0,144	0,250	0,377
1,65	0,348	0,183	0,285	0,493	0,255	0,442	0,413	0,144	0,250	0,381
1,70	0,353	0,183	0,287	0,497	0,258	0,448	0,415	0,144	0,250	0,384
1,75	0,357	0,183	0,289	0,501	0,261	0,453	0,418	0,144	0,250	0,387
1,80	0,361	0,183	0,292	0,505	0,264	0,458	0,420	0,144	0,250	0,390
1,85	0,365	0,183	0,294	0,509	0,267	0,463	0,422	0,144	0,250	0,393
1,90	0,368	0,183	0,296	0,512	0,270	0,467	0,424	0,144	0,250	0,396
1,95	0,372	0,183	0,297	0,515	0,272	0,471	0,426	0,144	0,250	0,399
2,00	0,375	0,183	0,299	0,518	0,275	0,475	0,428	0,144	0,250	0,401

Reação → $R = r \cdot p \cdot a$
em que: a = vão com o maior número de engastes. Caso o número de engastes seja igual para as duas direções, a refere-se ao menor vão.
Fonte: adaptado de Tepedino (1983).

Tab. A2 Momentos fletores – regime rígido-plástico, carga uniforme

Tipo de laje	A		B		C		D		E		F	
b/a	m_a	m_b	m_a	m_b	m_a	m_b	m_a	m_b	m_a	m_b	m_a	m_b
0,50	-	-	122,1	50,9	-	-	103,2	64,5	215,6	80,8	-	-
0,55	-	-	92,2	46,5	-	-	81,4	61,6	161,2	73,2	-	-
0,60	-	-	72,6	43,6	-	-	66,9	60,2	125,6	67,8	-	-
0,65	-	-	59,2	41,7	-	-	56,9	60,1	101,4	64,2	-	-
0,70	-	-	49,7	40,6	-	-	49,7	60,8	84,2	61,9	-	-
0,75	-	-	42,7	40,1	-	-	44,3	62,3	71,8	60,6	-	-
0,80	-	-	37,6	40,1	-	-	40,3	64,5	62,5	60,0	-	-
0,85	-	-	33,6	40,5	-	-	37,2	67,2	55,5	60,1	-	-
0,90	-	-	30,5	41,2	-	-	34,8	70,4	50,0	60,8	-	-
0,95	-	-	28,1	42,3	-	-	32,8	74,0	45,7	61,8	-	-
1,00	24,0	24,0	26,1	43,6	40,0	40,0	31,2	78,0	42,2	63,3	60,0	60,0
1,05	21,8	24,1	24,5	45,1	36,4	40,1	29,9	82,4	39,4	65,2	54,6	60,2
1,10	20,1	24,3	23,2	46,8	33,5	40,5	28,8	87,1	37,1	67,3	50,2	60,7
1,15	18,6	24,6	22,1	48,8	31,0	41,0	27,9	92,2	35,2	69,8	46,6	61,6
1,20	17,4	25,1	21,2	50,9	29,0	41,8	27,1	97,6	33,5	72,5	43,5	62,7
1,25	16,4	25,6	20,4	53,2	27,3	42,7	26,4	103,2	32,2	75,4	41,0	64,4
1,30	15,5	26,3	19,8	55,6	25,9	43,8	25,9	109,2	31,0	78,6	38,8	65,6
1,35	14,8	27,0	19,2	58,2	24,7	44,9	25,4	115,5	30,0	82,0	37,0	67,4
1,40	14,2	27,8	18,7	61,0	23,6	46,3	24,9	122,1	29,1	85,6	35,4	69,4
1,45	13,6	28,6	18,2	63,9	22,7	47,7	24,5	128,9	28,4	89,4	34,0	71,6
1,50	13,1	29,6	17,8	66,9	21,9	49,3	24,2	136,1	27,7	93,4	32,8	73,9
1,55	12,7	30,6	17,5	70,1	21,2	50,9	23,9	143,5	27,1	97,6	31,8	76,4
1,60	12,4	31,6	17,2	73,4	20,6	52,7	23,6	151,1	26,6	102,0	30,9	79,0
1,65	12,0	32,7	16,9	76,8	20,0	54,5	23,4	159,1	26,1	106,6	30,0	81,8
1,70	11,7	33,9	16,7	80,3	19,5	56,5	23,2	167,3	25,7	111,3	29,3	84,7
1,75	11,5	35,1	16,5	84,0	19,1	58,5	23,0	175,7	25,3	116,2	28,7	87,8
1,80	11,2	36,4	16,3	87,8	18,7	60,6	22,8	184,5	25,0	121,3	28,1	91,0
1,85	11,0	37,7	16,1	91,7	18,4	62,9	22,6	193,5	24,7	126,6	27,6	94,3
1,90	10,8	39,1	15,9	95,8	18,0	65,2	22,5	202,7	24,4	132,0	27,1	97,7
1,95	10,7	40,5	15,8	99,9	17,8	67,5	22,3	212,2	24,1	137,6	26,6	101,3
2,00	10,5	42,0	15,6	104,2	17,5	70,0	22,2	222,0	23,9	143,3	26,3	105,0

Momento fletor positivo → $M = (p \cdot a^2)/m$
Momento fletor negativo, quando existente → $X = 1,5M$
em que: a = vão com o maior número de engastes. Caso o número de engastes seja igual para as duas direções, a refere-se ao menor vão.
Fonte: adaptado de Tepedino (1983).

Tab. A3 Momentos fletores — regime elástico, carga uniforme

Tipo de laje	A			B			C				D			E				F			
b/a	m_a	m_b		m_a	m_b	n_a	m_a	m_b	n_a	n_b	m_a	m_b	n_a	m_a	m_b	n_a	n_b	m_a	m_b	n_a	n_b
0,50	-	-		119,0	44,1	32,8	-	-	-	-	113,6	47,9	33,7	222,2	72,7	49,3	35,2	-	-	-	-
0,55	-	-		91,7	40,0	27,6	-	-	-	-	88,5	44,8	28,6	161,3	64,3	40,5	30,7	-	-	-	-
0,60	-	-		74,1	37,2	23,8	-	-	-	-	73,0	42,9	25,0	123,5	58,4	34,4	27,2	-	-	-	-
0,65	-	-		61,7	35,3	20,9	-	-	-	-	60,2	42,0	22,2	99,0	54,3	29,8	24,6	-	-	-	-
0,70	-	-		52,1	34,1	18,6	-	-	-	-	53,5	41,7	20,1	82,0	51,3	26,2	22,5	-	-	-	-
0,75	-	-		45,2	33,4	16,8	-	-	-	-	47,2	42,0	18,5	69,0	49,5	23,4	21,0	-	-	-	-
0,80	-	-		40,2	33,1	15,4	-	-	-	-	42,9	43,0	17,3	59,2	48,4	21,2	19,7	-	-	-	-
0,85	-	-		36,1	33,2	14,2	-	-	-	-	39,4	44,2	16,3	52,4	47,9	19,5	19,2	-	-	-	-
0,90	-	-		32,9	33,5	13,3	-	-	-	-	36,5	45,7	15,5	47,4	48,0	18,1	18,7	-	-	-	-
0,95	-	-		30,3	33,9	12,5	-	-	-	-	34,2	47,8	14,8	43,1	48,6	17,1	18,4	-	-	-	-
1,00	23,6	23,6		28,2	34,4	11,9	37,2	37,2	14,3	14,3	32,4	49,8	14,3	39,7	49,5	16,2	18,3	49,5	49,5	19,4	19,4
1,10	20,0	23,6		25,1	36,2	10,9	31,3	37,4	12,7	13,6	29,9	54,7	13,5	34,8	52,3	14,8	17,7	41,3	50,4	17,1	18,4
1,20	17,4	23,7		22,8	38,6	10,2	27,4	38,2	11,5	13,1	28,0	61,5	13,0	31,6	56,5	13,9	17,4	34,8	53,0	15,6	17,9
1,30	15,5	24,2		21,2	41,4	9,7	24,6	40,0	10,7	12,8	26,7	67,2	12,6	29,4	61,6	13,2	17,4	32,7	56,4	14,5	17,6
1,40	14,1	25,0		20,0	44,4	9,3	22,6	41,8	10,1	12,6	25,8	75,0	12,3	27,9	68,0	12,8	17,4	30,1	60,7	13,7	17,5
1,50	13,0	25,7		19,1	47,3	9,0	21,1	44,4	9,6	12,4	25,3	83,9	12,3	26,7	74,1	12,5	17,5	28,3	67,3	13,2	17,5
1,60	12,1	26,8		18,4	51,4	8,8	20,0	48,2	9,2	12,3	24,8	93,0	12,1	25,9	81,4	12,3	17,7	27,1	73,7	12,8	17,5
1,70	11,4	27,9		17,8	55,8	8,6	19,2	52,4	9,0	12,3	24,4	101,8	12,0	25,3	88,7	12,1	17,9	26,1	82,4	12,5	17,5
1,80	10,9	28,8		17,4	59,4	8,4	18,5	56,1	8,7	12,2	24,2	110,2	12,0	24,9	99,6	12,0	18,0	25,5	88,2	12,3	17,5
1,90	10,5	30,4		17,1	63,0	8,3	18,0	60,2	8,6	12,2	24,0	120,4	12,0	24,5	106,5	12,0	18,0	25,1	98,9	12,1	17,5
2,00	10,1	31,6		16,8	67,6	8,2	17,5	62,5	8,4	12,2	24,0	131,6	12,0	24,3	113,6	12,0	18,0	24,7	104,2	12,0	17,5

Momento fletor positivo → $M = (p \cdot a^2)/m$
Momento fletor negativo, quando existente → $X = (p \cdot a^2)/n$
em que: a = vão com o maior número de engastes. Caso o número de engastes seja igual para as duas direções, a refere-se ao menor vão.
Fonte: adaptado de Tepedino (1983).

Tab. A4 Flecha elástica em lajes retangulares, carga uniforme

Tipo de laje	A	B	C	D	E	F
b/a						
0,50	-	0,0068	-	0,0062	0,0033	-
0,55	-	0,0090	-	0,0080	0,0045	-
0,60	-	0,011	-	0,0098	0,0058	-
0,65	-	0,014	-	0,012	0,0073	-
0,70	-	0,017	-	0,014	0,0090	-
0,75	-	0,020	-	0,015	0,011	-
0,80	-	0,022	-	0,017	0,012	-
0,85	-	0,025	-	0,019	0,014	-
0,90	-	0,028	-	0,020	0,015	-
0,95	-	0,030	-	0,021	0,017	-
1,00	0,048	0,033	0,025	0,023	0,018	0,015
1,05	0,053	0,035	0,027	0,024	0,020	0,016
1,10	0,057	0,037	0,029	0,024	0,021	0,018
1,15	0,062	0,039	0,032	0,025	0,022	0,019
1,20	0,066	0,041	0,034	0,026	0,023	0,020
1,25	0,071	0,043	0,036	0,027	0,024	0,021
1,30	0,075	0,044	0,038	0,027	0,025	0,022
1,35	0,079	0,046	0,040	0,028	0,026	0,023
1,40	0,083	0,047	0,041	0,028	0,026	0,024
1,45	0,087	0,049	0,043	0,029	0,027	0,025
1,50	0,090	0,050	0,045	0,029	0,027	0,026
1,55	0,094	0,051	0,046	0,029	0,028	0,027
1,60	0,097	0,052	0,047	0,029	0,028	0,027
1,65	0,100	0,053	0,048	0,030	0,028	0,027
1,70	0,103	0,053	0,049	0,030	0,028	0,028
1,75	0,106	0,054	0,050	0,030	0,028	0,028
1,80	0,109	0,055	0,050	0,030	0,028	0,028
1,85	0,112	0,056	0,051	0,030	0,029	0,029
1,90	0,114	0,056	0,052	0,030	0,029	0,029
1,95	0,116	0,057	0,054	0,030	0,029	0,029
2,00	0,119	0,058	0,055	0,030	0,029	0,029

Flecha → $f_i = x \cdot (p_i \cdot a^4)/(E_{cs} \cdot h^3)$
em que: a = vão com o maior número de engastes. Caso o número de engastes seja igual para as duas direções, a refere-se ao menor vão.
Fonte: adaptado de Tepedino (1983).

Tab. A5 Momentos fletores e flechas em lajes com três bordas apoiadas e uma livre

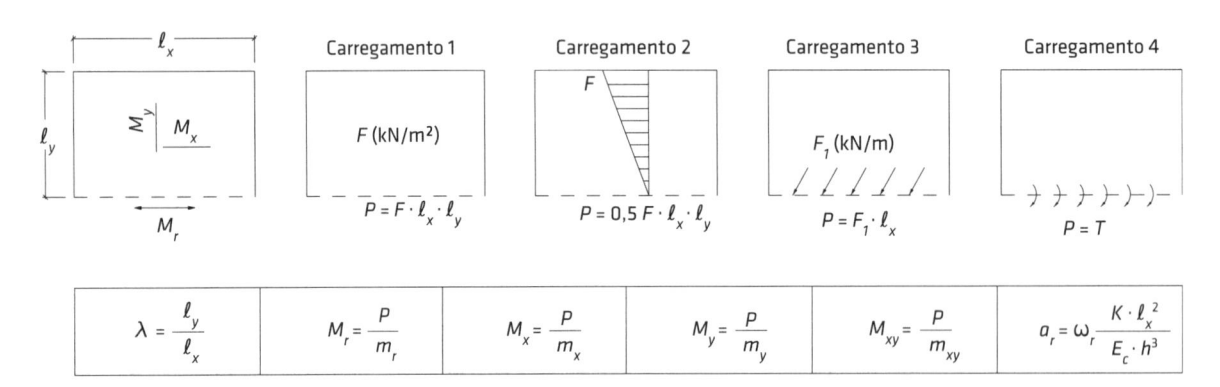

Carregamento 1: F (kN/m²), $P = F \cdot \ell_x \cdot \ell_y$

Carregamento 2: $P = 0{,}5 F \cdot \ell_x \cdot \ell_y$

Carregamento 3: F_1 (kN/m), $P = F_1 \cdot \ell_x$

Carregamento 4: $P = T$

$$\lambda = \frac{\ell_y}{\ell_x} \qquad M_r = \frac{P}{m_r} \qquad M_x = \frac{P}{m_x} \qquad M_y = \frac{P}{m_y} \qquad M_{xy} = \frac{P}{m_{xy}} \qquad a_r = \omega_r \frac{K \cdot \ell_x^2}{E_c \cdot h^3}$$

Carrega-mento	λ	0,125	0,25	0,3	0,4	0,5	0,6	0,7	0,8	0,9	1,0	1,1	1,2	1,3	1,4	1,5
1	m_r	30,0	16,2	13,7	11,0	9,8	9,2	9,1	9,1	9,4	9,8	10,2	10,7	11,3	11,9	12,6
	m_x	49,0	31,5	26,3	29,2	17,0	15,2	14,2	13,8	13,6	13,7	13,8	14,1	14,5	14,9	15,3
	m_y	60,0	33,7	29,7	26,3	25,9	27,4	29,9	33,2	37,1	41,7	45,9	50,0	54,2	58,4	62,4
	m_{xy2}	8,4	8,6	8,8	9,4	10,1	10,8	11,8	12,9	14,1	15,4	16,7	17,9	19,3	20,6	22,3
	m_{xy1}	10,0	11,6	12,8	15,8	20,1	26,3	35,0	47,0	63,6	86,5	118	161	220	300	412
	ω_r	21,7	11,6	9,90	8,25	7,65	7,40	7,35	7,35	7,45	7,60	7,80	8,05	8,35	8,70	9,10
2	m_r	>40	24,1	20,5	16,5	14,7	14,0	14,0	14,4	15,2	16,2	17,5	19,0	20,7	22,7	24,9
	m_x	>70	47,0	38,7	28,9	23,8	20,8	19,1	18,0	17,4	17,1	17,0	17,0	17,1	17,3	17,6
	m_y	>60	32,4	28,2	23,9	22,4	22,2	22,6	23,5	24,4	25,6	27,3	29,2	30,5	32,1	33,6
	m_{xy2}	14,0	12,8	12,4	12,5	12,6	12,9	13,4	13,9	14,5	15,1	15,7	16,3	16,9	17,5	18,1
	m_{xy1}	15,1	18,9	21,3	28,3	40,7	64,4	121	349	−930	−263	−179	−150	−138	−134	−133
3	m_r	15,9	8,1	6,9	5,6	4,9	4,5	4,3	4,2	4,1	4,1	4,1	4,1	4,1	4,1	4,1
	m_x	31,3	16,1	13,1	10,8	9,7	9,3	9,4	9,6	10,2	10,9	11,9	13,1	14,3	16,1	18,0
	$-m_y$	∞	500	200	91,0	52,5	39,4	32,8	29,3	27,2	27,2	27,9	29,2	30,8	33,0	36,2
	m_{xy}	4,2	4,9	5,2	5,8	6,9	8,3	10,2	12,6	16,0	20,4	25,6	32,4	40,5	51,5	65,0
	ω_r	13,20	7,00	5,75	4,45	3,70	3,35	3,10	3,05	3,05	3,10	-	-	-	-	-
4	m_r	2,0	2,08	2,29	2,35	2,50	2,65	2,74	2,80	2,85	2,90	2,91	2,92	2,93	2,94	2,95
	m_x	4,0	4,2	4,6	5,7	7,9	12,5	30,0	105	−69	−31	−23,2	−20,5	−18,8	−18,4	−18,2
	$-m_y$	2,0	2,0	2,1	2,2	2,5	3,1	3,4	4,8	6,1	7,6	9,8	12,8	16,5	22,4	32,1
	ω_r	1,36	1,49	1,54	1,63	1,71	1,78	1,85	1,90	1,95	2,00	-	-	-	-	-

Fonte: adaptado de Rocha (1987).

Tab. A6 Momentos fletores em lajes com uma borda livre

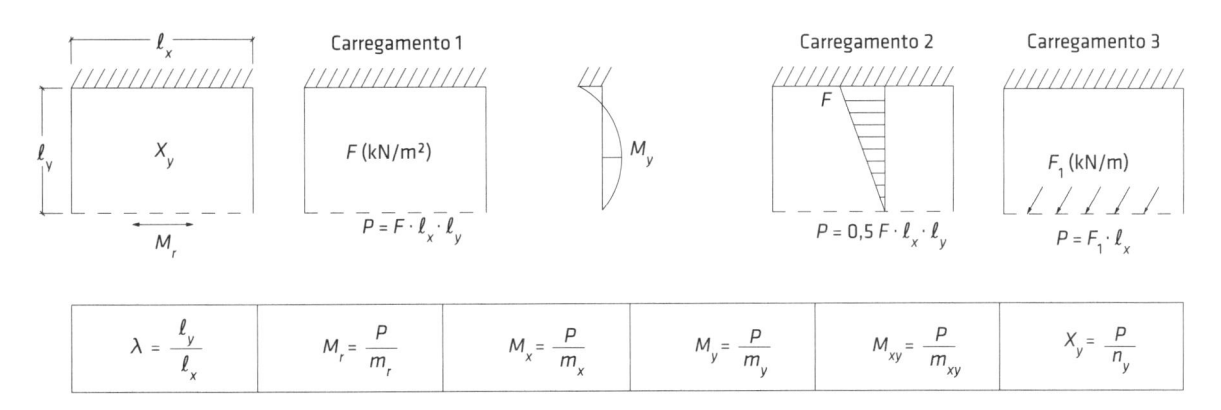

$$\lambda = \frac{\ell_y}{\ell_x} \quad M_r = \frac{P}{m_r} \quad M_x = \frac{P}{m_x} \quad M_y = \frac{P}{m_y} \quad M_{xy} = \frac{P}{m_{xy}} \quad X_y = \frac{P}{n_y}$$

Carregamento 1: $P = F \cdot \ell_x \cdot \ell_y$
Carregamento 2: $P = 0,5 \, F \cdot \ell_x \cdot \ell_y$
Carregamento 3: $P = F_1 \cdot \ell_x$

Carrega-mento		0,25	0,3	0,4	0,5	0,6	0,7	0,8	0,9	1,0	1,1	1,2	1,3	1,4	1,5
	λ														
1	m_r	105	60,2	29,4	19,4	15,2	13,0	12,0	11,5	11,4	11,5	11,7	12,1	12,5	13,1
	m_x	293	174	79,0	48,0	34,2	27,0	23,3	21,0	19,7	18,8	18,3	18,1	18,1	18,1
	m_y	124	107	85	72	68	57	54	52	55	59	64	70	77	84
	n_y	9,0	8,1	7,1	6,8	6,8	7,1	7,4	7,9	8,5	9,1	9,8	10,5	11,3	12,1
	m_{xy1}	35	30	26	26	29	33	40	48	64	84	110	146	195	262
2	m_r	189	110	53,5	35,2	27,6	23,5	21,7	21,0	21,3	21,6	22,6	23,8	25,4	27,3
	m_x	504	307	137	80,5	55,0	42,3	35,0	30,5	27,5	25,6	24,3	23,3	22,7	22,3
	m_y	132	112	85	68	57	50	46	44	43	43	44	45	46	48
	$-n_y$	13,2	11,5	9,8	8,9	8,5	8,4	8,4	8,5	8,7	8,9	9,2	9,5	9,8	10,1
	m_{xy1}	74	65	59	63	75	101	161	343	∞	−510	−282	−215	−187	−174
3	m_r	26	21	11,6	8,0	6,4	5,7	5,2	4,8	4,6	4,4	4,3	4,3	4,3	4,3
	m_x	70	52	33	22,2	16,1	13,5	12,6	12,5	13,7	14,2	15,2	17,5	19,8	21,7
	$-m_y$	11,8	11,5	12,5	14,1	16,2	18,6	20,8	22,1	24,5	27,0	29,6	32,5	35,7	39,8
	$-n_y$	4,5	4,3	4,2	4,5	5,1	5,9	7,0	8,4	10,3	12,9	16,5	21,3	29,9	35,3
	m_{xy}	10,7	9,1	7,4	6,8	6,6	6,5	6,4	6,4	6,5	6,6	6,8	7,0	7,3	7,5

Fonte: adaptado de Rocha (1987).

Tab. A7 Momentos fletores em lajes com uma borda livre

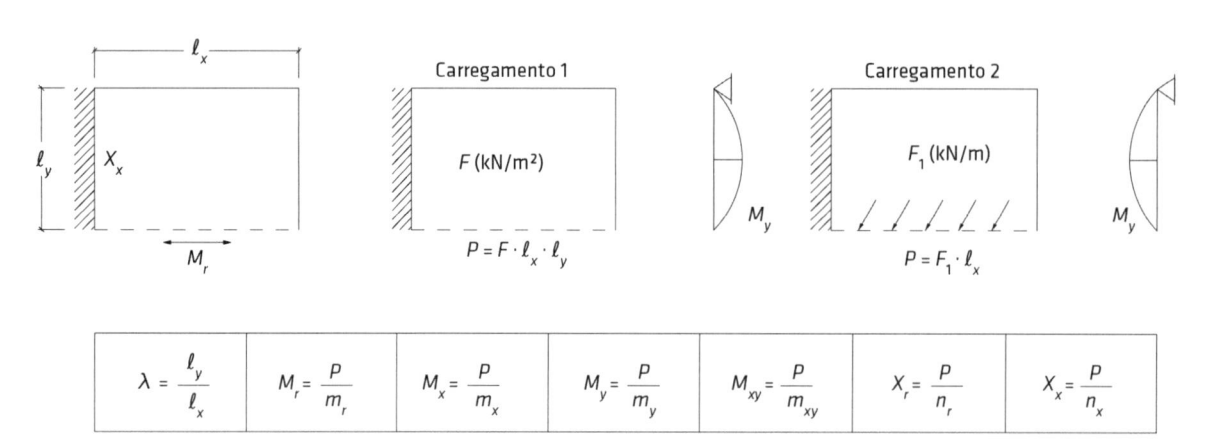

$$\lambda = \frac{\ell_y}{\ell_x} \quad M_r = \frac{P}{m_r} \quad M_x = \frac{P}{m_x} \quad M_y = \frac{P}{m_y} \quad M_{xy} = \frac{P}{m_{xy}} \quad X_r = \frac{P}{n_r} \quad X_x = \frac{P}{n_x}$$

Carrega-mento	λ	0,25	0,3	0,4	0,5	0,6	0,7	0,8	0,9	1,0	1,1	1,2	1,3	1,4	1,5
1	m_r	16,4	13,5	11,6	11,4	11,7	12,4	12,9	14,3	15,3	16,6	17,7	19,0	20,4	21,3
	m_x	31,8	26,6	21,6	19,5	18,6	18,7	18,9	19,4	20,1	20,9	21,8	22,8	23,9	25,2
	m_y	35	32	31	30	31	37	43	49	53	57	61	66	71	76
	$-n_r$	3,3	3,8	4,0	4,5	5,1	5,7	6,3	6,9	7,6	8,3	9,0	9,8	10,7	11,6
	$-n_x$	8,0	8,1	8,2	8,2	8,3	8,6	8,9	9,3	9,8	10,2	10,6	11,1	11,6	12,4
	m_{xy}	9,9	10,4	11,5	12,9	14,6	16,4	18,4	20,4	22,6	24,8	27,0	29,2	31,4	34
2	m_r	8,4	7,0	6,1	5,8	5,7	5,6	5,6	5,6	5,5	5,2	5,2	5,1	5,1	5,1
	m_x	8,0	7,3	7,5	7,9	9,1	11,0	14,0	17,7	21,8	25,8	34,7	46	60	78
	$-m_y$	138	72	43	30	25	24	24	23	23	22	22	22	23	24
	$-n_r$	2,0	2,0	1,9	1,8	1,8	1,8	1,8	1,8	1,8	1,7	1,7	1,7	1,7	1,8
	$-n_x$	5,2	5,3	6,3	7,7	9,3	12,0	16,2	21,4	29	38	56	83	134	208

Fonte: adaptado de Rocha (1987).

Tab. A8 Momentos fletores em lajes com uma borda livre

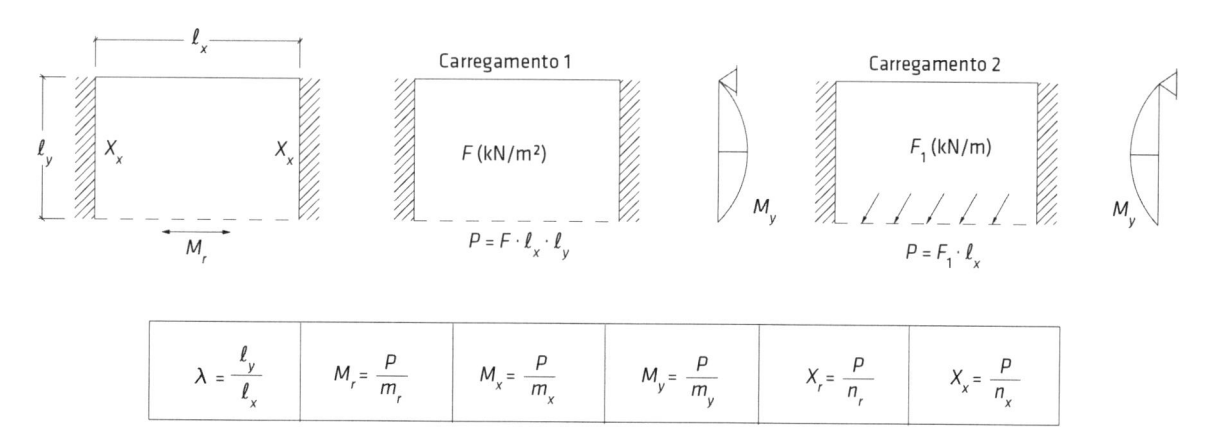

$$\lambda = \frac{\ell_y}{\ell_x} \qquad M_r = \frac{P}{m_r} \qquad M_x = \frac{P}{m_x} \qquad M_y = \frac{P}{m_y} \qquad X_r = \frac{P}{n_r} \qquad X_x = \frac{P}{n_x}$$

Carrega-mento	λ	0,25	0,3	0,4	0,5	0,6	0,7	0,8	0,9	1,0	1,1	1,2	1,3	1,4	1,5
1	m_r	17,2	15,4	14,5	14,8	16,0	17,5	19,3	21,4	23,5	25,9	28,2	30,7	33,1	35,3
	m_x	32,3	28,2	24,8	23,8	23,8	24,7	25,7	26,9	28,4	29,9	31,4	33,3	35,1	37,1
	m_y	37,5	37,5	38,2	42,4	48	53	60	68	76	83	90	96	102	108
	$-n_r$	4,1	4,3	4,8	5,5	6,5	7,6	8,8	10,0	11,2	12,4	13,6	14,8	16,0	17,3
	$-n_x$	8,3	8,4	8,7	9,1	9,6	10,2	11,0	11,8	12,6	13,5	14,5	15,5	16,5	17,2
2	m_r	8,8	7,8	7,2	7,0	7,0	7,1	7,1	7,1	7,2	7,2	7,2	7,2	7,2	7,2
	m_x	15	14	14	14	15	17	21	27	33	42	56	77	105	140
	$-m_y$	120	65	35	26	22	20	20	20	20	20	20	20	20	20
	$-n_r$	2,0	2,1	2,1	2,1	2,1	2,1	2,2	2,2	2,2	2,2	2,3	2,3	2,3	2,3
	$-n_x$	5,2	5,3	6,3	7,9	10,1	13,5	18,6	25,0	34,6	46,1	70	106	174	275

Fonte: adaptado de Rocha (1987).

Tab. A9 Momentos fletores em lajes com uma borda livre

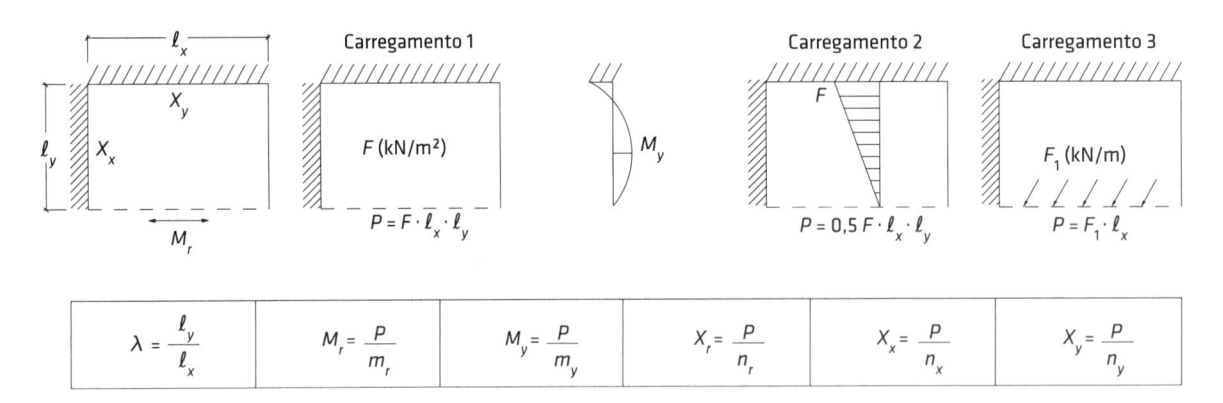

Carregamento 1: F (kN/m²), $P = F \cdot \ell_x \cdot \ell_y$

Carregamento 2: $P = 0{,}5\, F \cdot \ell_x \cdot \ell_y$

Carregamento 3: F_1 (kN/m), $P = F_1 \cdot \ell_x$

$$\lambda = \frac{\ell_y}{\ell_x} \quad M_r = \frac{P}{m_r} \quad M_y = \frac{P}{m_y} \quad X_r = \frac{P}{n_r} \quad X_x = \frac{P}{n_x} \quad X_y = \frac{P}{n_y}$$

Carregamento	λ	0,25	0,3	0,4	0,5	0,6	0,7	0,8	0,9	1,0	1,1	1,2	1,3	1,4	1,5	1,6	1,8	2,0
1	m_r	54,0	41,0	25,2	19,1	16,0	15,4	15,1	15,6	16,4	17,4	18,6	19,8	21,0	22,5	23,7	26,7	30,1
	m_x	196	118	63,5	44,0	34,9	30,5	27,9	26,5	26,0	25,9	26,0	26,5	27,0	27,6	27,3	30,3	33,2
	m_y	550	247	105	80	71	66	67	73	83	95	106	115	123	130	137	195	201
	$-n_r$	7,6	6,9	6,0	5,9	6,0	6,3	6,7	7,2	7,8	8,4	9,0	9,6	10,3	11,2	11,9	13,3	14,7
	$-n_x$	26,1	22,3	17,4	15,1	13,6	12,9	12,3	12,2	12,1	12,3	12,6	13,0	13,4	14,1	14,8	16,3	17,9
	$-n_y$	9,1	8,4	7,9	8,0	8,4	9,2	10,3	11,5	12,8	14,1	15,4	16,7	18,0	19,3	20,5	22,9	25,3
2	m_r	101	-	48,6	36,7	30,6	-	28,2	-	31,9	-	37,1	-	45,9	-	56,6	72	95
	m_x	165	-	89	66	51,2	-	38,4	-	32,6	-	30,6	-	30,4	-	31,7	34,3	38
	m_y	178	-	98	75	62,0	-	52,4	-	55,1	-	62,0	-	67,8	-	73,3	75,1	77
	$-n_r$	14,2	-	11,8	11,5	11,3	-	14,5	-	18,2	-	22,6	-	27,6	-	33,0	39,3	44,3
	$-n_x$	40,2	-	24,0	20,4	17,9	-	15,3	-	14,4	-	14,5	-	15,1	-	16,2	17,6	19,3
	$-n_y$	13,8	-	11,0	10,4	10,2	-	10,8	-	11,8	-	13,0	-	14,2	-	15,5	16,8	18,1
3	m_r	18,5	14,0	9,8	7,2	6,6	5,9	5,8	5,7	5,7	5,6	5,6	5,6	5,6	5,6	5,5	5,5	5,5
	m_x	58	45	29,1	23,5	20,1	18,3	17,1	19,1	21	26	32	39	47	55	49	61	73
	$-m_y$	11,4	11,8	12,8	14,4	16,4	18,3	20,2	22,0	23,2	23,8	24,0	23,5	23,4	22,8	51,8	62,1	73,5
	$-n_r$	4,2	3,6	2,9	2,4	2,3	2,2	2,3	2,3	2,4	2,4	2,5	2,6	2,6	2,6	2,6	2,6	2,6
	$-n_x$	14,7	13,7	11,8	10,8	10,4	11,9	11,6		16,1		24,2		34,8		47,3	63	81
	$-n_y$	5,1	5,2	5,5	6,1	7,6	10,1	14,1	24	34	48	70	105	152	230	301		

Fonte: adaptado de Rocha (1987).

Tab. A10 Momentos fletores em lajes com uma borda livre

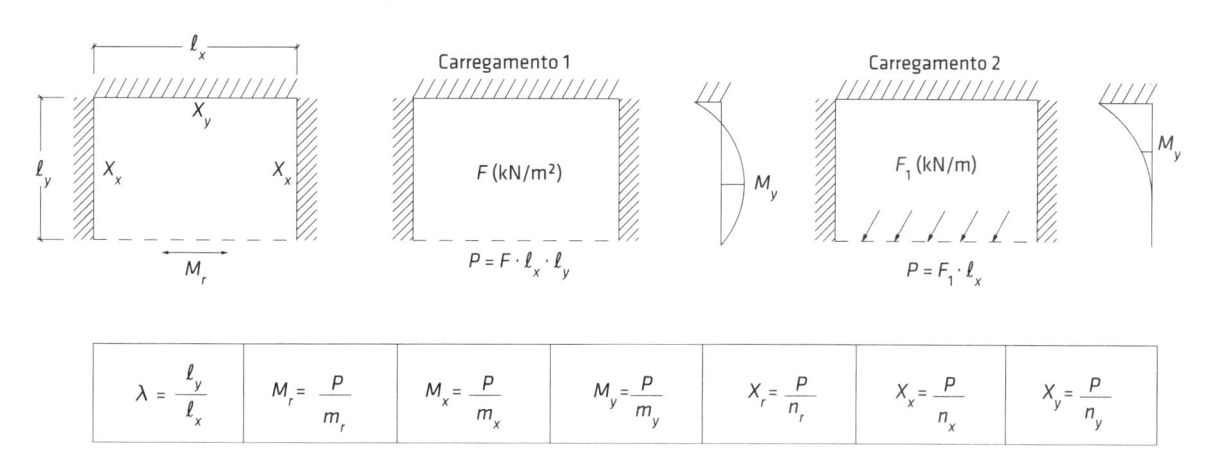

$$\lambda = \frac{\ell_y}{\ell_x} \qquad M_r = \frac{P}{m_r} \qquad M_x = \frac{P}{m_x} \qquad M_y = \frac{P}{m_y} \qquad X_r = \frac{P}{n_r} \qquad X_x = \frac{P}{n_x} \qquad X_y = \frac{P}{n_y}$$

Carrega-mento	λ	0,25	0,3	0,4	0,5	0,6	0,7	0,8	0,9	1,0	1,1	1,2	1,3	1,4	1,5
1	m_r	77,0	46,4	26,8	21,3	19,8	19,9	20,9	22,4	24,3	26,4	28,6	31,0	23,4	35,8
	m_x	228	126	63,6	45,6	38,6	35,6	34,3	34,0	34,3	34,9	35,8	37,0	38,3	39,8
	m_y	417	208	108	83,4	80,0	83,4	91,0	99,5	109	119	130	141	152	163
	$-n_r$	8,6	7,6	6,8	6,8	7,4	8,2	9,3	10,4	11,6	12,8	14,1	15,3	16,6	17,8
	$-n_x$	27,2	23,0	18,1	15,8	14,7	14,2	14,3	14,5	15,0	15,6	16,2	17,0	17,8	18,7
	$-n_y$	9,6	9,0	9,0	9,8	11,1	12,6	14,2	15,8	17,6	19,3	21,1	22,8	24,6	26,4
2	m_r	33,5	21,2	13,0	9,2	7,9	7,4	7,3	7,3	7,2	7,2	7,1	7,1	7,0	7,0
	m_x	84	54	34,3	27,1	23,3	22,1	24,0	28,2	35,5	47,5	63	85	112	143
	$-m_y$	12	13	15	17	19	21	21	22	22	22	22	22	22	22
	$-n_r$	4,1	3,3	2,6	2,2	2,2	2,1	2,1	2,1	2,2	2,2	2,2	2,3	2,3	2,3
	$-n_x$	15,6	13,9	12,5	12,1	13,2	15,8	20,5	27,0	35,8	47,1	68	102	165	262
	$-n_y$	5,2	5,3	5,9	8,6	12,4	20	35	59	120	250	-	-	-	∞

Fonte: adaptado de Rocha (1987).

Tab. A11 Reações de apoio das lajes com uma borda livre – carregamento uniforme

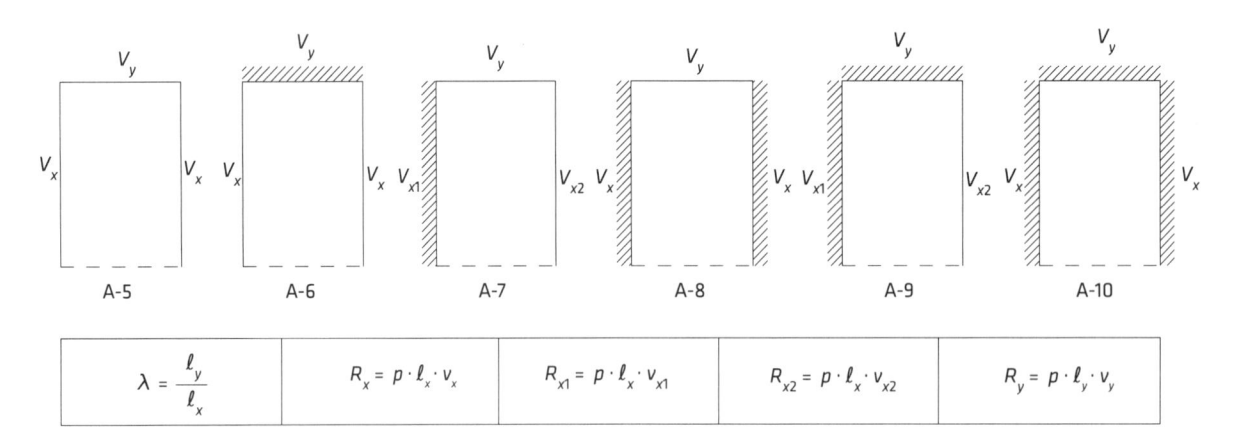

$$\lambda = \frac{\ell_y}{\ell_x} \qquad R_x = p \cdot \ell_x \cdot v_x \qquad R_{x1} = p \cdot \ell_x \cdot v_{x1} \qquad R_{x2} = p \cdot \ell_x \cdot v_{x2} \qquad R_y = p \cdot \ell_y \cdot v_y$$

Caso	λ	0,25	0,3	0,4	0,5	0,6	0,7	0,8	0,9	1,0	1,1	1,2	1,3	1,4	1,5
A-5	v_x	0,13	0,16	0,22	0,28	0,31	0,34	0,37	0,39	0,41	0,42	0,43	0,44	0,45	0,45
	v_y	0,84	0,80	0,72	0,64	0,59	0,54	0,49	0,44	0,40	0,36	0,34	0,32	0,20	0,28
A-6	v_x	0,10	0,12	0,14	0,15	0,18	0,19	0,21	0,24	0,26	0,27	0,28	0,30	0,32	0,34
	v_y	0,68	0,62	0,56	0,54	0,52	0,50	0,48	0,44	0,42	0,42	0,40	0,38	0,34	0,30
A-7	v_{x1}	0,34	0,36	0,39	0,43	0,45	0,47	0,48	0,50	0,51	0,51	0,52	0,53	0,53	0,54
	v_{x2}	0,15	0,18	0,21	0,23	0,26	0,28	0,31	0,32	0,33	0,34	0,35	0,35	0,36	0,37
	v_y	0,56	0,51	0,46	0,40	0,36	0,35	0,29	0,26	0,24	0,23	0,21	0,20	0,18	0,15
A-8	v_x	0,27	0,29	0,32	0,35	0,37	0,38	0,39	0,40	0,40	0,41	0,41	0,42	0,42	0,43
	v_y	0,46	0,42	0,36	0,30	0,26	0,24	0,22	0,20	0,20	0,18	0,18	0,16	0,16	0,14
A-9	v_{x1}	0,14	0,18	0,23	0,28	0,32	0,34	0,38	0,41	0,46	0,46	0,48	0,49	0,50	0,50
	v_{x2}	0,10	0,10	0,12	0,15	0,18	0,21	0,22	0,23	0,24	0,25	0,26	0,27	0,27	0,28
	v_y	0,66	0,63	0,57	0,51	0,45	0,42	0,38	0,35	0,32	0,29	0,26	0,24	0,23	0,22
A-10	v_x	0,17	0,19	0,23	0,27	0,30	0,32	0,34	0,35	0,37	0,38	0,39	0,40	0,41	0,42
	v_y	0,66	0,62	0,54	0,46	0,40	0,36	0,32	0,30	0,26	0,24	0,22	0,20	0,16	0,16

Fonte: adaptado de Rocha (1987).

Tab. A12 Dimensionamento das armaduras (Parte I)

Tabela com seções de ferros

ϕ (pol.)	3/16	1/4	5/16	3/8	1/2	5/8	3/4	1
ϕ (mm)	5,0	6,3	8,0	10,0	12,5	16,0	20,0	25,0
kg/m	0,154	0,245	0,395	0,617	0,963	1,578	2,466	3,853
n°	Áreas de ferros (A_s) em cm²							
1	0,196	0,312	0,503	0,785	1,227	2,011	3,142	4,909
2	0,392	0,624	1,006	1,570	2,454	4,022	6,284	9,818
3	0,588	0,936	1,509	2,355	3,681	6,033	9,426	14,727
4	0,784	1,248	2,012	3,140	4,908	8,044	12,568	19,636
5	0,980	1,560	2,515	3,925	6,135	10,055	15,710	24,545
6	1,176	1,872	3,018	4,710	7,362	12,066	18,852	29,454
7	1,372	2,184	3,521	5,495	8,589	14,077	21,994	34,363
8	1,568	2,496	4,024	6,280	9,816	16,088	25,136	39,272
9	1,764	2,808	4,527	7,065	11,043	18,099	28,278	44,181
10	1,960	3,120	5,030	7,850	12,270	20,110	31,420	49,090
11	2,156	3,432	5,533	8,635	13,497	22,121	34,562	53,999
12	2,352	3,744	6,036	9,420	14,724	24,132	37,704	58,908
13	2,548	4,056	6,539	10,205	15,951	26,143	40,846	63,817
14	2,744	4,368	7,042	10,990	17,178	28,154	43,988	68,726
15	2,940	4,680	7,545	11,775	18,405	30,165	47,130	73,635
16	3,136	4,992	8,048	12,560	19,632	32,176	50,272	78,544
17	3,332	5,304	8,551	13,345	20,859	34,187	53,414	83,453
18	3,528	5,616	9,054	14,130	22,086	36,198	56,556	88,362
19	3,724	5,928	9,557	14,915	23,313	38,209	59,698	93,271
20	3,920	6,240	10,060	15,700	24,540	40,220	62,840	98,180
21	4,116	6,552	10,563	16,485	25,767	42,231	65,982	103,089
22	4,312	6,864	11,066	17,270	26,994	44,242	69,124	107,998
23	4,508	7,176	11,569	18,055	28,221	46,253	72,266	112,907
24	4,704	7,488	12,072	18,840	29,448	48,264	75,408	117,816
25	4,900	7,800	12,575	19,625	30,675	50,275	78,550	122,725
26	5,096	8,112	13,078	20,410	31,902	52,286	81,692	127,634
27	5,292	8,424	13,581	21,195	33,129	54,297	84,834	132,543
28	5,488	8,736	14,084	21,980	34,356	56,308	87,976	137,452
29	5,684	9,048	14,587	22,765	35,583	58,319	91,118	142,361
30	5,880	9,360	15,090	23,550	36,810	60,330	94,260	147,270

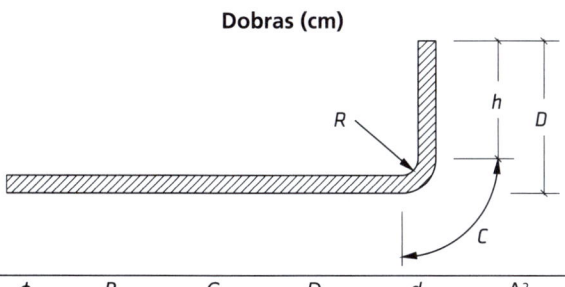

Dobras (cm)

ϕ	R	C	D	d	Δ[2]
5,0	-	-	15	15	-
6,3	-	-	20	20	-
8,0	-	-	20	20	-
10,0	-	-	25	25	-
12,5	-	-	32	32	-
16,0	12	22	50	47	3
20,0	15	26	62	58	4
25,0	19	34	77	72	5

Ancoragem reta (cm)

ϕ	f_{ck} (MPa)					
	15	20	25	30	35	40
4,2	43	36	31	27	25	23
5,0	51	42	37	32	29	27
6,3	34	28	24	21	19	18
8,0	43	35	30	27	24	22
10,0	53	44	38	34	30	28
12,5	66	55	47	42	38	35
16,0	85	70	60	53	48	44
20,0	106	88	75	67	60	55
25,0	132	110	94	84	75	69

[1] $(d = D + C/2 - (\phi + R))$
[2] $(\Delta = D - d)$

Dimensionamento das armaduras (Parte II)

Número máximo de barras por camada ($\phi_{estribo}$ = 5,0 mm)

b_w (cm)	Diâmetros das barras (mm)						
	6,3	8,0	10,0	12,5	16,0	20,0	25,0
10	2	2	2	1	1	1	1
11	2	2	2	2	1	1	1
12	3	2	2	2	2	2	1
13	3	3	3	2	2	2	1
14	3	3	3	3	2	2	2
15	4	3	3	3	3	2	2
16	4	4	4	3	3	3	2
17	4	4	4	4	3	3	2
18	5	5	4	4	3	3	2
19	5	5	5	4	4	3	3
20	6	5	5	4	4	4	3
21	6	6	5	5	4	4	3
22	6	6	6	5	5	4	3
23	7	6	6	5	5	4	3
24	7	7	6	6	5	5	4
25	7	7	7	6	5	5	4
30	9	9	8	8	7	6	5
35	11	11	10	9	8	7	6
40	13	12	12	11	10	9	7
45	15	14	13	12	11	10	8
50	17	16	15	14	12	11	9

em que: b_w = largura do elemento

Pilares - espaçamento barras long.

Espaçamento mínimo entre faces (NBR 6118)		2 cm
		ϕ
		1,2$d_{máx}$
Espaçamento máximo entre eixos (NBR 6118)		40 cm
		2b
Valores de projeto	Máximo	10 cm
	Mínimo	6 cm

Estribos em pilares

ϕ	ϕt	S (cm)
10,0	5,0	c/12
12,5	5,0	c/15
16,0	5,0	c/19
20,0	5,0	c/20
25,0	6,3	c/20

Valores dos espaçamentos (cm) - A_s em cm²/m

ϕ	6	7	8	9	10	11	12	13	14	15	16	17	18	19	20	21	22	23	24	25	26	27	28	29	30
4,2	2,32	1,99	1,74	1,54	1,39	1,26	1,16	1,07	0,99	0,93	0,87	0,82	0,77	0,73	0,70	0,66	0,63	0,60	0,58	0,56	0,53	0,51	0,50	0,48	0,46
5,0	3,27	2,80	2,45	2,18	1,96	1,78	1,63	1,51	1,40	1,31	1,23	1,15	1,09	1,03	0,98	0,93	0,89	0,85	0,82	0,78	0,75	0,73	0,70	0,68	0,65
6,3	5,20	4,46	3,90	3,47	3,12	2,84	2,60	2,40	2,23	2,08	1,95	1,84	1,73	1,64	1,56	1,49	1,42	1,36	1,30	1,25	1,20	1,16	1,11	1,08	1,04
8,0	8,38	7,19	6,29	5,59	5,03	4,57	4,19	3,87	3,59	3,35	3,14	2,96	2,79	2,65	2,52	2,40	2,29	2,19	2,10	2,01	1,93	1,86	1,80	1,73	1,68
10,0	13,08	11,21	9,81	8,72	7,85	7,14	6,54	6,04	5,61	5,23	4,91	4,62	4,36	4,13	3,93	3,74	3,57	3,41	3,27	3,14	3,02	2,91	2,80	2,71	2,62
12,5	20,45	17,53	15,34	13,63	12,27	11,15	10,23	9,44	8,76	8,18	7,67	7,22	6,82	6,46	6,14	5,84	5,58	5,33	5,11	4,91	4,72	4,54	4,38	4,23	4,09

Tabela com seção de ferros em função do espaçamento. A_s em cm²/m.

Espaçamento máximo para lajes →

Espaçamento máximo para estribos (d/2 ou 30 cm) →

Fonte: adaptado de Rabelo (2003).

Anexo
Formulários

Formulário A1 Flexão normal simples — seção retangular

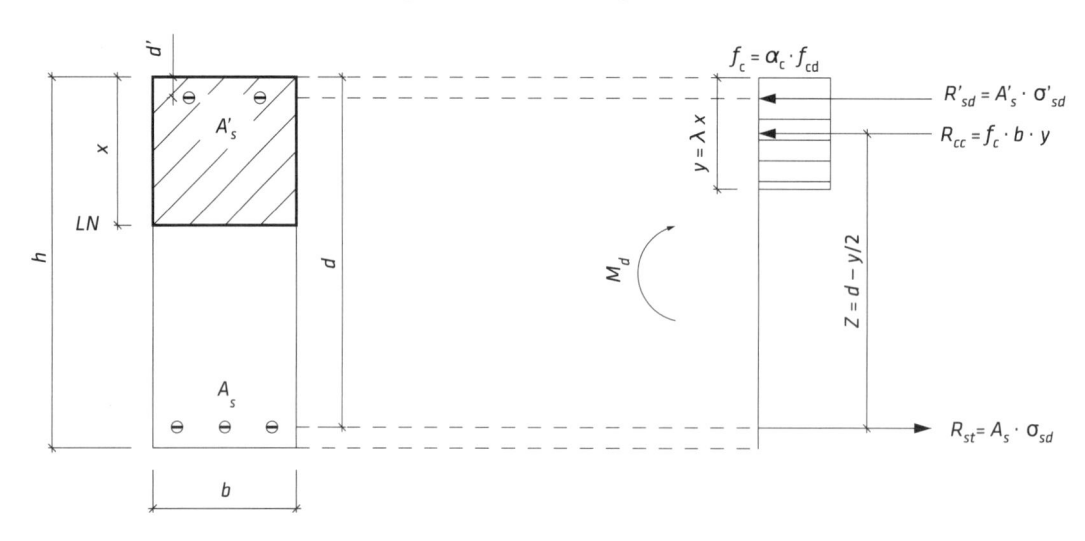

$$K = \frac{M_d}{f_c \cdot b \cdot d^2} \begin{cases} K \leqslant K_L \rightarrow & K' = K \\ K > K_L \rightarrow & K' = K_L \end{cases}$$

$$A_s \geqslant A_{s1} + A_{s2} \quad \begin{cases} A_{s1} = \dfrac{f_c \cdot b \cdot d}{f_{yd}}(1 - \sqrt{1 - 2K'}) \\ A_{s2} = \dfrac{f_c \cdot b \cdot d}{f_{yd}} \cdot \dfrac{(K - K')}{1 - (d'/d)} \end{cases}$$

$$A'_S = \frac{A_{s2}}{\phi}$$

$$\phi = \frac{\varepsilon_{cu} \cdot E_s}{f_{yd}} \cdot \frac{(x/d)_L - (d'/d)}{(x/d)_L} < 1$$

- Concretos de classe até C50

$\alpha_c = 0{,}85$

$\lambda = 0{,}8$

$(x/d)_L = 0{,}45$

- Concretos de classes C55 a C90

$$\alpha_c = 0{,}85\left[1 - \frac{(f_{ck} - 50)}{200}\right] \quad \lambda = 0{,}8 - \left[\frac{(f_{ck} - 50)}{400}\right] \quad (x/d)_L = 0{,}35$$

				K_L					
Classe	Até C50	C55	C60	C65	C70	C75	C80	C85	C90
K_L	0,295	0,238	0,234	0,231	0,228	0,225	0,222	0,218	0,215

				d/d' para $\phi = 1$					
Classe	Até C50	C55	C60	C65	C70	C75	C80	C85	C90
CA-25	0,317	0,234	0,224	0,218	0,214	0,212	0,211	0,211	0,211
CA-50	0,184	0,118	0,099	0,085	0,077	0,073	0,072	0,071	0,071
CA-60	0,131	0,072	0,049	0,032	0,023	0,018	0,016	0,016	0,016

Fonte: adaptado de Tepedino (1980).

Formulário A2 Roteiro de cálculo — seção T

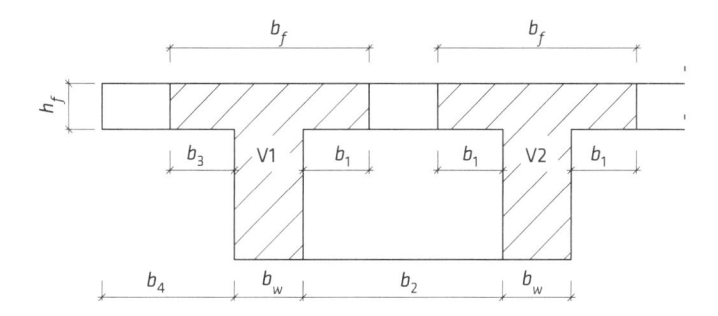

- Determinação da largura da mesa (b_f):

Em que:
h_f = espessura da mesa;
b_f = largura da mesa;
b_w = largura da nervura;
b_1 = largura na lateral da viga T do lado que não está em balanço;
b_2 = distância entre faces das vigas;
b_3 = largura na lateral da viga T do lado que está em balanço;
b_4 = balanço próximo a V1

Combinações possíveis:

$$\begin{cases} b_f = b_1 + b_w + b_1 \\ b_f = b_3 + b_w + b_1 \\ b_f = b_1 + b_w + b_3 \text{ (passarela)} \end{cases}$$

Para b_1 e b_3, tem-se:

$$b_1 \leq \begin{cases} 0{,}1a \\ 0{,}5b_2 \end{cases} \quad b_3 \leq \begin{cases} 0{,}1a \\ b_4 \end{cases}$$

Em que:

$$a = \begin{cases} 1{,}0 \text{ vão} \rightarrow \text{viga biapoiada;} \\ 0{,}75 \text{ vão} \rightarrow \text{com momento em uma das extremidades;} \\ 0{,}60 \text{ vão} \rightarrow \text{viga com momento nas duas extremidades;} \\ 2{,}0 \text{ vão} \rightarrow \text{viga em balanço.} \end{cases}$$

- Roteiro de cálculo da viga T:
i) verificar se a viga pode ser calculada como viga T (a mesa deve estar comprimida);
ii) calcular o valor de b_f (ver "combinações possíveis" descritas anteriormente);
iii) calcular o valor do momento de referência (máximo momento interno de cálculo resistido pela mesa inteiramente comprimida);

$$M_{ref} = f_c \cdot b_f \cdot h_f \left(d - \frac{h_f}{2} \right)$$

iv) comparar M_{ref} com M_d

- Se $M_{ref} < M_d \rightarrow \begin{cases} \text{linha neutra corta na região da nervura } (y > h_f) \\ \text{viga calculada como seção } T \text{ ou } L \end{cases}$

- Se $M_{ref} \geq M_d \rightarrow \begin{cases} \text{linha neutra corta parcialmente a mesa ou a região de compressão} \\ \text{tangencia a mesa } (y \leq h_f) \\ \text{viga calculada como seção retangular} \end{cases}$

Fonte: adaptado de Tepedino (1980).

Formulário A3 Flexão normal simples — seção T ou L

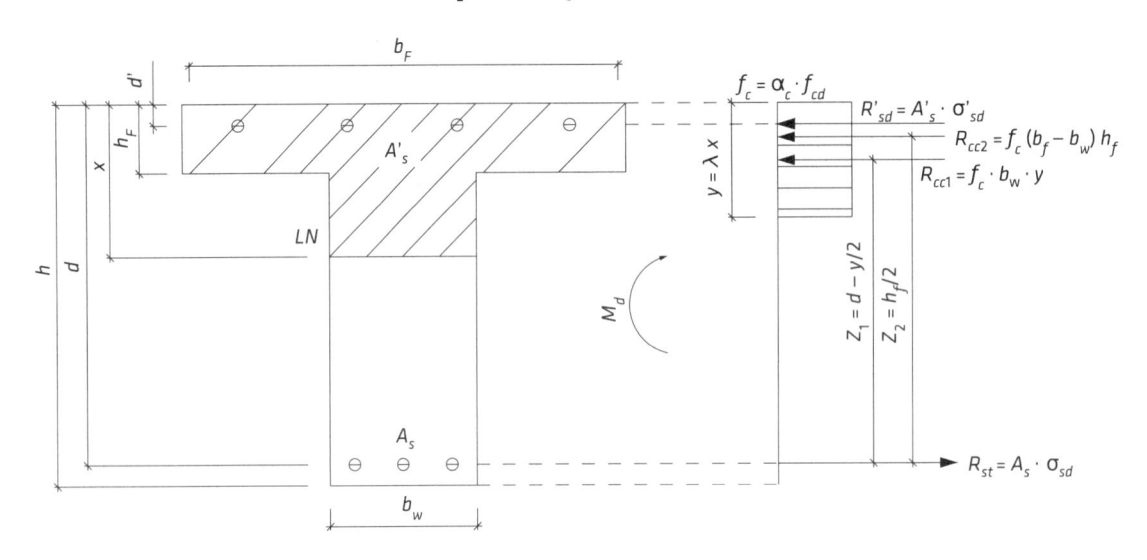

$$K = \frac{M_d}{f_c \cdot b_w \cdot d^2} - \left(\frac{b_f}{b_w} - 1\right)\frac{h_f}{d}\left(1 - \frac{h_f}{2d}\right) \begin{cases} K \leq K_L \rightarrow K' = K \\ K > K_L \rightarrow K' = K_L \end{cases}$$

$$\begin{array}{l} A_s \geq A_{s1} + A_{s2} \\ A'_s = \dfrac{A_{s2}}{\phi} \end{array} \begin{cases} A_{s1} = \dfrac{f_c \cdot b_w \cdot d}{f_{yd}}\left[\left(1 - \sqrt{1-2K'}\right) + \left(\dfrac{b_f}{b_w} - 1\right)\dfrac{h_f}{d}\right] \\ A_{s2} = \dfrac{f_c \cdot b_w \cdot d}{f_{yd}} \cdot \dfrac{(K - K')}{1 - (d'/d)} \end{cases} \quad \phi = \dfrac{\varepsilon_{cu} \cdot E_s}{f_{yd}} \cdot \dfrac{(x/d)_L - (d'/d)}{(x/d)_L} \leq$$

- Concretos de classe até C50

$$\alpha_c = 0{,}85$$
$$\lambda = 0{,}8$$
$$(x/d)_L = 0{,}45$$

- Concretos de classes C55 a C90

$$\alpha_c = 0{,}85\left[1 - \frac{(f_{ck} - 50)}{200}\right]$$
$$\lambda = 0{,}8 - \left[\frac{(f_{ck} - 50)}{400}\right]$$
$$(x/d)_L = 0{,}35$$

				K_L				
Classe	Até C50	C55	C60	C65	C70	C75	C80	C85	C90
K_L	0,295	0,238	0,234	0,231	0,228	0,225	0,222	0,218	0,215

				d/d' para $\phi = 1$				
Classe	Até C50	C55	C60	C65	C70	C75	C80	C85	C90
CA-25	0,317	0,234	0,224	0,218	0,214	0,212	0,211	0,211	0,211
CA-50	0,184	0,118	0,099	0,085	0,077	0,073	0,072	0,071	0,071
CA-60	0,131	0,072	0,049	0,032	0,023	0,018	0,016	0,016	0,016

Fonte: adaptado de Tepedino (1980).

Formulário A4 Ancoragem

1) Comprimento de ancoragem básico (l_b)

$$l_b = \frac{\phi}{4} \cdot \frac{f_{yd}}{f_{bd}} \geq 25\phi$$

Em que ϕ é o diâmetro da barra utilizada, expresso em centímetros (cm).

$$f_{yd} = \frac{f_{yk}}{\gamma_s}$$

Para aços utilizados no concreto armado $\begin{cases} CA-25 \rightarrow f_{yd} = 21,74 \text{ kN/cm}^2 \\ CA-50 \rightarrow f_{yd} = 43,48 \text{ kN/cm}^2 \\ CA-60 \rightarrow f_{yd} = 52,17 \text{ kN/cm}^2 \end{cases}$

$$f_{bd} = \eta_1 \cdot \eta_2 \cdot \eta_3 \cdot f_{ctd}$$

em que:

$$\eta_1 = \begin{cases} 1,0 \rightarrow \text{barras lisas (CA-25)} \\ 1,4 \rightarrow \text{barras entalhadas (CA-60)} \\ 2,25 \rightarrow \text{barras nervuradas (CA-50)} \end{cases}$$

$$\eta_2 = \begin{cases} 1,0 \rightarrow \text{situação de boa aderência} \\ 0,7 \rightarrow \text{situação de má aderência} \end{cases}$$

$$\eta_3 = \begin{cases} 1,0 \rightarrow \phi < 32\,\text{mm} \\ \dfrac{(132-\phi)}{100} \rightarrow \phi \geq 32\,\text{mm, sendo } \phi \text{ em milímetros (mm)} \end{cases}$$

$$f_{ctd} = \frac{f_{ctk,inf}}{\gamma_c}$$

em que:

$$f_{ctk,inf} = \begin{cases} \text{Concretos de classes até C50} \rightarrow 0,7 \times 0,3 f_{ck}^{2/3} = 0,21 f_{ck}^{2/3} \\ \text{Concretos de classes C55 a C90} \rightarrow 0,7 \times 2,12 \times \ln(1+0,11 f_{ck}) = 1,484 \times \ln(1+0,11 f_{ck}) \end{cases}$$

sendo $f_{ctk,inf}$ e f_{ck} expressos em megapascal (MPa).

2) Comprimento de ancoragem necessário ($l_{b,nec}$)

$$l_{b,nec} = \alpha \cdot l_b \cdot \frac{A_{s,calc}}{A_{s,ef}} \geq l_{b,mín}$$

em que:

$$\alpha = \begin{cases} 1,0 \rightarrow \text{barras sem gancho} \\ 0,7 \rightarrow \text{barras tracionadas com gancho, com cobrimento no plano normal ao do gancho} \geq 3\phi \\ 0,7 \rightarrow \text{barras transversais soldadas de acordo com a norma} \\ 0,5 \rightarrow \text{barras transversais soldadas de acordo com a norma e gancho com cobrimento no} \\ \qquad \text{plano normal ao do gancho} \geq 3\phi \end{cases}$$

$$A_{s,calc} * \geq \begin{cases} A_s^{(2\ barras)} \\ A_s^{vão}/3 \\ F_{sd}/f_{yd} = (0,5V_d)/f_{yd} \to \text{estribos a } 90° \end{cases}$$

* Vigas submetidas à flexão simples.

$$l_{b,mín} \geq \begin{cases} 0,3l_b \\ 10\phi, \text{ sendo } \phi \text{ o diâmetro da barra ancorada} \\ 100\ mm \end{cases}$$

3) Emendas por traspasse

a) Comprimento de traspasse para barras tracionadas (l_{0t}):

$$l_{0t} = \alpha_{0t} \cdot l_{b,nec} \geq l_{0t,mín} \text{ sendo: } l_{0t,mín} \geq \begin{cases} 0,3\alpha_{0t} \cdot l_b \\ 15\phi \\ 200\ mm \end{cases}$$

em que:

Barras emendadas na mesma seção (%)	≤ 20	25	33	50	> 50
Valores do coeficiente α_{0t}	1,2	1,4	1,6	1,8	2,0

b) Comprimento de traspasse para barras comprimidas (l_{0c}):

$$l_{0c} = l_{b,nec} \geq l_{0c,mín} \text{ sendo: } l_{0c,mín} \geq \begin{cases} 0,6l_b \\ 15\phi \\ 200\ mm \end{cases}$$

Formulário A5 Flexão normal composta (primeiro caso)

Primeiro caso

$$K = \frac{N_d\left(d-\frac{h}{2}\right)+M_d}{f_c \cdot b \cdot d^2} \quad \begin{cases} K \leq K_L \rightarrow K' = K \\ K > K_L \rightarrow K' = K_L \end{cases} \quad f_c = \alpha_c \cdot f_{cd}$$

$$A_S \geq A_{S1} + A_{S2} \begin{cases} A_{S1} = \frac{f_c \cdot b \cdot d\left(1-\sqrt{1-2K'}\right) - N_d}{f_{yd}} \\ A_{S2} = \left(\frac{f_c \cdot b \cdot d}{f_{yd}}\right)\left(\frac{K-K'}{1-d'/d}\right) \end{cases}$$

$$A'_S \geq \frac{A_{S2}}{\phi}$$

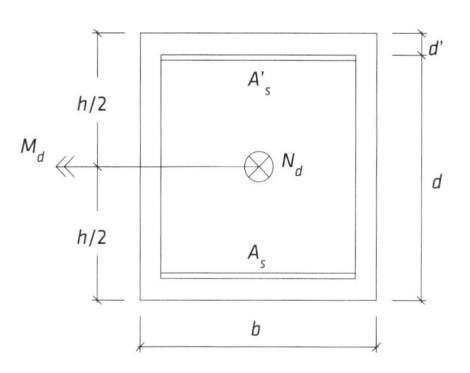

Obs.:

$$\begin{cases} \text{Se } A_S < 0 \rightarrow \text{ Ir para o segundo caso} \\ \frac{y}{d'} \rightarrow \text{tabela } \phi \\ x = \left(1-\sqrt{1-2K'}\right)\frac{d}{0,8} \\ K < 0 \rightarrow \text{ Ir para o quarto caso} \end{cases}$$

Valores de ϕ		
	CA-25	**CA-50**
$\frac{y}{h} \leq 1$	$\phi = 1,0$	$\phi = 1,0$
$\frac{y}{h} > 1$	$\phi = 1,0$	$\phi = 0,966$

Valores de K_L	
Classe	K_L
≤ C50	0,295
C55	0,238
C60	0,234
C65	0,231
C70	0,228
C75	0,225
C80	0,222
C85	0,218
C90	0,215

Fonte: adaptado de Tepedino (1980).

Formulário A6 Flexão normal composta (segundo e terceiro casos)

Segundo caso

Utilizado quando $\begin{cases} A_S < 0 \text{ no primeiro caso} \\ N_d\left(\frac{h}{2} - d'\right) \gg M_d \end{cases}$ $\begin{cases} A_S = 0 \\ A'_S \geq \dfrac{(N_d - f_c \cdot b \cdot y)}{\phi \cdot f_{yd}} \geq 0 \end{cases}$

$$y = d' + \sqrt{d'^2 + 2\left[\frac{N_d(h/2 - d') - M_d}{f_c \cdot b}\right]} \leq h$$

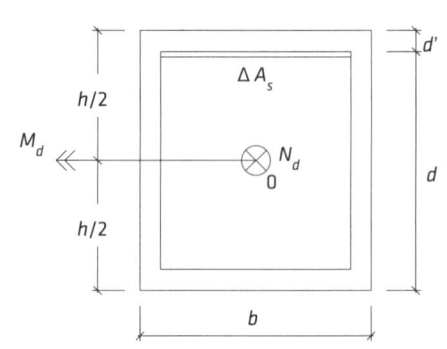

Obs.:

$\begin{cases} \text{Se } y > h \rightarrow \text{Ir para o terceiro caso} \\ \text{Se } A'_S < 0 \rightarrow \text{Adotar armadura mínima} \end{cases}$

$\dfrac{y}{d'} \rightarrow$ tabela ϕ

Terceiro caso

Utilizado quando $\left\{\dfrac{y}{h} > 1 \rightarrow y \rightarrow \infty \right.$ (Tabela "Valores de ϕ")

Primeira opção (Armaduras A_S e A'_S):

$\begin{cases} A_S = \dfrac{(N_d - f_c \cdot b \cdot h)(h/2 - d') - M_d}{\phi \cdot f_{yd}(d - d')} \\ A'_S = \dfrac{(N_d - f_c \cdot b \cdot h)(d - h/2) + M_d}{\phi \cdot f_{yd}(d - d')} \end{cases}$

Segunda opção:

$\begin{cases} \text{- Armadura centrada: } A_S^0 \\ A_S^0 \geq \left(N_d - f_c \cdot b \cdot h - \dfrac{M_d}{h/2 - d'}\right) \div (\phi \cdot f_{yd}) \\ \text{- Armadura adicional: } \Delta A_S, \text{ sendo } \Delta A_S \\ \text{junto à borda mais comprimida} \\ \Delta A_S \geq \left(\dfrac{M_d}{h/2 - d'}\right) \div (\phi \cdot f_{yd}) \end{cases}$

Obs: Tabela "Valores de ϕ" igual à do primeiro caso.

Fonte: adaptado de Tepedino (1980).

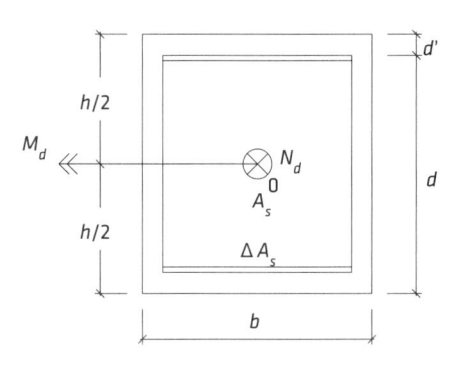

Formulário A7 Flexão normal composta (quarto caso)

Quarto caso

Utilizado quando $\begin{cases} \text{seção totalmente tracionada} \\ \text{no primeiro caso } K < 0 \end{cases}$

Primeira opção: Armaduras A_S, A'_S

$\begin{cases} A_S \geq \dfrac{|N_d|(h/2 - d') + M_d}{f_{yd}(d - d')} \\ A'_S \geq \dfrac{|N_d|(d - h/2) - M_d}{f_{yd}(d - d')} \end{cases}$

Segunda opção:

$\begin{cases} \text{- Armadura centrada: } A_S^0 \\ A_S^0 \geq \left(|N_d| - \dfrac{M_d}{d - h/2}\right) \div f_{yd} \\ \text{- Armadura adicional: } \Delta A_S, \text{ sendo } \Delta A_S \\ \text{junto à borda mais tracionada} \\ \Delta A_S \geq \left(\dfrac{M_d}{d - h/2}\right) \div f_{yd} \end{cases}$

Fonte: adaptado de Tepedino (1980).

Referências bibliográficas

ABNT - ASSOCIAÇÃO BRASILEIRA DE NORMAS TÉCNICAS. *NB-1*: cálculo e execução de obras de concreto armado. Rio de Janeiro, 1940.

ABNT - ASSOCIAÇÃO BRASILEIRA DE NORMAS TÉCNICAS. *NB-1*: cálculo e execução de obras de concreto armado. Rio de Janeiro, 1960.

ABNT - ASSOCIAÇÃO BRASILEIRA DE NORMAS TÉCNICAS. *NBR 6118*: projeto e execução de obras de concreto armado. Rio de Janeiro, 1980a.

ABNT - ASSOCIAÇÃO BRASILEIRA DE NORMAS TÉCNICAS. *NBR 6118*: projeto de estruturas de concreto: procedimento. Rio de Janeiro, 2003.

ABNT - ASSOCIAÇÃO BRASILEIRA DE NORMAS TÉCNICAS. *NBR 6118*: projeto de estruturas de concreto: procedimento. Rio de Janeiro, 2014.

ABNT - ASSOCIAÇÃO BRASILEIRA DE NORMAS TÉCNICAS. *NBR 6120*: cargas para o cálculo de estruturas de edificações: procedimento. Rio de Janeiro, 1980b.

ABNT - ASSOCIAÇÃO BRASILEIRA DE NORMAS TÉCNICAS. *NBR 6122*: projeto e execução de fundações. Rio de Janeiro, 2010.

ABNT - ASSOCIAÇÃO BRASILEIRA DE NORMAS TÉCNICAS. *NBR 7480*: aço destinado a armaduras para estruturas de concreto armado: especificação. Rio de Janeiro, 2007.

ABNT - ASSOCIAÇÃO BRASILEIRA DE NORMAS TÉCNICAS. *NBR 7482*: fios de aço para estruturas de concreto protendido: especificação. Rio de Janeiro, 2008a.

ABNT - ASSOCIAÇÃO BRASILEIRA DE NORMAS TÉCNICAS. *NBR 7483*: cordoalhas de aço para estruturas de concreto protendido: especificação. Rio de Janeiro, 2008b.

ABNT - ASSOCIAÇÃO BRASILEIRA DE NORMAS TÉCNICAS. *NBR 8522*: concreto: determinação do módulo estático de elasticidade à compressão. Rio de Janeiro, 2008c.

ABNT - ASSOCIAÇÃO BRASILEIRA DE NORMAS TÉCNICAS. *NBR 8953*: concreto para fins estruturais: classificação pela massa específica, por grupos de resistência e consistência. Rio de Janeiro, 2011.

ABNT - ASSOCIAÇÃO BRASILEIRA DE NORMAS TÉCNICAS. *NBR 8681*: ações e segurança nas estruturas: procedimento. Rio de Janeiro, 2004.

ABNT - ASSOCIAÇÃO BRASILEIRA DE NORMAS TÉCNICAS. *NBR ISO 6892-1*: materiais metálicos: ensaio de tração: parte 1: método de ensaio à temperatura ambiente. Rio de Janeiro, 2013.

ABNT - ASSOCIAÇÃO BRASILEIRA DE NORMAS TÉCNICAS; CB-02 - COMITÊ BRASILEIRO DE CONSTRUÇÃO CIVIL. *Primeiro projeto de revisão ABNT NBR 6118*: projeto de estruturas de concreto: procedimento. Rio de Janeiro, 2013.

BARES, R. *Tablas para el calculo de placas y vigas pared*. Barcelona: Gustavo Gili, 1972.

BASTOS, P. S. S. *Lajes de concreto*. Notas de aula da disciplina Estruturas de Concreto I, 2013. 88 p. Departamento de Engenharia Civil, Faculdade de Engenharia, Universidade Estadual Paulista Júlio de Mesquita Filho (Bauru).

BOTELHO, M. H. C.; MARCHETTI, O. *Concreto armado eu te amo*. 7. ed. rev. São Paulo: Blucher, 2013. v. 3.

BRANSON, D. E. Deflections of reinforced concrete flexural members. *Journal of the American Concrete Institute*, n. 6331, p. 637-667, 1966.

CZERNY, F. *Tafeln für vierseitiq und dreiseitiq gelagerte Rechteckplatten (Tabelas para placas retangulares apoiadas em quatro e em três lados)*. Berlin: Beton-Kalender, 1976.

DÉCOURT, L.; QUARESMA, A. R. Capacidade de carga de estacas a partir de valores de SPT. In: CONGRESSO BRASILEIRO DE MECÂNICA DOS SOLOS E ENGENHARIA DE FUNDAÇÕES, 6., 1978, Rio de Janeiro. Anais... Rio de Janeiro: ABMS/Abef,1978.

FIGUEIREDO, A. M. G. *Notas de aula de concreto armado para estudantes de arquitetura*. Belo Horizonte: Edições Engenharia, 1986. 203p. (Apostila).

FREITAS, A. P. Construcções em cimento armado. *Revista dos Cursos da Escola Polytechnica do Rio de Janeiro*, Rio de Janeiro, v. 1, 1904.

HAHN, J. *Vigas continuas, porticos, placas y vigas flotantes sobre lecho elástico*. Barcelona: Gustavo Gili, 1972.

MUSSO JÚNIOR, F. *Dimensionamento de estruturas de concreto armado*. Notas de aula da disciplina Estruturas de Concreto Armado, 2011. 252 p. Centro Tecnológico, Departamento de Engenharia Civil, Universidade Federal do Espírito Santo.

PIANCASTELLI, E. M. *Fundações em estacas*. Belo Horizonte: UFMG, 2013.

QUARESMA, A. R. et al. Investigações geotécnicas. In: HACHICH, W. et al. *Fundações*: teoria e prática. São Paulo: Pini, 1996. cap. 3, p. 43.

RABELO, A. C. N. *Curso de projeto estrutural de edifícios em concreto armado conforme a NB-1*. Notas de aula da disciplina Projeto de Estruturas de Concreto, 2003. Departamento de Engenharia de Estruturas, Escola de Engenharia, Universidade Federal de Minas Gerais.

ROCHA, A. M. *Concreto armado*. São Paulo: Nobel, 1987. v. 3.

SILVA, N. A. *Concreto Armado I*. Notas de aula, 2005. Belo Horizonte, Escola de Engenharia, Universidade Federal de Minas Gerais.

SZILARD, R. *Theory and analysis of plates*. Englewood Cliffs: Prentice-Hall, 1974.

TEPEDINO, J. M. *Flexão simples, flexão normal composta, lajes, fissuração, cisalhamento e aderência baseadas na NBR 6118:1980*. Notas de aulas, 1980. Belo Horizonte, Escola de Engenharia, Universidade Federal de Minas Gerais.

TEPEDINO, J. M. *Sistemas estruturais II*: lajes retangulares. Belo Horizonte: Edições Cotec, 1983.

VASCONCELOS, A. C. *Concreto no Brasil*: recordes - realizações - história. São Paulo: Copiare, 1985.

VASCONCELOS, A. C. Módulo de elasticidade ou de deformação? *TQSNews*. ano XVIII, n. 40, p. 33-34, mar. 2015. Disponível em: <www.tqs.com.br> .

WIPPEL, H.; STIGLAT, K. *Platten*. Berlin/Munchen: Ernst & Sohn, 1966.